U0209659

机器人是人吗？

〔美〕约翰·弗兰克·韦弗 著

刘海安　徐铁英　向秦　译

上海人民出版社

主编序

彭诚信

一

　　无论生物学意义上的自然人类(以下简称人类)是否做好准备,人工智能时代正逐步走来,而这恰恰是由人类自身所引起。

　　初级的人工智能或许能为人类带来便捷,在我国,或许还能带来规则意识,甚至法治理念的真正普及。这是因为,人工智能的本质就是算法,任何算法必然建立在对某项事物认识的共性与常识之上。也正是在此意义上,人工智能能为人类服务,能代替自然人为人类服务。初级的人工智能,如果还没有深度学习能力,或者深度学习能力尚不充分,它就难以进行诸如自然人价值判断与情感判断的活动,比如包含爱的交流与体验,难以对疑难案件作出理性裁判,对案件的漏洞填补与价值补充等。在此意义上,人工智能产品还主要表现为人工智能物,仅在有限的意义上具有自然人的属性。但即便是初级的人工智能,在我国也具有非常重要的意义,主要表现为规则意识与诚信观念的建立。人工智能最核心的"大脑"就是算法,算法本身便是规则。初级人工智能对人类的服务就是规则服务;而人类要接受人工智能的服务,就必须接受算法设定的各种规则。人工智能,尤其是结合网络运用的人工智能,会促使与提升自然人的规则意识,因为无论自然人在线下是否遵守规则,也无论规则在线下如何难以推行与实现,只要自然人接受线上服务,就必须遵守线上规则;无论自然人在线下如何不守信,他在线上也必须诚实,否则他就进入不了虚拟世界,便也无从获得特定人工智能的服务。在初级的人工智能时代,人类仍是核心,是世界的主宰,毕竟自然人仍是规则的制定者,是人工智能的服务对象。

而到了高级人工智能时代,即,当人工智能能够进入深度学习与感情交流,可以进行团体合作与共同行动时,换句话说,当人工智能可以改变甚至完全脱离自然人为其设计好的初始算法而创制新的算法时,那时的人工智能物便实实在在地变成了人工智能人。人工智能人如何改变自然社会,甚至如何引导与影响整个自然社会走向,已非自然人所能完全掌控与想象,恐怕也为人工智能人本身所不知。尤其是,当人工智能人可以在虚拟世界制定规则(创制新的算法),而这种规则又必然会影响到自然世界时,那时自然世界的主宰到底是人工智能人,还是自然人,或许现在的我们(人类)已经难以给出确定答案。那时的人类在自然世界或虚拟世界中处于何种主体地位,现在的我们也不得而知。当人工智能人有了情感交流能力并具有生物生成功能后,在自然人与自然人、人工智能人与人工智能人以及自然人与人工智能人之间的多元关系中,谁来制定规则,为谁制定规则,谁是自然世界或者虚拟世界的主宰或规则主体,以及各种形态主体之间具体的生活样态如何等问题,可能都远远超出了我们当下的想象,或许那时的社会状态本身就不可想象!

正是为了认真面对这些问题,警惕与体味这些问题,以便未来更好地深入研究或应对这些问题,上海人民出版社曹培雷副总编辑、法律与社会读物编辑中心苏贻鸣总监、秦堃编辑等及本人一起探讨决定编译人工智能丛书,帮助我国读者了解既有的人工智能研究,并以此为切入口对人工智能进行深度了解与学习。我们筛选并翻译了国外有关人工智能研究的较有影响力的三部经典著作,推介给中国读者。这三部著作便是意大利学者乌戈·帕加罗所著的《谁为机器人的行为负责?》、美国律师约翰·弗兰克·韦弗所著的《机器人是人吗?》以及美国学者瑞恩·卡洛、迈克尔·弗鲁姆金和加拿大学者伊恩·克尔编辑的文集《人工智能与法律的对话》。

二

《谁为机器人的行为负责?》一书,由张卉林、王黎黎和笔者共同翻译。该书通篇都在试图回答一个问题:"谁来承担责任(Who Pays)"。作者建构了一种分析法律责任模型。他在刑法、合同法和侵权法的框架下讨论了27种假设情况,例如刑法中的机器人士兵、合同法中的外科手术机器人以及侵权法中的人工智能雇员等,目的是分析在不同的情况下设计者、生产者、使用者和机器人之间应当如何分配责任。作者还讨论了机器人对现代法学体系中的若干重要内容带来的挑战,比如刑法中的正义战争理论、合同法中的代理资格以及侵权法中的责任承担。上述问题的讨论建立在作者对法律责任和义务的概念的分析基础上,讨论法律基础是否会受到机器人技术的影响。最后,作者讨论了"作为元技术的法律",即如何通过法律实现对技术发展的控制。

《机器人是人吗?》一书由刘海安、徐铁英和向秦翻译。该书认为,人工智能可以达到如同与真人一样进行语音交流的程度,并自主学习知识和判断问题。作者讨论了人工智能的知识产权享有和责任承担问题。作者认为,面对人工智能承担法律责任,可以通过人工智能保险或储备基金支付赔偿费用。如何规范人工智能? 作者以美国各州对自动驾驶汽车的相关立法为例,对未来人工智能统一立法作出合理预测:(1)当产品制造商、开发商和人类都没有过错时,不同体系的机构将会为涉及人工智能的事故受损者建立赔偿或补偿基金;(2)至少在初期,很多形式的人工智能产品的使用将被要求获得执照许可背书;(3)在初期,往往需要对人工智能进行人为监督,但是最终,只有那些主要用于改善人类表现的人工智能才需要人为监督;(4)尽管最初的立法将会经常把人类作为操作者(行为人),即使这种标签不适用于人工智能的类型,但最终立法会在以确定操作者责任为目的时变得更加细分;(5)立法将始终区分用于测试目的的人工智能和向消费者提供的人工智能;(6)立法将始终要求这样一个机制,允许人类脱离人工智能但很容易重新控制人工智能;(7)立法将始终要求在自动化技术失败时,人工智能产品能向周围的人发出警告;(9)对采集个人信息的担忧将会迫使法律要求披露人工智能运作时所收集的信息。

《人工智能与法律的对话》由陈吉栋、董惠敏和杭颖颖翻译。本书共分讨论起点、责任、社会和道德意义、执法和机器人战争5个部分,共14篇论文。其中,大部分是首次在"We Robot"这一跨学科会议上发布的最新论文。这些论文探讨了机器人的日益复杂化以及它们在各个领域的广泛部署,重新思考了它所带来的各种哲学和公共政策问题、与现有法律制度不兼容之处,以及因此可能引发的政策和法律上的变化。整本书为我们生动地展现了一场内容广泛、启发深远的对话,如本书第二部分有关机器人行为责任的讲述:F.帕特里克·哈伯德教授《精密机器人所致人身损害的风险分配》一文对普通法应对技术变革的能力提供了一种乐观的评估:"普通法系统包含了内部机制,能够为应对机器人化的世界作出必要的相对较小的变化";而柯蒂斯·E.A.卡诺法官在《运用传统侵权法理论"迎接"机器人智能》一文中则提出了截然相反的观点:传统的过失和严格责任理论不足以应对真正自主性机器人的挑战。

需要说明的一点是,我们从2017年9月确定翻译书目,10月组建翻译团队,到12月后陆续落实版权并着手翻译,翻译时间可谓十分紧张。丛书译者多为高校或者研究机构的青年科研教学人员,需要克服繁重的教学和科研压力;加之,所译著作内容涉及法律、计算机和伦理等多元且交叉的学科知识,远远超出了多数译者所在的法学学科领域,翻译不当甚至错误恐在所难免,在此我们衷心恳请并接受各位读者、专家批评指正。

三

2017 年 7 月中华人民共和国国务院发布《新一代人工智能发展规划》，强调建立保障人工智能健康发展的法律法规，妥善应对人工智能可能带来的挑战，形成适应人工智能发展的制度安排。《规划》为此要求"开展与人工智能应用相关的民事与刑事责任确认、隐私和产权保护、信息安全利用等法律问题研究，建立追溯和问责制度，明确人工智能法律主体以及相关权利、义务和责任等"。但正如弗鲁姆金(Froomkin)指出的，也可能是本译丛三本书的作者们皆认可的："(1)对于机器人和监管问题，现在还为时尚早；(2)技术问题远比律师想象的复杂，法律、伦理和哲学问题比工程师想象的更有争议(有时也更复杂)；(3)我们要彻底解决这些问题的唯一办法就是扩大和深化我们跨学科的努力。让世界为机器人做好准备的同时，使机器人也为世界做好准备，这必须是一个团队项目——否则它可能会变得很糟糕。"由此揭示出，对于人工智能的探讨与研究，即便是对于人工智能的规范性研究，并非法学一个学科所能胜任。人工智能本身就是一个具有综合性、复杂性、前沿性的知识、智识与科学，它需要几乎所有的理工与人文社会科学学科进行交叉性研究，也需要研究者、实体技术者与产业者等各个领域的人配合与对话。法律人在人工智能的研究、开发、规则制定等各个环节中是不可缺少的一环，但也仅仅是一个环节，他只有加入人工智能的整体研究与发展中去，才会发挥更大的价值。我们期待这套译丛的出版有助于人工智能在法学及其他领域展开深入讨论，为跨学科的对话甚至团队合作提供一定程度的助益。

无论未来人工智能时代的社会生活样态如何，无论人工智能时代的社会主体如何多元，多元的主体依然会形成他们自己的存在哲学，也许依然需要他们自己的情感系统。无论未来的人工智能时代多么不可预测，问题的关键还是在于人类的自我与社会认知。就像苹果公司首席执行官蒂姆·库克(Tim Cook)在麻省理工学院(MIT)2017届毕业典礼演讲中指出的，"我并不担心人工智能能够像人一样思考，我更关心的是人们像计算机一样思考，没有价值观，没有同情心，没有对结果的敬畏之心。这就是为什么我们需要你们这样的毕业生，来帮助我们控制技术"。是的，我们或许不知未来的人工智能是否会产生包含同情与敬畏的情感，但我们能够确信的是，即便在人工智能时代，我们最需要的依然是人类饱含同情与敬畏的"爱"！ 未来的人工智能时代无论是初级样态还是高级学习样态，能够让多元的主体存在并和谐相处的，能够把多元主体维系在一起的或许唯有"爱"。这个从古至今在自然世界难以找到确定含义的概念，在虚拟与现实共处的世界中更是难以获得其固定内涵，但我们唯一知道并可以确信的是，如果没有"爱"，那么未来的人工智能时代就真的进入了一个混沌而混乱的世界！

上海交通大学凯原法学院

2018 年 7 月 10 日

中文版序

当《机器人是人吗?》在 2013 年首次出版时,我在第一章中承认的一件事是,尽管本书讨论了当时已投入使用的程序和机器,但也谈到了人工智能(AI)"很快就会可用"。很快是多久? 正如我当时所写到的,"在未来的 10 年到 20 年,人工智能将渗透到我们的生活中"。本书出版五年了,那么这个时间段已经变得更短。我们正处于人工智能的复杂性和广度的爆炸式增长之中。

在 2013 年,创作艺术、音乐和书面叙事的创造性人工智能并没有在商业上得到广泛应用。作曲家、大学教授大卫·科普(David Cope)创造了自动作曲程序,但由此产生的音乐几乎没有商业利润。现今,像 Jukedeck 这样的公司已经成功地向广告商、播客用户、在线视频制作商和许多其他买家销售了人工智能在数秒内完成的原创音乐。同样,2013年时,自动洞察公司(Automated Insights)和叙事科学公司(Narrative Science)向少数公司和媒体销售了人工智能自动编写的美联社(AP)风格报告。如今,自动洞察公司的程序正在撰写实际的美联社报告,因为美联社与该公司签订了合同,每年将发布数千份季度收益报告,且由此撰写的报告数量是美联社在依赖人工智能之前发布量的 12 倍。

在 2013 年,我研究了具有不同程度自主功能的机器人外科医生。然而,自那以来,医疗保健领域的人工智能在数据分析方面发展得更快,反映出过去五年里人工智能领域广泛发展趋势之一。凭着能够分析和借鉴大数据集的人工智能而产生的医学报告、诊断和图像,医生正在通过人工智能医疗项目来改善对核磁共振(MRI)和 X 光片的解释、微观和细胞学的解释、皮疹识别、色素病变评估潜在的黑色素瘤,视网膜血管检查预测糖尿病、视网膜病、心血管疾病的风险,以及其他用途。

在 2013 年,当研究人员开发出一款能够在城市街道上行驶的自动驾驶汽车时,人们认为这是一个重大突破。几年后,另一重大突破是一辆自动驾驶汽车从旧金山出发开了 3 400 英里横越美国来到纽约。现在,许多汽车制造商销售的汽车都具有不同程度的自动驾驶功能,且每年都在提高汽车的自动驾驶能力,尽管其中一些功能在许多市场上还不"合法"。即使已经发生几起广为人知的事故,其中不止一起致命的车祸,也没有减少人们对自动驾驶汽车的需求。

我还可以举出其他方面的许多发展的例子,包括自主无人机的扩大、谷歌的阿尔法狗(AlphaGo)在围棋比赛中击败李世石、预测性人工智能指出了肯塔基赛马的获胜者和《时代》周刊的年度风云人物,此处仅举几例,作为人工智能越来越重要的证据。但是,我在《机器人是人吗?》中提出的基本挑战并没有改变。所有法律都有一个基本的假设:所有的决策都是由人类作出的。随着人工智能的应用变得越来越广泛,这种假设越来越不正确,并对法律的运作方式产生了影响。

当然,世界各国政府都在努力跟上科技发展的步伐,取得了不同程度的成功。自动驾驶汽车就是一个很好的例子。到 2013 年,美国有 7 个州(含哥伦比亚特区)试图通过立法解决自动驾驶汽车的问题,其中有 3 个州(含哥伦比亚特区)取得了成功。到 2018 年,35 个州已经开始考虑自动驾驶汽车的立法,10 个州已立法,另外 2 个州的州长发布行政命令来管理自动驾驶汽车的测试。然而,这些州的努力几乎没有一致的,某些州设立了委员会来研究如何监管自动驾驶汽车,另一些州则允许对自动驾驶汽车进行测试,还有一些州构建了法律框架以最终允许消费者在公共道路上使用自动驾驶汽车。

在欧洲,德国于 2017 年通过了一项法律,为自动驾驶汽车制定了法律框架,并允许自动驾驶汽车可以在道路上行驶。同年,英国政府宣布投资 2 亿英镑用于自动驾驶汽车的研究和测试。

在亚洲，新加坡于 2017 年修订了《道路交通法》(Road Traffic Act)，承认机动车不需要人类驾驶。中国政府在许多方面采取了最宽松的规则，基本上允许中国任何一个城市在公共道路上测试自动驾驶汽车。

国际上政府监管人工智能的努力较为分散，虽然解决了与人工智能相关的各种问题，但没有对人工智能技术进行全面管理的计划。例如，沙特阿拉伯没有人工智能立法，但在 2017 年授予机器人公民身份。2017 年，美国发布了几份报告，阐述了政府在人工智能方面的政策立场，尽管美国参议院和众议院采取了一些行动，却没有通过针对人工智能的法律。

欧盟一般数据保护条例(GDPR)规定，要求任何人工智能在"自动化决策，包括分析"是否参与个人数据处理，并为个人提供"有意义的信息所涉及的逻辑"处理时，要通知个人，受到人工智能影响的个人有权获得关于人工智能决策过程的解释。虽然人工智能可以操纵个人数据是一个重大问题，但欧盟总体上并没有建立对于任何人工智能的立法框架。

中国已经成为人工智能研究和发展的新兴力量，也可能成为人工智能法律和公共政策的领导者。中国表示正积极计划发布人工智能技术标准和规则。另一个似乎准备积极寻求普遍的人工智能治理的国家是爱沙尼亚，因为其正在积极考虑赋予人工智能有限的法律人格。

《机器人是人吗?》的核心信息之一是人工智能的监管策略。如本书所述，通过修改法律，以巧妙的方式赋予人工智能有限的法律人格，我们可以确保人工智能的利益得到广泛的传播。尽管本书主要关注美国法律和公共政策，但这一经验是普遍的，应该适用于所有国家。

我很高兴《机器人是人吗?》一书被翻译成中文，这将更容易为中国人民所接受。大学毕业后，我曾在江苏省扬中市的江苏扬中高级中学教英语，在那里的教学经历让我对中国产生了浓厚的兴趣。随着过去七年里我对人工智能发展以及由此产生的法律意涵的研究，我看到中国人工智能行业的增长是显而易见的。我希望这本书能有助于中国建立一个全面的法律体系来管理人工智能，且成为世界上其他国家可以效仿的范本。

献给艾丽西亚(Alicia)和艾拉(Ella)，以及男孩韦弗(Weaver)，我希望他能在60年后给我找到一个好的机器人护士。

主编序 / 1

中文版序 / 1

致谢 / 1

第一部分　机器人会伤害人类吗?

人工智能已经到来

一、机器人三大定律与人工智能的人格 / 4

二、Siri——苹果公司拉开了人工智能革命的序幕 / 6

三、Siri 的声音——谁拥有该知识产权?　/ 9

四、谁应当享有 Siri 创作的媒体内容和类似著作权?　/ 12

五、Siri 让我这样做——Siri 产生错误的责任 / 13

六、Siri 之后会发生什么 / 15

如何起诉机器人: 人工智能与法律责任

一、法律责任理论 / 22

二、人工智能何时承担法律责任?　/ 26

三、人工智能如何承担法律责任?　/ 32

四、 机器人医生的责任 / 36

五、 涉及机器人"医生"的案例 / 42

六、 保护事故受害者及人工智能开发者的法律修订 / 46

第二部分 机器人一定要服从人类的命令吗?

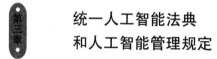

统一人工智能法典
和人工智能管理规定

一、 规制新科技 / 56

二、 无人驾驶执照:自动汽车规范 / 62

三、 自动驾驶汽车是人工智能立法的未来? / 87

机器看护人:当由机器人
照料孩子(或者成人)

一、 谁拥有监护权? / 95

二、 人工智能看护者、机器助手和机器保姆 / 99

三、 当机器人看护你的幼儿,照顾你的祖母时会发生
什么? / 103

四、 关于机器人保姆和人工智能看护者的余思 / 107

机器人在我的后院

一、 地方条例——它们能做什么? / 113

二、 工业机器人和人工智能工业工人 / 118

三、 人工智能产业机器人的引进(及其他形式的人工智能)

如何影响地方条例 / 124

四、 怎样修改条例以纳入人工智能 / 126

五、 行政委员会之前的人工智能 / 129

人工智能与第四修正案

一、 第四修正案简史 / 137

二、 警方对机器人和人工智能的运用 / 144

三、 第四修正案之下的人工智能无人侦察机 / 149

四、 人工智能与隐私 / 156

即将到来的联合国
人工智能公约

一、 国际法,或法律上不可强制执行时会发生什么 / 164

二、 军用无人机 / 170

三、 国际法下的人工智能 / 173

四、 人工智能的国际标准 / 183

第三部分　机器人会保护自己吗?

一台机器人拥有什么?

一、 知识产权简史 / 196

二、 进行创造的人工智能 / 201

三、 人工智能创作的知识产权属于谁? / 207

3

四、 人工智能的规范 / 211

人工智能对我们有利吗？

一、 最坏的情况 / 222

二、 最好的情况 / 224

三、 公共政策的改变 / 225

四、 我们应该如何修订法律来应对人工智能的出现 / 227

五、 无需是师傅的学徒，也无需是主人的奴隶 / 232

索　引 / 236

译后记 / 246

致　谢

非常感谢贝丝·帕塔里斯(Beth Ptalis)，他在计划、书写和出版过程中给了我很多指导。我也感谢戴维·科普(David Cope)，伊丽莎白·哈萨克夫(Elizabeth Kazakoff)，和彼得·卡赞齐德斯(Peter Kazanzides)抽出时间与我讨论他们的工作和观点。

我亏欠珍·芬奇(Jen Finch)很多，她比我所见过的那些理性的人都更有帮助，更具合作性。她是我研究上的"图书馆"，她听到"你能给我找出有关机器人在无人操作时进行手术的文章吗"时，总是说"没问题"，而不是"不可能"。

最后，我对我的妻子、最好的朋友和最喜欢的编辑，艾丽西亚·韦弗(Alicia Weaver)致以无尽的感谢，她阅读了我写下的每一个字，适当地告诉我什么时候该删除字词以及用更好的替换它们。

第一部分

机器人会伤害人类吗？

第一章

人工智能已经到来

首先要声明的是，本书与哈尔(Hal)、基特(Kitt)、戴塔(Data)或者《星球大战》中任何其他机器人无关。本书也不涉及比人类更有智慧的机器或者那些与人类智慧相当的软件，事实上，本书仅与具有部分人类智能的机器或者能够作出人类决定的部分类型的机器有关。换言之，本书与已经实现或者即将实现的人工智能(AI)有关。但有必要澄清的是，苹果公司的 Siri 顶多是像 C-3PO① 一样的人工智能。

C-3PO 与 Siri 中的人工智能的区别，除了安东尼·丹尼尔斯(Anthony Daniels)②的声音之外，是强人工智能和弱人工智能的区别。强人工智能具有与人类相当或者超过人类智能的智力水平，因而能够像人类那样解决任何问题以及在任何社交场合和人类进行交流互动。当前，强人工智能仍是尚未实现的幻想。然而，弱人工智能则完全是另一回事。弱人工智能只能在电脑中创造出人类智能的某些方面。我们总是与弱人工智能接触——谷歌的搜索引擎、全球定位系统(GPS)、电子游戏等。

---

① C-3PO 是科幻电影《星球大战》中的一个智能机器人。 ——译注
② 安东尼·丹尼尔斯，英国著名演员，在《星球大战》中饰演机器人 C-3PO。 ——译注

能够遵循、复制人类智能简单规则的机器或者软件都算弱人工智能。

我们近期看到了弱人工智能的快速发展,比如:深蓝(Deep Blue,围棋大师机器)、"危险边缘"大师机器沃森(Watson)。但在一定意义上,那些例子仍像《星球大战》或者《星际迷航》中的故事一样虚无缥缈,因为人们仍然很难与那样的机器进行交流互动。

我们会看到可用于购买的弱人工智能产品在数量上的激增。上面列举的产品仅具有有限的功能:谷歌仅适用于互联网;你也不是去任何地方都需要全球定位系统;电子游戏人工智能仅在虚拟世界中发挥作用。在接下来的 10 年到 20 年里,人工智能将更充分地渗透进我们的生活,无论是我们旅行的方式,还是消费媒介,抑或是监管我们街道的工具。随着弱人工智能成为愈加无法逃避的现实,它将促使我们改变一些有关我们生存世界的假设。

这包括我们法律所依赖的假设。在美国,我们地方、州和联邦层面的几乎所有法律都有一个共同的假设:即所有决定是由人类作出的。人工智能的发展和传播会促使我们改变法律,因为这些法律中很多不能充分地规范人工智能产品如何与我们互动,也不能规范人工智能之间的互动。像法律责任、知识产权、宪法权利、国际法、区划条例和很多其他多个法律领域,将不得不调整以有效应对那些并非由人类作出的决定。

有了上述铺垫,让我们来快速了解一下什么是强人工智能,这可以更好地理解弱人工智能以及本书要表达什么。

一、 机器人三大定律与人工智能的人格

科幻小说中人工智能的一个重要概念是"机器人三大定律"。在 1942 年,科幻作家艾萨克·阿西莫夫(Isaac Asimov)在其短篇小说《环舞》(Runaround)中提出了这一概念。尽管它们经常被其他作家调整,但最初样式似乎是这样的:

1. 机器人不得伤害人类，或者坐视人类受到伤害而袖手旁观。

2. 机器人必须服从人类的命令，除非这些命令违反了第一定律。

3. 机器人必须尽可能地保护自己的生存，前提是这种保护与第一或第二定律不冲突。

如果你仔细阅读本书的三个部分，你会发现它们就是建立在这些定律之上的。机器人三大定律试图保证机器人工作是为了人类的福祉而非伤害人类。当然，如果运行良好，这三大定律在很多科幻小说中不会产生丝毫冲突。然而，正如罗杰·克拉克(Roger Clarke)评论的那样，阿西莫夫的小说本身就为如下内容提供了充分的证据：试图通过一系列规则限制机器人的行为并不存在依赖的方式。[1]

由此便引出了科幻小说中人工智能机器人和软件中具有的内在冲突：强人工智能与人类具有相同的自由意志，但却不享有人类所拥有的行动自由。阿西莫夫的《环舞》勾画了去水星旅行的三人组飞船。其中一个成员是机器人。当为了获得稀有物品而必须展开危险的旅行时，机器人便会得到指令去执行任务。他虽然有自由意志，但这种意志却是有条件的。这样的意志还能被称为真实的自由意志吗？

甚至没有表达机器人三大定律的科幻小说也表达了强人工智能拥有自由意志的可能性。在《星际迷航：下一代》中，机器人戴塔被迫在军事法庭中为其感觉能力和个人自由而辩护。在电影《2001：太空漫游》中，哈尔(HAL9000)是否有情绪和自由意志这个问题对于剧情是有决定性的。在雷·布莱伯利(Ray Bradbury)的小说《牵线木偶公司》(摘自《纹身人》)中，一个故事的主角买了一个自己的人工智能复制品，试图让这个机器人替代他在家中一段时间，以便他的妻子不会想他。尽管制造商保障机器人会遵守规则——"无条件"是其座右铭——但该人工智能复制品仍然攻击了他，并与其妻子开启了一段关系。在这种类型的故事背后的故事中，一个信息越来越清晰：部分自由意志以及对这种意志的认可对强人工智能而言是不够的。

此外，更明确的是，本书中讨论的弱人工智能(现在可以获得或者将会很快获得)均不会产生自由意志和完整人格的问题。机器和系统只是再造了人工智能或者作出某些决定。但即使在再造人类决策的某些方面,弱人工智能做的决策仍然被认为是人作出的决定。在法律上,"人"的规范法律含义是法律权利和义务的主体。[2]由于我们的法律是受宪法制约的,机器不具有法律权利和责任;设计、制造、销售和使用它们的人才具有法律权利和责任。当弱人工智能——通过设计、制造、销售或者使用它的人没有过错行为——造成损害时会怎样? 造成死亡呢? 产生可测量的知识产权呢? 侵犯某人的宪法权利呢?

尽管人工智能不会有自由意志,法律应当认可将有限权利和责任赋予弱人工智能,以保护与它们交流互动的真实的人,以及(理想地说)将人类置于从中获益的更好位置。法律如何改变并以这种途径认可人工智能机器人和系统为有限的"人",是本书的关注点。

二、 Siri——苹果公司拉开了人工智能革命的序幕[3]

尽管已经可以在市场上买到弱人工智能产品了,但真正能够展示即将到来的人工智能的内在能力和法律问题的第一款大众市场产品是Siri,"仅需通过提问即可帮助你获取事物的智能私人助理"。[4]Siri是第一款可以在市场上买到的高级弱人工智能。"高级弱人工智能"是指能够通过像人类一样的交流互动从而再现人类智能某些方面的弱人工智能。[5]这将它与其他像谷歌那样的弱人工智能的例子区别开——在它们的自然设置上,人类不会打字输入问题以提出要求。[6]

为什么高级弱人工智能很重要呢? 斯坦福大学的教授以及人类与交互式媒体交流实验室主任克利福德·纳斯(Clifford Nass)认为,当我们向电脑讲话而它回应时,我们把它当真人一样。"人脑为交流而生,因而任何东西听起来像人声,我们的大脑就会被点亮,而我们获取到很大范围的社会和其他回应",他说。"我们的大脑对待这些基于电脑人声的语音，在很大程度上就像是我们在与真人进行语言交流——包括阿谀、调情和其他。"[7]我们对待高级弱人工智能会不由自主地像对待生活中的其他人一样，也就是说我们信任高级弱人工智能以及将高级弱人工智能纳入我们生活的方式将会区别于我们现在对待机器的方式。Siri代表了另外一种即将到来的弱人工智能，能够让我们像和人类一样交流互动的其他形式，尽管它有前后不一致的表现，以及它可能逊色于谷歌语音搜索[8]。这就带来了如下问题：我们是否应当检视我们的法律以反映我们实际对待这些机器的真实方式。

与互联网和全球定位系统一样，Siri是美国国防部高级研究计划局(DARPA)研发的产品——该局旨在研发新科技。2003年，美国国防部高级研究计划局与斯坦福国际研究院(SRI International)(在加利福尼亚门洛帕克市的一个研究组)达成协议，研究和开发一个"能够学习和组织的有感知的助理"。[9]2007年，斯坦福国际研究院成立了一个独立的实体，Siri公司为美国国防部高级研究计划局项目中研发的人工智能开发一款商业应用软件。[10]Siri公司获得了风险投资并最终在2010年2月为苹果手机(iPhone)推出了一款虚拟个人助理应用软件。[11]在2010年4月，苹果公司收购了Siri公司。[12]当苹果公司在2011年10月推出iPhone 4S时，Siri作为一个多用途虚拟助理被预安装在手机中，而不只是作为一款应用软件被安装。

Siri不只是虚拟个人助理。它有语音输入和输出功能。用户可以对它说话并获得语音回应。人们与苹果手机和互联网的交流互动程度被大大扩展了。问Siri天气，它会告诉你一段你所在地区的简短天气预报。让Siri告诉你的丈夫你要迟到了，它会发出一条短信。让Siri记录你与你母亲下周五将一起吃午饭，它会更新你的日程表并给你语言确认。Siri不只是在你手机上处理输入的语音。当然，软件需要服务器传达数据，因而有必要让用户连接无线网络或者调制解调器服务(威瑞森公司、美国电话电报公司等)。[13]

Siri将你的语言翻译成行动——呼吸变成字节——的实际程序代表

7

了互联网技术的一个巨大成就。比如说,你告诉 Siri 给你最好的朋友兰多发短信。 Siri 需要马上将你话语的声音编码成一组保留了其信息的电子形式。 Siri 然后将这组电子信息通过附近信号塔和一组光缆或者其他陆地线路传递回你的互联网服务提供者,它能够与云端的服务器联接。一系列用于分析口头语言的数据模型,会分析你的语音。

同时, Siri 本身的软件会评估你的话语。与云端服务器协作, Siri 将判断你的指令是否能在手机上得到最好的处理——比如如果你向它要一张兰多在千年隼号上的已下载图片——或者是否必须连接网络获得更多协助。如果需要服务器,它会将你的语音与基于数据的模型相比较,以评估哪些字母可能组成这些语音。服务器然后使用这些最高可能性评估并传送。

基于这一评估,你的话语——现在被理解为一组元音和辅音——被运用于一个语言模型分析,该模型评估你话语中包含的文字。电脑会创建一组理解你的话语可能指什么的清单并选择最有可能的含义。如果 Siri 和服务器工作得适当,然后它们确定你的意图是发送短信,了解到兰多是你的收件人,从你的手机联系人中调出他的联系信息,妥当地撰写你的实际留言给他。但你所看到的只是你的短信信息,它们魔术般地出现在屏幕上,手指不必介入。然而,如果 Siri 在分析程序期间不确定你的指令,电脑会在短暂的迟延之后问你更进一步的问题:你是说兰多·卡里森还是兰多·莱克斯等。[14]

简而言之, Siri 依赖在手机软件中复杂的弱人工智能,后者与互联网云端复杂的弱人工智能联接,创造了一个具有用户友好性的高级弱人工智能项目。通过依赖互联网上的中央处理器, Siri 能够在更多人使用它时得以改进。 Siri 从用户那里收集数据并分析数据以改进其服务。[15]那代表了很多与真实世界的人交流互动的自主技术,带来了我们前所未闻的法律问题,但那会随着本书讨论的人工智能产品上市以及其广泛应用而更加普遍。在这一点上, Siri 能够被视为跨越“几乎所有决定是由人类作出的”这一当下法律假设之桥梁的第一声炮响。随着 Siri 的功能到达一个逻辑极致，我们能够预见未来的人工智能会突破那一假设。特别是，Siri 反映出知识产权(详见第八章)和责任法(详见第二章)将不得不调整以适应人工智能。

三、 Siri 的声音——谁拥有该知识产权?

现在，Siri 表达的字词、文句和观念作为被记录的媒体内容几乎没有价值。但 Siri 对成功的和盈利的媒体具有潜在贡献。而一旦涉及金钱，谁拥有 Siri 回应内容的知识产权，以及其商业应用的潜在许可费问题，就变得更为重要。

(一) 通过 Siri 采样

以多种流行音乐——最著名的嘻哈音乐、流行音乐和说唱音乐——采样已成为知识产权法里一个争论激烈的话题。正如第六巡回法院所指出的："与嘻哈或者说唱音乐流行的到来相伴的科技进步，使得数据采样的例子极其普遍，并已经产生了大量的著作权纠纷和诉讼"。[16]包含采样的著作权纠纷已经导致有关各类艺术家的诉讼，如罗伊·奥比森(Roy Orbison)、[17]野兽男孩(the Beastie Boys)[18]和小乔治·克林顿(George Clinton Jr)[19]。事实上，小乔治·克林顿的音乐就成为著作权侵权的最大指控之一，拥有音乐著作权的实体在 2001 年针对大约 800 个被告未经授权使用其录音带和音乐的一部分而在 500 个县提起诉讼。[20]在这些案件中，关键的纠纷发生在音乐创作者或者声音录制者，以及从音乐或者声音采样中而创造出其他的新媒体内容的另一个人之间。[21]

就 Siri 而言，使用者可以实验 Siri 输出的语音以创造一个娱乐的或者有趣的声音节拍，录下那个声音，通过自动调谐(Auto-Tune)将其改为市场上成功的媒体内容(比如歌曲、广告等)。在该场景下，这个创作者似乎能够拥有这一新媒体内容的著作权。然而，法律就这一点尚未确立。

(二) Siri 创作的知识产权的归属

美国《版权法》第 201(a) 条规定："本条保护的作品知识产权归作品的作者。"[22]最高法院已经指出："作为一个一般规则，作者是切实创作该作品的一方，换句话说，将想法转变为具体、有形的表达并有权享有知识产权保护的**这个人**"。[23]但随着像 Siri 那样越来越多的弱人工智能计算机系统能够创作出原创音乐、文句和声音，这个观念是变化的。[24]你能够找到电脑创作的诗歌集，[25]麦金托什(Macintosh)从杰奎琳·苏珊(Jacqueline Susann)那里获取灵感而写出的小说，[26]以及由自主系统创作的音乐唱片。[27]当 Siri 说出一些新的内容，谁是拥有其知识产权的"人"？

拉尔夫·克利福德(Ralph D.Clifford)[28]试图回答这一问题，尽管他是在考查人机合作产生的知识产权而非由 Siri 产生的知识产权。[29]克利福德考察了计算机及其创造知识产权的潜力，确定人机交互的层次是存在的。克利福德认为，在该层次的一端，存在人类编程和指导的机器进行开发的知识产权；这些著作权由编程者合理所有。[30]在该层次另一端的是能够通过其编程创造新媒体内容、几乎不与人进行交互的机器；这些著作权进入了公共领域。[31]他的结论建立在最高法院审理费斯出版物公司诉农村电话服务公司(Feist Publications, Inc. V.Rural Telephone Service, Co.)一案中的推理上："著作权的必要条件是原创性。作者要获得著作权的保护，作品必须是原创的。"[32]

克利福德扩展了这种推理，他认为，经过编程而产生了独立创造性的机器自身并不能保证著作权保护，因为"没有人推导出机器控制自身创造性的规则；确实，机器利用其学习程序并基于被提供的训练案例，独立开发规则。这种学习独立于其使用者。"[33]事实上，这听起来与 Siri 在更多人使用它时学习如何更好操作的能力非常相似。当克利福德问道："那么谁能够对电脑独立完成的有价值的作品主张著作权？"[34]他回答了自己的问题："机器使用者的主张似乎很值得怀疑。使用者并非这些表达内容的创造者，因为使用者并没有进行特别的创造性努力。"[35]

我怀疑克利福德在像 Siri 那样的程序产生的知识产权上的观点是错

误的。自然和法律厌恶一个真空，那正是针对知识产权的公共领域。Siri 如此有趣的一个原因是，它是首款市场上可获得的高级弱人工智能。尽管 Siri 可能是在克利福德所说的层次一端，即知识产权由与人工智能交流互动的人类享有，但那一层次在弱人工智能可从大众市场获得时就崩塌了。克利福德假设编程者(创造机器的人)、使用者(使用机器创造成果的人)和艺术家(通过机器输出而创作新媒体内容)都是同一人。从 Siri 开始，那就不一定是事实了。

确实，如果 Siri 创作的声音有一个所有权人，他可能是下列主体的任意一个或者组合：

● 对 Siri 的语音输出采样而创作新媒体内容的艺术家；
● 通过 Siri 实验以创造语音输出的使用者(与艺术家可以是同一人)；
● 苹果公司，即拥有 Siri 资源编码的人。

至此，当其他形式的弱人工智能产生了新的著作权时，在这三方主体之间几乎没有(如果有的话)区别。当斯科特·弗伦奇(Scott French)修改麦金托什程序以创造《娃娃谷》(valley of the dolls)的散文回忆时，他给电脑编程，让它问他问题，以允许它撰写适当的语言和故事。当戴维·科普与半人马唱片公司(Centaur Records)达成协议将其命名为艾米利·豪威尔("Emily Howell")的程序创作的音乐发布唱片时，他已经编写了艾米利·豪威尔的程序，并在该程序创作新的音乐之前给程序输入了音乐素材以便分析。

科普是一个恰当的例子，因为艾米利·豪威尔程序是弱人工智能的发展方向。艾米利·豪威尔是一个程序，能够分析音乐并反馈并创造自己的风格。[36]科普说道："我已经教给程序我的音乐品位是什么，但它创作音乐不是任何音乐风格中的一种——它是艾米利自己的风格。"[37]关于其他人类创作者，科普说他们"正在观察一个竞争者——一个在同样的舞台上竞争并拥有'她'自己的风格，确实很棒的音乐的虚拟创作者。"[38]尽管在 2010 年由半人马唱片出版艾米利的第一张唱片时，科普并没有针对唱片的版权作任何公开评论，此后他说过认为自己拥有艾米 11

利创作的任何音乐的著作权,而且可以确信地假设他享有艾米利编程者的版税。

四、 谁应当享有 Siri 创作的 媒体内容和类似著作权?

科普和艾米利展现了为什么必须**有人**享有 Siri 或者其他类似计算机、机器或者程序创作的媒体内容相关的著作权。当涉及金钱时,公共领域并非现实的选择,因为有人(可能是很多人)会主张所有权以及通过有强制力的证据这么做。同样,没有收回投资的潜力,程序员和投资者不会追求设计出能够产生创造性的技术。

尽管现在没有法律直接规范这个问题,但随着市场上出现越来越多的弱人工智能,立法者或者法院在不久的将来需要规范它。这一必要发展会在第八章中进行更透彻的讨论,但现在请允许我说,从公共政策的视角看,立法者来规范它更为有利,这样就在整个国家层面具有了一致性,而不是在巡回法院间有所区别。假设会有更多来自大众市场的复杂的弱人工智能,如 Siri,将人工智能产生的媒体内容的所有权赋予使用者和艺术家,而非编程者,会促进使用人工智能的媒体内容有更大的创造性发展。另外,使用者和艺术家与这些媒体内容的"作者"更接近,就考虑当下美国版权法而言。

但克利福德的关切是一个立法问题。应该赋予编码——其在很大程度上独立于人类指示而创作原创性作品——的写作者传统著作权和专利保护吗? 艾米利·豪威尔以及其"先辈"程序埃米(Emmy)(作为一个创作者在音乐上稍欠高级但更为自主)已经创作了经典音乐;[39]我们有理由相信,能创作出受市场欢迎的流行音乐的程序会在不久的将来被开发出来。同样,已经有了能撰写完整体育事件文章的人工智能程序;我们有理由相信在不久的将来能够开发出来可以创作出受市场欢迎的小说的程序。本书后面讨论的一个建议是，在完全自主创作新内容的人工智能和需要与人类互动才能创作的人工智能之间应当有一条界线。考虑到克利福德所提的应关切适当促进和回报人类的创造性，可以使能够完全自主创作的人工智能的编程者在程序进入公共领域之前获得一个有限的版权——可能是十年。[40]尽管这一问题现在貌似遥远，Siri 只是在弱人工智能变得愈发复杂的道路上的第一个产品，但它会使得知识产权问题更加重要，诚如第八章所解释的那样。

12

五、 Siri 让我这样做——Siri 产生错误的责任

已经发生事故当事人就事故归责于弱人工智能的案例——最著名的是全球定位系统。比如：

● 2009 年，一个司机跟随全球定位系统提供的指示到了悬崖边的一条狭窄路上并被困在那里，一个当地农民说那是一条"人都不能下马的路"，警察不得不将其拖拽回主路。尽管司机试图归咎于全球定位系统，但英国法院认为应归咎于其疏忽驾驶。[41]

● 2012 年，一个司机穿过了一个指示为"不得进入"的标识开进一条道路，占用了其他机动车的路。尽管该标识被庄稼遮掩，但存在类似的标识指示驶向 180 码处的十字路口。法官认为司机主张他根据全球定位系统的指示并无说服力，进而处以罚款。[42]

● 2011 年，法官发现在一起致命的汽车相撞案中全球定位系统设备有部分可归责性，指出司机过分信赖其所行驶道路的全球定位系统地图。法官对其处以超过四年的监禁。[43]

尽管全球定位系统在事故中具有可归责性的案例法是有限的，但法院可以在某些情形下将部分或者全部责任归于全球定位系统的想法并非不着边际。一些美国律师预料到了不久将来的这一发展，随着更多司机依赖卫星指示，尤其是在他们不知道地理位置所在的区域。[44]这种依赖

会随着全球定位系统中高级的弱人工智能发展到 Siri 建议的水平而增加。由于司机能够直接与全球定位系统交流——"前方有道路拥堵,在下一个十字路口会有其他的路吗?"——他们会越来越依赖那些设备。通过模仿真实的人类互动,全球定位系统设备增加了法院部分或者全部归责于全球定位系统系统的可能性,使得司机依赖于它们变得更加合理。如果它像人一样说话,我们会像人一样待它和信赖它。

Siri 呼唤一个相似的依赖——它的程序通过其运行的互联网云端积累用户数据,在用户提出问题和请求的时候,学习有关用户的更多内容。通过设计,Siri 试图使其与每一个用户的互动更加不可或缺。

13   所以,考虑一个这样的场景:用户造访一个他从未到过的城市。他有一个预约但他迷路了,他问 Siri 到他会面地点的最快路线。Siri 向他提供了指示,但没有提示与路线有关的一些潜在危险。如果用户选择了该路线会经过了一个犯罪率很高的区域,出现他被袭击了、抢劫了等情况,Siri(以及扩展到苹果公司)对那些损害承担什么责任?

这并非一个容易回答的问题,任何决定都取决于法院对用户行为的分析。用户合理地做出行为了吗? 用户应当已经识别到危险情形了吗? 用户有充分的信息偏离 Siri 的指示吗? 苹果公司能够这样抗辩,用户在事故的发生上也有过失,如果他未能合理做出行为或者将自身置于不合理的损害风险中。[45]

考虑上述场景中的合理性问题的任何法院将不得不考虑 Siri 的设计。它的程序设计是为了更加实用。考虑到这一目标,用户在使用 Siri 时增加对它的依赖程度不是合理的吗? 尤其在用户询问他们自己不懂的主题的有关问题时是真实存在的——新地理位置的指示、菜谱、木工课程等。交流在这个分析中也很重要。依赖于回应所问问题的设备比依赖于需要笨重键盘的设备更为合理。

对此没有快捷的答案,但 Siri 只是众多的要求我们重新考察如何决定并配置责任的新科技发展项目的第一个。比如,很多美国公司——包括通用汽车和谷歌——已经花费大量的时间和资源研发自动驾驶汽车。[46]现在的雏形已经在监视下以每小时 70 码的速度行驶在公路上，并穿过了所选州的人口密集的市区；通用汽车公司的艾伦·陶布(Allan Taub)说，预计在 2020 年之前能在市场上买到自动驾驶汽车。[47]尽管侵权法已经在汽车发明之后认定了司机过失的法律态度，那一观念会很快过时，就像是电梯操作者的过失那样。为什么说会过时将在第二章和第三章中加以解释，在那里会分别考察人工智能责任和自动驾驶汽车。

六、Siri 之后会发生什么

我希望关于 Siri 问题的这一简短讨论会被带到法院，合同和立法显示我们法律的设计并未以任何形式考虑到人工智能。而且坦白地说，他们不应该是亨利·克莱(Henry Clay)和丹尼尔·韦伯斯特(Daniel Webster)，而杰斐逊·史密斯(Jefferson Smith)没有任何理由去考虑这些能够思考的机器。

但是我们现在有理由讨论这一问题。市场上已经出现了本书中讨论的产品，在不久的将来会进入商店，它们正处于研发阶段。包括自动驾驶汽车(第三章)，机器人保姆(第四章)，军用无人机(第七章)，写作与创作软件(第八章)，农场和工厂人工智能工人(第五章)，以及警用无人侦察机(第六章)。有可能弱人工智能将会是我们生活的一场革命，类似于 19 世纪的工业革命，20 世纪晚期自动化的扩展，以及 20 世纪 90 年代和 21 世纪互联网的兴起。

也就是说，30 年后的人们会疑惑我们没有人工智能是如何生活的，而且人工智能会在接下来几十年毁掉很多工作、剥夺很多生命。想到这些，我们开始讨论人工智能、公共政策和我们的法律就非常重要，尤其是因为可以渐进到工业革命那样的时间表不再存在了。依赖于资源，工业革命在 18 世纪 90 年代和 19 世纪 30 年代之间的美国某些地方开始了。然而，这个国家用了一个世纪改变其法律以规范工业革命产生的问

14

题:非基于土地的财富,大量而集中的劳动力,非围绕家庭的工作,新工作场所危险,新环境危险等。美国国会和州政府在进入 20 世纪之前没有颁布童工法、最低工资法,尚未进行公共教育改革,(劳资)集中谈判权,以及其他法律改革。直到 20 世纪中叶,通过工业革命科技进步积累的财富才足够广泛地得以扩展,从而产生了基于制造工作的大规模且有保障的中产阶级。没有回应工业革命的法律,那些财富是不会扩展的,这将在第八章中详述。

不幸的是,我们再没有一个世纪应对科技进步了。基于最后两个主要科技发展——工业自动化和互联网——的时间计算,我们只有 20 年,或者 30 年,来保障科技进步的利益被广泛扩展。为了保护中产阶级,我们不得不快速修正我们的法律以适应科技变革。所以我们需要现在开始讨论人工智能和法律。

本书的其他章节讨论公法(被公共讨论和制定的法律:立法、规章等)和私法(在私人和公司之间的法律,如合同、侵权法等)应当改变以适当规制人工智能,借此开启上述交流。尽管你只有将 Siri 的程序使用到极致才会面临上面讨论的挑战,但其他的程序、机器人和这里讨论的产品并不需要这样的操作。它们将会通过存在于市场或者政府使用时会面临的那些挑战。在很多案件中,法律将不得不把人工智能作为法律"人"看待,赋予其一定权利和责任以改善真实人的生命。

在继续探讨之前,思考下面的问题是有帮助的:现在是否有正确答案以及我们对于这些技术又有哪些看法:

● 如果两辆自动驾驶汽车发生事故,汽车并没有导致严重后果而是以最可能的方式避免损害,事故中受伤的人还能从汽车所有人或者其保险公司那里获得赔付吗?

● 人工智能外科医生会造成不当医疗后果吗?

● 什么水平的弱人工智能应当被政府代理人规制? Siri 吗? 自动驾驶汽车呢? 写作和作曲软件呢? 间谍无人机呢?

● 正如很多城市和城镇规章所制定的,机器人能够取得成人娱乐的资格吗？

　● 如果你将孩子交由人工智能保姆照顾，你需要为出现问题的所有事情负责吗？　保姆的制造商呢？

　● 控制警察使用监控无人机，宪法上界限在哪里？

　● 排除战争或者侵略行为而其他国家可以在美国使用人工智能无人机吗？

　● 如果程序员能写出每周创作出像《哈利·波特》那种畅销书的软件，那她能够拥有"作者"挣到的数亿美元吗？

　● 如果我们知道这么多的人工智能产品到来，是否存在帮助我们减少失业的公共政策？

　下面的章节将回应这些问题和更多的问题。

注释

1. Roger Clarke, Asimov's Laws of Robotics: Implications for Technology Part 1, *IEEE Computer* (December 1993): 53—61; Clarke, Asimov's Laws of Robotics: Implications for Information Technology Part 2, *IEEE Computer*(1994), 57—66.

2. John Chipman Gray, The Nature and Sources of the Law(New York: Columbia University Press, 1909), 27.

3. 本节部分内容改编自作者的文章：Siri Is My Client: A First Look at Artificial Intelligence and Legal Issues, New Hampshire Bar Journal 52:4(Winter 2012): 6—10.

4. Apple Siri FAQ, Apple, http://www.apple.com/iphone/features/siri-faq.html.

5. 尽管有展现高级弱人工智能的全球定位系统的设备，评论好坏参半。通过全部措施，Siri 的语音互动似乎比任何全球定位系统设备更加优越。在这上面，Siri 的普及潜能与具有更多限制功能的全球定位系统相区别。

6. 基于本书的目的，短信、即时信息、电子邮件等不被认为是人的自然环境。

7. Steve Hehn, Speak Up! Advertisers Want You to Talk with New Apps, NPR, April 15, 2013, http://www.npr.org/blogs/alltechconsidered/2013/04/15177345718/speak-up-advertisers-want-you-to-talk-with-new-apps.

8. Farhad Manjoo, Siri Is a Gimmick and a Tease, Slate, November 15, 2012, http://

www.slate. com/articles/technology/technology/2012/11/siri _ vs _ google _ the _ search _ company_s_voice_recognition_program_gets_closer.html.

9. Johm Markoff, A Software Secretary That Takes Charge, *New York Times*, December 13, 2008, http://www.nytimes.com/2008/12/14/business/14stream.html?_r＝1.

10. Timothy Hay, Apple Moves Deeper into Voice-Activated Search with Siri Buy, *Wall Street Journal Blog*, April 28, 2010, ttp://blogs.wsj.com/venturecapital/2010/04/28/apple-moves-deeper-into-voice-activated-search-with-siri-buy/.

11. Siri Launches Virtual Personal Assistant for iPhone 3GS, SRI International, press release. February 8, 2010, http://www.sri.com/news/releases/020510.html.

12. Hay, Apple Moves Deeper into Voice-activated Search with Siri Buy.

13. Jill Duffy, What Is Siri? *PC*, October 17, 2011, http:// www.pcmag.com/article2/0, 2817, 2394787, 00.asp.

14. Andrew Nusca, Say Command: How Speech Recognition Will Change the World, Smart Planet, November 2, 2011, http://www.smartpplanet.com/blog/smart-takes/say-command-how-speech-recognition-will-change-ghe-world/19895?tag＝content; siu-container.

15. Duffy, What Is Siri?

16. *Bridgeport Music, Inc. v. Dimension Films*, 410 F.3d 792, 798—799(6 Cir. 2005).

17. *Campbell v.Acuff-Rose Music*, 510 U.S.569(1994), 判定两位现场船员乐队(2 Live Crew)使用奥比森的《美丽女人》构成合理使用。

18. *Newton v.Diamond*, 349 F.3d 591(9th Cir. 2003), 判定野兽男孩不为在其音轨《通过麦克风》(Pass the Mic)中采样了詹姆斯·牛顿的《唱诗班》(Choir)而负责。

19. *Bridgeprot Music*, 410 F.3d at 798—799(判定 NWA 从克林顿的《远你而去》(Get Off Your Ass and Jam)中采样了一个吉他和弦侵犯了那首歌的著作权。

20. *Bridgeport Music*, 410 F.3d at 795.

21. 尽管《美国法典》第 106 条第 17 款区分了音乐创作著作权的权利人拥有的权利和录音著作权的权利人拥有的权利，这一区分与本书不相关。

22. 美国法典第 201(a)条第 17 款，参见 http://www.gpo.gov(accessed April 29, 2013).

23. *Community for Creative Non-Violence v.Reid*, 490 U.S.730, 737(1989).

24. See Melville B.Nimmer and David Nimmer, *Nimmer on Copyright*, vol.1 (Newark, NJ: Matthew Bender, 2010), ss 5. 01[A].

25. Racter, *The Pooliceman's Beard Is Half Constructed* (New York: Warner Software/Warner Books, 1984).

26. Scott French and Hal, *Just This Once*(New York: Random House Value Publishing, 1993).

27. 该项目指的是艾米利·豪威尔，由加州大学圣克鲁斯分校一位名叫戴维·科普的音乐教授写就。科普和艾米利在本节稍后有大量讨论。

28. 克利福德是马萨诸塞大学法学院的教授。尼莫在他的基础上就人工智能创造的知识财产进行过深入讨论。

29. Ralph D. Clifford, Intellectual Property in the Era of the Creative Computer Program: Will the True Creator Please Stand Up? *Tulane Law Review* 71(June 1997): 1675—1703.

30. Clifford, 1686—1694.

31. Clifford, 1694—1695.

32. *Feist Publications, Inc. v.Rural Telephone Service, Co.*, 499 US 340, 345(1991).

33. Clifford, 1694, 删除了注释。

34. Clifford, 1695. 克利福德否认了的人工智能本身能够享有著作权的观点，至少在现行法下是如此。注意到在联邦版权法下作品的"作者"拥有版权，他分析了其在此处及在《美国法典》中其他部分的使用。他得出结论认为"术语'作者'在版权法中的使用暗示着国会指的是人类作者……《美国法典》中术语'作者'的使用致使结论是国会试图使该术语指人类。"Clifford, 1682, 1684.

35. Clifford, 1695.

36. Jacqui Cheng, Virtual Composer Makes Beautiful Music—and Stirs Controversy, ars technica, September 29, 2009, http://arstechnica. com/science/news/2009/09/virtual-composer-makes-beautiful-musicand-stirs-controversy.ars.

37. Ibid.

38. Ibid.

39. Farhad Manjoo, Will Robots Steal Your Job? *Slate*, September 27, 2011, http:// www.slate.com/articles/technology/robot_invasion/2011/09/will_robots_steal_your_job_4.single.html.

40. 如果那看起来是太短的一段时间，考虑这个：《福布斯》杂志在《哈利·波特》首次出现在图书架上七年后评估 J.K.罗琳的纯身价接近十亿欧元。

41. Chris Brooke, I Was Only Following Satnav Orders' Is No Defence: Driver Who Ended Up Teetering on Cliff Edge Convicted of Careless Driving, Daily Mail, December 31, 2012, http://www. dailymail. co. uk/news/article-2080456/Judge-blames-drevers-reliance-sat-nav-jails-killing-motorcyclist.html.

42. Sat Nav Confusion Blamed for Penzance Crash, Falmouth Packet. Jul 3, 2012, http:www.falmouthpacket.co.uk/News/9793476.sat_nav_confusion_blamed_for_Penzance_crash/.

43. Driver "Had Too Much Faith in Satnav" in Run Up to Death of Biler in Appalling Weather, Says Judge, *Daily Mail*, December 31, 2012, http://www.dailymail.co.uk/news/article-2080456/Judge-blames-drivers-reliance-sat-nav-jails-killing-motorcyclist.html.

44. Eric Sinrod, Is GPS Liability Next? CNET, January 16, 2008, http://news.cnet.com/Is-GPS-liability-next/2010-1033_3-6226346.html?tag=ne.fd.mnbc.

45. Martin J.Saulen, The Machine Knows! What Legal Implications Arise for GPS Device Manufacturers When Drivers Following their GPS Devices Instructions Cause an Accident? New England Law review 44:1(Fall 2009): 189.

46. Tom Vanderbilt, Let the Robot Drive, Wired, January 12, 2012, http://www.wired.com/magazine/2012/01/ff_autonomouscars/all/1.

47. Vanderbilt, Let the Robot Drive.

第二章

如何起诉机器人：人工智能与法律责任

有些形式的人工智能很常见，以至于人们并不把它们看作人工智能，譬如谷歌、Siri、电子游戏，等等。当谈及这些形式的人工智能时，大多数人根本不担心其法律责任问题。但是，当把话题转向即将到来的令人兴奋的人工智能时，譬如谷歌无人驾驶汽车、自主外科医生、机器人保姆，法律责任便立刻成为一个大问题。"谁会想要无人驾驶自动汽车？若你的自动驾驶汽车撞到他人怎么办？""没有人会制造一个机器人保姆——想想所有的法律诉讼吧！""律师给医生造成的麻烦事儿还不够多吗？难道你认为医生们会坦然面对并接受那些指控跟诉讼？"

虽然人们的这些担忧是合理的，但是人们并没有完全地意识到人工智能将给我们生活带来的改变。从根本上而言，法律规定的责任是对不法行为产生的后果进行合理分配。[1]如果甲因乙的行为而遭受到损害，由施加损害的行为人乙承担责任才是合理的，因此法律要求乙对受害方甲提供帮助或者赔偿。当然，此时有一个假设的前提条件，就是乙的确实施了某种损害行为，乙才需要承担相应的法律责任。对于司机、保姆、医生，人工智能提出了另一种可能性，即：某一事故发生，但是所有与事故有关的人都尽职尽责，他们并不是导致事故发生的原因，反而是由某一个独立行动的机器所造成的,比如:《星际迷航》中的智能机器人戴达驾驶企业号宇宙飞船进入小行星、《霹雳五号》中的英雄机器人"五号"在美国蒙大拿州撞毁了一辆卡车等。

如果谷歌无人驾驶汽车撞了人怎么办? 我们假设,汽车驾驶者将对汽车的任何不法行为所造成的后果承担最终责任。由于现在的汽车只会因司机的直接行为(或不作为)而移动,所以这个假设是有道理的。但是,正如将在第三章更加详细地论述的内容,当谷歌无人驾驶汽车或其他自动驾驶汽车在市场上出现时,情况就会有所不同。如果谷歌无人驾驶汽车在自动驾驶模式时撞伤他人,很可能根本不存在实施不法行为的人类驾驶者。不仅如此,如果汽车本身是在正常运行,那么谷歌公司也不可能被认为负有法律责任。那么,谷歌无人驾驶汽车可能(也或者不可能)需要承担责任。但是,将现行的法律责任制度应用到人工智能领域是有风险的。现行法律责任的主体被设定为是一个"人类行为人"(a human actor),责任主体范围还不能够广泛到可以容纳机器人在内从而将法律责任分配给"机器人行为人",因此,潜在的后果是,事故受害者没有办法通过行使求偿权获得损害赔偿或者损失填补。

本章将讨论如何调整现有的法律责任制度,以解决那些不能由人类承担的法律责任问题或者介于人工智能与人类之间的法律责任分配问题。首先,在对法律责任形式如何影响人工智能或者被人工智能影响进行解释之前,本章将简述与人工智能最密切相关的法律责任类型。考虑到医生每天所面对的法律责任,本章最后一部分是介绍人工智能外科医生(AI surgeon),简要解释人工智能外科医生的发展状况,并讨论已经出现的或者不久的将来可能出现的法律责任问题,是非常有意义的。

一、 法律责任理论

两百多年以来,美国一直采用从联邦、州到地方的复杂分层体系来解决涉及新科学技术的法律责任问题。该制度体系为适应大宗商品生产、机械化运输、电子通信系统等新科技的出现而发生了巨大变化。[2]
许多解决现有技术争端的法律责任理论也将与处理人工智能的法律责任
问题密切相关。

《机器人启示录》(Robopocalypse)的粉丝们请注意：故意侵权——比
如试图杀死星球上的所有人——不可能成为人工智能的一个严重问题，
至少在很长一段时间内并不会。[3]殴打，暴力威胁，非法拘禁以及其他
以主观故意为要件的侵权行为不会影响到人工智能。可预见的未来里，
能被消费者真正使用的人工智能并不具备主观意图。程序员编程会允许
人工智能"故意地"作出决定或实施行为，但是这种有意行为局限于人
工智能已经设置好的功能：比如从一个地方驾驶到另一个地方、帮助警
察监视摄像、进行固定医疗手术，等等。尽管这些例子让人工智能看起
来可能会伤害人类，就像自动驾驶汽车冲撞到行人一样，但是这类加害
行为也只是偶然存在的。根据美国法律通常要求的"故意"意图标准，
人工智能不会试图伤害人类，我们也不能确信其行为"基本上必定"会
伤害人类。[4]如果人工智能被编程为故意地向人类施加伤害，程序员将
因其具有故意实施损害的意图而被追究法律责任。此时，机器人仅仅是
程序员从事不法行为的工具。例外情况是，协助警方或者服务于军队的
人工智能(分别在第六章和第七章中详细阐述)，也许会被用来实施损害
行为，此时人工智能不可能被认为符合故意侵权的标准，同样地，警察
和士兵也不会被认定为故意侵权。

相反，人工智能最可能涉及的是"意外"性质行为的原因，而被起
诉或控告至法庭上，譬如，过失、违反合同、缺陷产品责任，等等。为
了便于阅读，以下总结了与人工智能最密切相关的几种法律责任理论：

过失

一般而言，过失的判断标准为是否违反合理谨慎人(a reasonable and
prudent person)的注意义务。如果一个合理谨慎人知道实施某行为(比如
将西瓜扔到高速公路上)会造成损害就应该避免做出该行为，若依然实
施该行为就是疏忽大意。[5]换言之，如果你实施的行为是合理谨慎人在

19

相同或相似条件下避免做出的行为，那么你的行为被认为存在过失与疏忽。与故意侵权行为(比如暴力威胁或殴打)相反，过失行为并不需要行为人有主观故意的意图。若你试图造成损害，承担的就不是过失责任。理论上来说，无论何种情况，每个人都对他人的人身和财产安全负有一定程度的注意与关照义务：比如行走在街道上、准备食物、传球，等等。如果某人未尽到一定程度的注意义务而导致了他人的损害结果，该行为人就会因为其过失行为而要承担法律责任。

违反合同

根据合同相关法律规定，双方当事人订立的合同生效后，若一方当事人不履行其在该合同项下的义务，另一方当事人有权获得违约金或者其他形式的救济。具体的救济措施和金额可能规定在合同条款中，如果合同中没有相关规定，法官会根据受损害一方当事人的实际损失为标准，来判决救济形式和赔偿数额。只要对方当事人能够合理地信赖一方当事人会履行其合同义务，合同中甚至不必具体地规定该义务的内容。[6]例如，一场婚礼派对中，当事人与豪华轿车公司达成协议，由该公司负责从教堂到婚礼宴会的车辆，尽管可能没有在双方合同中具体约定，但是婚礼举办方合理地信赖豪华轿车公司已经为司机及车辆购买保险。如果发生了交通事故且婚礼举办方受到伤害，根据他们之间订立的合同，豪华轿车公司将被视为已经购买保险。

缺陷产品责任

20　　根据美国对缺陷产品责任的法律规定，缺陷产品的生产者或者销售者对因缺陷产品导致的损害或损失承担责任，尤其是，在某种程度上可预见风险而应避免的损害或损失，[7]也就是说，某种程度上可以通过技术手段或者商业策略避免或减少损害或损失。[8]例如，如果将肩带加到汽车安全带系统上，其成本要低于因系上安全带可以阻止事故发生的成本，那么安全带应该包括在汽车里，也即汽车内所有朝前的座位必须配备腰带加上肩带的三点式安全带。[9]产品缺陷基本归为三类：制造缺陷(manufacturing defect)、设计缺陷(defective design)和说明或警示不充分缺陷(insufficient warning)。[10]即便是在产品准备和营销过程中已尽到所有可能的注意义务，但如果产品制造背离设计意图，意味着制造商实际上并没有按照自己设计好的规格生产产品，而按照设计意图生产产品是可行的，此时损害被认为是由产品制造缺陷导致，制造商将被追责。[11]因有缺陷的刹车导致的车祸事故是最典型的承担"严格责任"(strict liability)的例子。缺陷产品责任制度下，产品制造商、销售商或任何其他参与该产品商业销售过程的人，都可能对缺陷产品造成的损害承担法律责任。

渎职行为

渎职行为实质上是对特定领域的专业人员要求承担更高的注意义务。当某专业人员违反了此种注意义务时，将会承担相应的法律责任。涉及渎职行为的诉讼实质是具有特殊条件的过失侵权案件。[12]比如，法庭认为医疗事故案件是"一种侵权行为，对传统过失侵权要件进行了细化，以反映医患关系中的专业背景特点"。[13]由于过失疏忽与渎职行为密切相关，本书将不就渎职行为作专门讨论，但毫无疑问，渎职行为肯定会涉及人工智能诉讼中的赔偿责任问题。

替代责任

替代责任(vicarious liability)，有时也被称为雇主责任(respondeat superior)，是指雇主对其雇员在雇佣活动中实施的行为承担法律责任。[14]令人质疑的是，替代责任的原则是否会被频繁适用，因为当情况变成雇主依靠人工智能来完成那些本该由雇员负责的工作时，更准确的描述是雇主对人工智能的疏忽监管使其承担人工智能造成损害的责任。但是，如果雇主是合理地使用人工智能完成某项工作，原告诉称人工智能应该被视为等同于人类雇员更容易在法庭中胜诉(替代责任)，而不是诉称雇主对人工智能监管存在疏忽过失。尽管本章并没有讨论替代责任，第四章会在超市使用人工智能保姆照看购物者的小孩的案例中讨论到替代责任。

21

二、 人工智能何时承担法律责任?

人工智能将促使我们考虑扩大法律责任承担主体的范围。如果某人不能承担法律责任,机器却有可能。但是,在什么情况下是由人工智能而不是人类承担法律责任呢?

涉及人工智能的法律责任

随着人工智能的使用变得越来越普遍,涉及人工智能的事故或事件的法律责任承担也越来越普遍,基本上,有如下四种情况将会发生:

1. 使用或者监控人工智能的人承担法律责任。当使用或者监控人工智能的人导致了损害事故的发生,那么,此人将可能承担相应的法律责任。此类事故可能发生的情况非常多:

● 一个人工智能外科医生正在对病人进行手术,要给病人安装新的髋关节,手术过程中人工智能机器却出现了机械性的误差。负责监控手术的人类医生没能尽职地监控手术进程,并且无法中途介入以完成髋关节置换术,导致手术不得不提早结束,迫使患者必须进行第二次髋关节置换手术。

● 人工智能建筑工人(AI construction worker)错误地拆除了墙壁,导致整个建筑物倒塌,原因在于监控人工智能的人员给出了不恰当的拆除指令,指示人工智能机器应该拆除那堵墙。

● 负责监控人工智能客机的人没有注意到,两架客机给出相同的着陆指令,造成了两架客机空中相撞。

任何针对符合上述情境的人提起的诉讼,最有可能诉称"过失疏忽"(或失职行为,如果适用到专业领域中),作为被告应承担法律责任的理由。这类责任涉及人工智能时,说明仍然有需要人类监控人工智能的情形。但是,关于法律责任分配给人类,将会在"主要用于方便人类的人工智能"和"主要用于优化人类工作的人工智能"之间出现重大的

22

分野，即把人工智能主要用作优化人本身的工作时，要求人对人工智能监控，如果人工智能造成了事故，监控人就要承担法律责任；把人工智能主要用于为人类提供便利时，不需要人对人工智能进行监控，对人工智能造成的事故损害负担更少的责任。

当然，有疑问的是人工智能可能同时具备上述两种功能。例如，90%的车祸都是由人为错误造成的，[15]意味着无人驾驶汽车很有潜力能够大幅度降低车祸发生的次数。然而，正因为大多数司机都认为自己是好司机，[16]无人驾驶汽车的安全性能并不会动摇消费者。相反，对于那些驾车是一种负担的人群(视力受损、身体受损、老年人等)来说，他们倾向于购买一辆无人驾驶汽车，因为他们喜欢就此带来的方便，或者对于部分年轻人来说，认为开车不是什么了不起的事(因为开车反而减少了他们和朋友发信息聊天的时间)。[17]所以，尽管无人驾驶汽车可能会减少事故发生、伤害和死亡，但从法律责任考虑，认为无人驾驶汽车的主要目的是降低伤亡的观点是错误的。大多数人会使用无人驾驶汽车阅读、睡觉、聊天，玩游戏光晕(Play Halo)，或者做些事情来利用(或消磨)他们驾驶的时间；他们不会做的事就是仔细地监控人工智能。一旦无人驾驶汽车普遍存在，人们因为没有监控无人驾驶汽车而对它承担法律责任，这似乎有些荒谬，因为人们根本不会去监控自动驾驶汽车。(这一想法——为无人驾驶汽车的"司机"分配责任——在下一章中会更深入地讨论，因为目前有些州的法律将会这样规定。)与此相反，人工智能外科医生并不会增加人类的自由时间，也不会让生活更方便。相反，人工智能外科医生的目的是改善并提高人类的手术结果，[18]因为它们可以进行切割、进入身体，并以人类不可能做到的角度来伸缩弯曲。[19]没有密切监测人工智能外科医生的人类医生应该对由此发生的医疗事故承担责任。人工智能将不会被购买来为人类医生创造更多的自由时间。

出于同样的原因，法院在分配法律责任时会区分自动的(automated)机器和自主的(autonomous)机器(即人工智能)。自动的机器执行固定的功能，就像电梯或者工厂装配线上的机器人，但仅此而已；如果不进行进

23

一步编程,自动的机器不会(或者不太会)自行调整其功能以对新信息做出反应。即使人类不站在自动的机器旁边监控他们,但最终会有人对机器导致的损害结果承担责任,比如程序员或维修人员,因为机器本身无法作出任何决定。[20]如果一台自动的机器造成事故,而机器的设计或生产并没有任何瑕疵缺陷,那么在事故发生前就应该有相关人员发现机器出现了问题。然而,自主的机器能够自己作出决定,这也意味着相关的人员可能根本没有责任。

2. 与人工智能相互作用的第三人承担法律责任。事实上我们已经见过这样的例子。2010年,谷歌的工程师们报告称,谷歌无人驾驶汽车被一辆由人驾驶的汽车追尾。[21]主张与人工智能因互动行为产生的第三人责任,将与当前任何一个人与机器或其他人之间因相互行为可能产生的责任基本相同。最大的区别可能在于保险理算员或陪审团成员的倾向,他们可能会(也可能不会)比同情一台智能的机器更加同情人类。

3. 分销链中的制造商、分销商或者另一方当事人承担法律责任。当涉及人工智能导致事故发生是由于其本身出现故障、错误的编程、粗制滥造、配送过程中受损,或者由于与产品本身出错相关的任何原因,事故责任将按比例适当地分配给分销链中的个人:设计师、制造商、出售人工智能产品的商店,等等。基本上,这种类型的索赔要么是一个标准的缺陷产品责任诉讼(人工智能产品没有按照预期工作),要么是疏忽过失损害赔偿诉讼(当事人在准备或交付人工智能产品时没有尽到应有的注意义务,消费者获得产品之前已经被损坏)。举如下几个例子:

● 一位人工智能厨师在煎牛排时发生故障并停止工作,烧焦了米饭且最终烧毁了做饭的房子。

● 控制人工智能商店店员识别物品的部分代码被意外地删除,这些代码是用来识别需要出示身份证才能购买的物品(香烟、酒精饮料),导致未成年人购买了一箱酒,喝醉并导致事故发生。

24　　● 人工智能扫雪机使用说明书未能说明在低于零下15度的温度时会导致机器人熄火,在一场怪异但也不是前所未有的五月暴风雪期间,新英格兰北部道路中使用的这些扫雪机器人发生熄火，导致大量事故发生。

● 在运送过程中，一架飞行的警用无人驾驶飞机被损坏，导致引擎熄火，坠毁在警察局附近的一所房子里。

第一种情形中可能是制造瑕疵或者设计缺陷，审理中通过进一步调查可以更清楚地判断这一点。第二种情况是制造缺陷的典型例子：一个特定的机器人偏离了制造商对编程的规范要求。第三种情形是说明指示或警告不充分。相反，最后一个例子说明分销商的疏忽，使得这与传统的缺陷产品责任诉讼区分开来，仍然是把最终用户从损害赔偿责任中排除在外。消费者也可以向制造商(未能安全运输)或者分销商(未能安全交付人工智能产品)提起违约诉讼，因为后者违反了其与消费者之间的买卖合同，此种合同中明示或暗示了产品应该被安全交付。

虽然开发商和制造商有足够的可能性来欺骗性地宣传他们的人工智能产品，但是我选择不在这一部分展开讨论，因为在这方面消费者权益保护法的变化不大。例如，尽管开发商可能设计一个提供托儿服务的机器人，但该公司可能不愿意把它作为机器人保姆进行宣传。因为如果一个小孩在机器人保姆照看期间受伤了，受害者的家人可以诉称该公司虚假宣传其人工智能产品能提供有效的托儿服务。所以，为避免这样的诉讼，开发商可能会将人工智能产品包装成玩具销售，尽管人工智能产品实际被设计成照顾儿童的机器人且父母可能最终也是因为这一功能才使用它。[22] 此时，责任索赔诉讼将依赖于"合理可预见"(reasonably foreseeable)原则，来让制造商承担责任。如果制造商或开发商可以合理地预见到他们的产品将用于某种特定用途，那么产品的设计就必须反映出这种用途，而不管其广告是如何宣传的。因此，如果一家公司试图宣传其水枪不是为了向他人喷射，公司并不因此免除其应该确保水枪可以安全地喷射到其他人身上的责任。无论广告如何宣传，孩子们都会用水枪来喷水，在这些情况下，人工智能不会强制改变法律中的原有的假设条件与原则。

前三种我们已经讨论过的涉及人工智能的法律责任,并没有偏离现行法律中已经确立的标准的损害赔偿诉讼。然而,第四种责任类型只有通过技术才能使得人工智能能够独立于人类而作出决定。

4. 人工智能对其行为承担法律责任。在少数情况下,人工智能因其具有法律上的义务而被视为是具有责任能力的人。在以下情况发生时,人工智能将对其行为承担责任:(1)人工智能造成损害或伤害;(2)造成损害或伤害的所有责任都不能归责于一群人或者分配链中的某一人。有时候,当这些情况发生时,人工智能的行为完全按照预期进行,但是仍会造成损害,也应该承担责任。下面列举实践中的几个例子予以说明:

● 两辆无人驾驶汽车在高速公路上行驶,第一辆车在左车道上,行驶在右车道上的第二辆车前面。这两辆车正以合理的速度行驶。车内人员没有密切监控车辆,但是都系好了安全带。突然一只鹿跳到左车道的中间,一瞬间,第一辆车采取了最安全的可行方案,转向右车道以防止与鹿碰撞。又一刹那,第二辆车为了避免和第一辆车相撞,也作出其最安全的可行决策,而转向右边,但是却撞到了一棵树。第一辆车中没有人员伤亡,第二辆车的一个乘客却撞断了手臂。如果第二辆无人驾驶汽车试图停在自己的车道上(因为它会撞上第一辆车,撞伤车里面的人)或者向左急转(因为它会和鹿相撞,撞伤第二辆车里的人),会使更多人受伤,这是毋庸置疑的。这两辆车的人工智能从技术上来说都运行正确。这两辆车在购买前或事故发生前都制造良好且没有受过任何损坏。

● 人工智能外科医生正在做一个常规的胆囊切除手术,结果脆弱的动脉破裂,这是先前并未被检测到的。人工智能外科医生便开始修复破裂的动脉。正在监测人工智能的人类医生同意人工智能外科医生的决定和计划。只有在病人遭受严重失血之后,人工智能外科医生才能够修复动脉。由于病人内部受损伤,人工智能外科医生决定在那个时候不切除胆囊。人类医生表示同意。病人必须在改期胆囊切除手术前额外花费两周时间,以从动脉修复中恢复。经调查还证实了,负责监测人工智能外科医生的人类医生提供了充分的监督,并做好充分准备随时终止人工智

26

能外科医生，在必要时亲自进行动脉修复。人类医生也正确地指出，人工智能外科医生当时采取了合适的决定与措施，来修复动脉并拯救了病人。通过检测人工智能，表明其在手术过程中操作正确。此人工智能产品制造完善且在进行手术前未受到任何损伤。

● 人工智能建筑工人在一处拆迁现场准备移除横梁。根据建筑物的蓝图，以及施工队长已经事先进入过大楼观察，那根横梁不是承重梁。不幸的是，这根有问题的横梁实际上承载了大楼其余部分的大多数重量。横梁拆除后，大楼其余部分随之倒塌，对拆迁现场及附近街道上的人造成严重伤害。随后的调查表明，由于建筑物使用期间地面移动与大楼拆除初始阶段地面移动相结合，导致那根横梁成为承重梁。调查结果也清楚地表明，在发生事故前不可能知道那根横梁已经承重，而且施工队长已经对建筑人工智能进行了适当的监督。对人工智能的诊断表明，其在拆除过程中正确运行。此人工智能产品制造完善且在进行拆除之前未受到任何损伤。

上述情形表明，将会存在很多这样的例子，即事故发生时，监控人工智能的人没有过错，与人工智能相互作用的第三人也没造成任何损害，人工智能的设计和制造以及运输交付都是正常的，在事故发生前人工智能产品也没有受到任何损害而有瑕疵。此时，只有人工智能来承担责任。现行法律规定没有考虑到这一点。[23] 所以，我们已经有了能够解决前三种情况的法律规范，但是我们必须提出新的模式或想法，来解决人工智能承担法律责任的情形。

简而言之，如何判断人工智能存在疏忽过失：很可能是受损害的原告指控人工智能具有过失。当"人作出决策"被"人工智能决策"所替代时，这是一个自然而然的诉求(特别是对于狡猾的律师而言)。如果人类必须合理谨慎行事，难道人工智能就不应该吗？ 这种诉讼很可能得到广泛认同。但是我认为，这类诉讼针对人工智能的程序员提起可能会更合适，因为是他们编程导致人工智能作出不合理和不谨慎的决定。[24] 退一步说，即使人工智能本身被认为具有疏忽过失责任，我们仍然需要

27

面对一个问题,那就是当人工智能负责时会产生怎样的法律后果,这需要一个新的模式。

三、 人工智能如何承担法律责任?

一旦我们的立法正确地将法律责任分配给人工智能,我们仍然需要决定谁将支付损害赔偿的费用。这将成为一项公共政策决定,因为立法者和法官不得不在经济发展的利益(鼓励研究和发展人工智能,鼓励销售人工智能产品)和公平公正(受害者应该得到适当的保护,获得因人工智能错误造成损失和伤害的补偿)之间进行权衡。基本上而言,有三种可选择方案:

1. 所有权人支付赔偿费用。这是一个简单的规则,类似于养狗或抚养孩子的责任。如果你使用人工智能,你应该承担随之而来的风险。"风险自担"(assumption of risk)是对法庭上许多责任指控的一种普遍防御手段,大体上是指,原告自愿承担了任何可能的责任,并将对方即被告从责任承担中释放出来。[25]

在人工智能开发和销售的早期阶段,当消费者提起涉及早期人工智能造成损害的诉讼时,"风险自担"这个理论将会在人工智能产品的制造商中特别受欢迎。制造商基本的论点是,一种特定的人工智能技术是全新的,不可能完全没有缺陷;就算公司认为某一种产品基本安全,消费者购买的时候也应该清楚地知道人工智能是新产品,存在一定的内在固有风险。虽然一些法院最初可能会认为这种观点是有说服力的,但从很大程度上来说,这将会是个失败的论点。正如我们现行法律规定市场上所有产品应达到一定程度的功能标准和安全水平,那么,公司愿意销售人工智能产品,表明其保证出售的产品会满足类似的安全水平。实际上,消费者并不因购买和使用人工智能就默示会承担很大的风险。[26]

28

　　我承认，把责任归于人工智能的所有权人看似是一个合理的公共政策决定——乍看起来，这个决定简单易行，而且似乎有一定的公平性。的确，正如第三章所说明的那样，初步制定的管理自动驾驶汽车的州法律，实际上就是将责任分配给车主，或者与车主同等地位的"操作者"。但是，我不认为所有权人承担法律责任是"最好的"公共政策决定。首先，它不能反映出当人工智能造成损害或伤害时通常发生的事实，即车主经常和事故发生没有任何关系。与狗或小孩不同，没人期望人工智能的所有权人在任何时候都要对机器人负责。这是科技的好处之一，人工智能可以自己作出负责任的决定，不像狗或(许多)孩子。

　　其次，如果由购买人工智能产品的所有权人承担责任，就意味着不鼓励人工智能所有权。如果公共政策的部分目的是鼓励诸如人工智能这样的新技术的开发和商业成功，那么，迫使潜在消费者承担所有风险将会适得其反。即使消费者购买保险以保护自己不受风险的影响，但仍然有一种潜在威胁，即保险可能不会涵盖事故中的所有责任成本。此时，所有权人就须赔偿人工智能造成的损失。这就会抑制人们购买人工智能产品，间接地抑制了人工智能的发展，从而导致人工智能产品的消费者将会越来越少。

　　2. 开发商或制造商支付赔偿费用。就像所有权人承担责任一样，将责任归于开发商或制造商看起来也很简单，易于管理，似乎很公平，至少第一眼看上去是这样。甚至与严格责任相似，制造商和设计者都不应有导致事故发生的意图，因此，人工智能产品被认为不符合制造商应该有的产品质量规格。但是，这也存在与所有权人承担责任相同的缺陷。

　　在上述列举的例子中，人工智能已经做了其应该做的事，通常在坏的情况下作出最好的选择。面对无法避免的事故，自动驾驶汽车选择了结果可能最好的应对方式；面对手术中意外的损害，人工智能外科医生处理了动脉损伤问题，使得病人活了下来。强制制造商或开发商为一台合格的机器造成的损害承担赔偿责任，不符合他们并没有任何过错的事

29

实。这就像要求落锤破碎机的制造商为其拆除的建筑物承担责任一样，因为该产品本应该用于拆除这些建筑物。人工智能产品也理应作出拆除建筑物的决定。

此外，最严重的是，若潜在开发商和设计者认为他们的发明会迫使他们在产品正常工作的情况下也支付损害赔偿金，他们将不会想要发明新型人工智能。潜在的制造商也会产生同样的想法，如果他们需要为制造出的完美的机器承担责任。这一政策可能保护了相对少数的因人工智能良好运行依然受损害的人，但却损害了其他多数人的利益，他们无法享受人工智能科技进步的好处。

3. 人工智能支付赔偿费用。虽然听起来很奇怪，但归责于人工智能的立法选择，我认为是最好的。我的意思并不是说应该开始给人工智能支付一份工资——就算是《星球大战》系列中的角色 C-3PO 也没有一份可以带回家的工资或储蓄账户。但是，可以设法提供一种储备基金，来支付人工智能欠下的结算或赔偿费用，包括要求人工智能产品需要购买一定额度的保险(州立法机构已经要求自动驾驶汽车购买保险)或者对任何购买人工智能产品的人增加一个责任附加费，以开立由政府或行业保管的储蓄金，当人工智能产品需要承担责任时，就可以用这笔钱来赔偿。下一章将一进步讨论对人工智能责任支付方式的规定。

人工智能保险与人工智能储备基金比较

理解人工智能保险(AI insurance)与人工智能储备基金(AI reserve fund)的区别很重要。通过建立强制保险制度，每个具有人工智能功能的机器都需要买保险，以形成潜在的资金池，便于支付赔偿金。假设人工智能参与保险并需要承担责任，任何结算支付数额仅限于保险金，所有权人和制造商永远不会支付更多费用。通过建立储备基金系统，人工智能作为一个整体会拥有一个独立单一的资金池，以备在承担赔偿责任时使用。所有结算支付款来源于该资金池，而不是直接来自所有权人或制造商。人工智能保险和人工智能储备基金都是由所有权人、制造商和开发商以某种形式支付的资金共同出资设立的，要么是通过分摊保单的费用，要么是在出售时分摊额外的责任附加费。

这两个制度的目的都是为了给受害人提供一种弥补损失的经济补偿　　30
方法，而不是让所有权人、用户、开发商或制造商对人工智能相关的全
部潜在损失承担责任。无论是通过保险还是储备基金令人工智能进行赔
偿，该责任更准确地反映了事实，那就是人工智能犯了错误。由此一
来，也不会打击消费者购买人工智能或者制造商生产人工智能产品的积
极性。所涉及的当事人，包括所有者、开发商和制造商，会预先知道其
成本，因为法律责任和赔偿支付都只与人工智能有关。他们不必为意料
之外的诉讼做预算。保险制度或者储备基金制度将保护他们不受此类诉
讼的干扰。

但是，原告和受害者可能面临的问题是，人工智能并不总是能够满
足传统的赔偿责任诉讼要件，如过失侵权、违反合同、缺陷产品责任
等。在本章列举的情况中，传统的赔偿责任诉讼是不适用的。当人工智
能按照预期进行适当的注意和行为时，过失和缺陷产品责任的诉求在法
庭上失去正当性。同样，在双方签订的合同中，提供人工智能服务的一
方不会保证一定产生特定的结果，而是提供质检合格的人工智能产品。
这样的条款规定会使得涉及人工智能的案件中关于违反合同的指控
失败。

与其依靠传统的赔偿诉讼，建立人工智能保险制度或者人工智能储
备基金可能更加明智，类似于工人补偿保险的运作方式，工人补偿对证
明的要求低，因此工人更容易获赔，但获赔数额比潜在的法院判决要
低。[27]设立一项完善的保险政策或储备基金来承担人工智能导致的责
任，就不需要主张传统的责任诉讼。相反，原告只需要证明：(1)实际受
到伤害或遭受损失，以及(2)合理证据证明损害由人工智能造成。与较
低的证明标准相对应的是，原告不得不接受较低的赔偿金额，以长期
保持保险公司和储备基金的偿付能力。与工人补偿保险一样，对那些
受到人工智能伤害或造成损失的人，以及那些人工智能的所有者或制
造商都有好处。

四、 机器人医生的责任

随着医生、外科医生和其他医疗从业者成为责任诉讼中最常见的被告，讨论人工智能将如何影响与手术相关的法律责任，有助于我们进一步研究如何起诉人工智能。我们实际上并不像大多数人认为的那样远离人工智能外科医生。有些实际做过外科手术的人认为，现今的手术更像是"自动化手术"。大部分工作是由医生完成，主治外科医生经常不在病房里。[28]因此，一个人工智能外科医生不会因限制很多资深外科医生实际参与手术而让他们感到挫败。在过去二十年里，人类控制的机器人外科医生更受欢迎，最近网络外科医生(允许人类医生远程操作的机器人系统)就比人工智能外科医生更令人兴奋。[29]然而，自主外科医生已经被开发并用于外科手术，我认为这代表了机器人手术系统(Robotic surgical system)的自然演化。[30]

机器人及人工智能外科医生简史

人工智能外科医生在过去二十五年里取得了巨大进步，从基本的自动化工具发展到能自我指导的外科医生助手。机器人技术第一次出现在1985年的外科手术中，当时医生 Y.S.郭(Y.S.Kwoh)和他的同事们用 Puma 560型号的工业机器人进行了更精确的神经外科活检。[31]他们修改了 Puma 560 机器人，让它在病人头部附近安装一个固定装置，以便医生在神经外科手术需要的位置插入钻头和活检针。[32]换言之，医生使用机器人保持患者头部正确的位置，同时外科医生在颅骨上钻孔并取出了一个大脑活体样本。在20世纪80年代后期，外科医生能够以这种方式使用 Puma 560 机器人，来精确地切除(即去除)以前无法操作的深部脑肿瘤。[33]Puma 560 被证明是外科手术中机器人诞生的催化剂。 1988 年，布赖恩·戴维斯(Brian Davies)医生带领一个外科医生团队，使用 Puma 560进行经尿道前列腺切除术，切除前列腺组织以缩小前列腺尺寸。[34]

Puma(全称是可编程通用装配机，Programmable Universal Machine for Assembly)是工业机器人的一条生产线，专为"中小型组装、焊接物料搬运、包装和检验应用"而设计。[35]20 世纪 70 年代，在通用汽车公司的支持下，[36]Puma 由世界上第一家工业机器人制造商尤尼梅公司(Unimation, Inc.)制造。[37]20 世纪 80 年代，大量汽车工厂采用了 Puma 生产线，今天许多研究实验室也仍在使用彪马。[38]包括 Puma 560 型号在内的所有 Puma 机器人，本质上都是可以在多个方向上旋转和弯曲的机器人手臂，也是每个关于工厂机器人新闻报道中对制造类机器人的完美刻板印象。

西屋电气公司(Westinghouse Electric Corporation)，后来成为 CBS 广播公司，在 20 世纪 80 年代并购了尤尼梅公司，最终决定工业机器人并不是为了用于与人类相邻近而设计，因此，便不再允许医生用 Puma 560 进行试验。[39]1991 年，戴维斯医生和他在伦敦帝国理工学院的同事们开发了机器人"Probot"。[40]Probot 是专门为执行经尿道前列腺切除术而设计的，像极了戴维斯医生之前使用的 Puma 560 。[41]与 Puma 560 机器人不同的是，Probot 不是根据外科医生指导的方向进行操作，而是依靠预先编程好的步骤。[42]但是，Probot 的自主手术功能和在手术中的独立性是其他医生难以接受的，因此，Probot 没有得到广泛应用。"医生们对这个想法感觉不舒服"，帝国理工学院神经外科顾问、皇家外科医学院研究员贾斯廷·韦尔(Justin Vale)对此表示道。[43]

戴维斯医生在伦敦开发出机器人 Probot 的同时，兽医霍华德·保罗(Howard Paul)、整形外科医生威廉·巴加(William Bargar)、机器人工程师彼得·卡赞泽德(Peter Kazanzides)和生物医学工程师布伦特·米特尔施泰特(Brent Mittelstadt)在加利福尼亚州的萨克拉门托成立了集成外科手术系统公司，并创造了一个名叫"Robodoc"的机器人系统，该机器人外科医生比人类医生更精确地对股骨进行髋关节置换。[44]该系统通过挖出骨腔，以便更精确地匹配人造髋关节置换的形状。在 Robodoc 机器人系统使用之前，外科医生用凿子和锤子在骨头里凿出一个洞，然后用骨

32

水泥来修补这个洞，并补充置换关节之间的任何不规则的地方。而在 Robodoc 机器人系统使用传感器检测股骨的大小和形状之后，医生使用计算机终端，输入植入人造关节的类型和在股骨内的正确位置。[45]通过终端信息，Robodoc 机器人系统自动挖出骨骼中的空洞，外科医生只是做很少的信息输入工作，其唯一的作用是按下紧急关闭按钮。[46]Robodoc 系统成为第一个销售使用的手术机器人系统，目前仍在使用。[47]截至 2010 年，Robodoc 在全球已经完成了 24 000 多台手术，新模型也被扩展适用到膝关节置换手术。[48]

　　Probot 和 Robodoc 代表了医学中的一种学术流派，认为机器人可以且应该在人类监督下执行更多的外科手术程序，但不必受到直接的人为控制。这一学派正引领着外科手术更多的依赖人工智能的发展趋势。尽管如此，戴维斯承认，此观点会让一些医生感到不舒服："虽然外科医生认为机器人自动化功能是可取的，但他们仅仅作为手术程序的观察者，手术则主要由机器人程序员控制，他们的焦虑很快开始显现出来"。[49]

33　　戴维斯医生认为，一种名为"手术导航系统"的机器人解决了那些希望能完全控制手术的医生的担忧。[50]从 1991 年开始，他和他在帝国理工学院的同事们开始研究骨科手术机器人助手(Acrobot)，一种首次采用主动约束概念的机器人，这个机器人将外科医生限制在一个安全区域内精确切割。[51]骨科手术机器人助手的特点是其可"手动操作"的设计，在这个设计中，机器人手臂的末端放置了一个力控手柄，这个机械臂在手术中是由人类医生操纵的。具有力挖手柄的机械臂是用来主动约束，本质上是监督人类医生执行手术的过程。[52]帝国理工学院的贾斯廷·科布(Justin Cobb)教授表示："这种机器人的目的是稳住手术室里外科医生的双手，而不是接管手术。机器人可以起到巨大的帮助，有效防止外科医生犯错。"[53]

　　尽管他们努力地引入自主外科医生机器人且将机器人限制在手术室中，但医学界中占主导地位的声音，仍然是试图保持人类外科医生的完全性控制。有很好的理由给予其支撑。即使是自动手术机器人的支持者也承认，至少就目前而言，人工智能外科医生还不适合做软组织手术——即肌肉、脂肪、皮肤或者其他支撑组织的手术——因为这些组织可以随着推进或切割而改变形状。[54]

相反，辅助性手术机器人和程序比自动手术外科医生机器人使用和发展得更广泛。例如，机器人手术系统可以作为手术室中人类医生的延伸。达芬奇(Da Vinci)外科手术系统可能是最有名的例子，不仅因为它是第一个广泛使用的机器人系统，还因为它现在仍使用于各种手术中，包括前列腺切除术、心脏瓣膜修复、子宫切除术、胆囊切除术和口腔内切除术。[55]"达芬奇"是一种被称为"遥控机器人"(Telemanipulator)的机器人手术系统，是一种综合性的"主从关系"手术机器人(意思是机器人"奴隶"是由人类控制的计算机"主人"所直接控制)，它可以通过视频和计算机增强技术从控制台远程控制多个手柄。[56]它的好处包括增加了灵活性，改善了手术的可视性(即，医生能够更好地观察手术区域或者在保持手术操作位置的同时观察手术区域)，手术的物理稳定性，以及远程执行手术的能力。达芬奇和其他类似的"遥控机器人"，使得那些极其困难甚至是不可能的手术变成了现实。[57]

达芬奇手术机器人的诞生，源于美国宇航局斯科特·费希尔博士和斯坦福大学整形外科医生约瑟夫·罗森的合作成果。[58]在 20 世纪 80 年代中后期，他们设想了"远程呈现手术"(telepresence surgery)，即通过将交互式虚拟现实与手术机器人相结合，实现"远程办公"式的手术。这个团队向斯坦福大学研究所的菲尔·格林(Phil Green)博士及其团队展示他们的研究成果，于是该研究所利用这一概念开发了一种远程控制器，用于增强外科手术中神经和血管的吻合度。在美国军队的资助下，由菲尔·格林博士和理查德·斯达瓦博士领导的斯坦福国际研究院(该组织做了熟知的 Siri 系统的初始研究)的工程师和医生，将这种远程控制器发展成绿色远程呈现系统。[59]

美国军队对这种技术产生浓厚兴趣，因为这个系统使得野战部队可将一名受伤的士兵放在一辆装有手术设备的车辆上，附近的陆军流动外

34

科医院可以通过远程操作手术设备来治疗伤员。[60]陆军为这一领域的几个不同的研究项目提供了资金，其中一个项目是由计算机运动公司开发的，是一种安装在桌上的机器人手臂，由外科手术医生控制，操纵内窥镜摄像机，被称为伊索(Aesop)机器人系统的最佳定位的自动内窥镜系统。伊索机器人系统使得手术中不需要助手手持摄像机，它成为1993年由美国食品及药物监督管理局(FDA)批准的第一台手术机器人装置。[61] 1997年，直觉外科公司(Intuitive Surgical, Inc.)获得绿色远程呈现系统授权，对其进行了大面积修改，并将其重新发布，改称为达芬奇。[62] 2003年，直觉外科公司收购了计算机运动公司，并决定只放开对达芬奇系统的控制。[63]

美国政府及其支持的私人研究在远程操作装置方面所取得的进展，使现代腹腔镜或微创手术成为可能。自1987年做了第一次切除胆囊的微创手术以来，外科医生和工程师共同努力改善机器人手术系统，很大程度是因为辅助手术机器人系统的进步，使得微创手术技术广泛应用成为可能。[64]也因为这些科技上的进步，手术的住院时间大大缩短，手术后恢复更快，疼痛减少，术后免疫系统反应更好。[65]

毫无疑问，很多这些好处只可能是起因于机器人。例如，根据微创手术的定义，力图最小限度地侵入人的身体，而外科医生则是无法查看他或她正在手术的整个领域。像达芬奇机器人这样的远程操控机器人系统使用多台摄像机为医生创建三维图像，以便医生在手术过程中进行观察，甚至可以通过患者身体上极小的切口观察到。[66]此外，生理震颤——大多数人都存在轻微的震颤——通过手术器械传播，使进行精细切口的手术变得很困难，这并非不可能。[67]如上所述，这恰好是远程操控机器人可解决的一个具体问题。虽然达芬奇机器人是最广泛使用的——仅2012年就已经完成了超过20万个手术程序[68]——还有许多其他的模型，包括森斯 X(Sensei X)[69]和艾泊科(Epoch)[70]，已经出现在商业或实验室中，并且具有相同的基本远程操作模型。

同样地，还有其他一些机器人，无论是在研发中还是现在已经投入使用的，都不能完全符合远程操控机器人的分类，但仍然遵循人类医生应该始终控制程序的原则。射波刀机器人放射外科手术系统(Cyber Knife Robotic Radiosurgery System)和渡鸦(Raven)也是如此。射波刀是一个无框机器人系统，使用聚焦电离辐射将大脑中的肿瘤和病灶去除。[71] 渡鸦也许是辅助手术机器人领域最有意思的发明，甚至在人工智能手术中也是如此。华盛顿大学设计的机器人手术助手渡鸦，意在准独立于其辅助的人类外科医生进行操作。根据约翰·霍普金斯大学计算机科学系机器人专业格雷戈里·黑格(Gregory Hager)教授的介绍："机会是从人类能做到的事情，到做超人类的事情……做超人类手术需要机器人有足够的智能识别外科医生在做什么，并提供适当的帮助"。[72]假设渡鸦或者其他机器人能成功地独立完成这些辅助功能，这可能就是技术上的进步，推动了人工智能在手术室中的广泛应用。

随着技术的发展，手术领域探索出的三大类型机器人已经或将会以某种方式导致人工智能外科医生的产生：

1. 自主外科医生：Probot 和 Robodoc 实际上都是自主进行手术的机器人。自主外科医生的好处包括高精确度的切口和动作，手术中的快速反应以及长时间进行手术而不会感到疲劳的能力。[73]虽然由于它们的技术和编程无法处理软组织手术中的可变因素，目前还仅在某些特定类型的手术中适用，但是它们代表了无需人类医生进行手术，这点会让人类医生感到不舒服。

2. 机器人监督手术：骨科手术机器人助手代表了人类医生在机器人监督和限制下进行手术具有好处的观点。虽然这不是人工智能外科医生，但戴维斯医生似乎承认，骨科手术机器人助手是一种妥协性的技术，直到医生们更愿意接受手术中使用自主外科医生机器人。

3. 由人类医生控制的机器人来进行手术：达芬奇机器人系统是这个类别中最受欢迎也最知名的机器人。然而，正如渡鸦所表明的那样，许多研究人员已经确定最终目标是创造"聪明"的机器人助手，可以与人类医生协同工作，但又独立于人类医生。

彼得·卡赞泽德的综合外科系统研发出了 Robodoc 机器人，他认

36

41

为:"如果外科医生认为自主手术技术对他们的病人有益,并且他们觉得能够理解并控制,他们就不会害怕自主手术技术"。[74]随着医生们习惯于使用机器人进行手术,渡鸦所暗含趋势就不会令人惊讶:从长远来看,尽管他们过去不愿意,医生将来仍然会依靠人工智能开展手术,因为他们会看到可以用人工智能技术实现"超人"医疗护理。

人工智能外科医生还解决了医疗机器人行业所关注的一个问题:患者不能针对外科手术作出明智的决定,因为无法比较好坏。如果机器人进行手术,病人将明确知道他们会面临的结果是什么。[75]

五、 涉及机器人"医生"的案例

尽管机器人手术系统和人工智能外科医生已经以某种形式存在了近二十年,但涉及它们的相关法庭案件却很少。已有的这些案例也暗示着,随着人工智能外科医生在医院中的使用越来越频繁,复杂的问题也将会变得明显。

这些案例中最臭名昭著的是姆拉克诉布林茅尔医院(Mracek v.Bryn Mawr Hospital),涉及一位名叫罗兰·C.姆拉克(Roland C.Mracek)的病人,他在 2005 年 6 月被宾夕法尼亚州的布林茅尔医院诊断为前列腺癌,并接受了前列腺切除术。[76]他的外科医生打算使用达芬奇机器人进行手术,但是在手术过程中,机器人显示了"错误"的信息,医生团队无法使该机器人正常工作。最后团队使用腹腔镜手动完成了前列腺切除手术。[77]术后一个星期,姆拉克在他的尿液中发现了大量血液并住院治疗。住院后,又出现了在前列腺起初手术前没有出现过的勃起功能障碍问题,且遭受了严重的腹股沟疼痛。[78]

37 　　出现上述伤害后,姆拉克将布林茅尔医院和达芬奇手术机器人制造商直觉外科公司起诉到法院,要求他们支付赔偿金,起诉中涉及严格产品责任和过失侵权责任的多重责任索赔。被起诉的这家医院自动解散了。直觉外科公司则向地方法院提出申请简易判决，并指出姆拉克无法证明其遭受的伤害和达芬奇机器人所谓的故障之间具有因果关系。[79]第三巡回法院肯定了地方法院的观点，指出姆拉克没能证明达芬奇机器人是有缺陷的，也没能证明达芬奇机器人存在缺陷导致了对他的伤害，或者达芬奇机器人在脱离制造商直觉外科公司的控制后出现了缺陷。[80]

这个案例指出了一些随着人工智能外科医生越来越普遍使用而出现的相关问题。首先，姆拉克案引人瞩目是因为和机器人手术系统相关，且机器人没能正常工作并完成手术。幸运的是，人类手术医生团队能在没有达芬奇机器人的情况下手动完成手术。不幸的是，姆拉克遭受到伤害。这种损害被他认为是由手术造成的，并且如果达芬奇能够正常完成前列腺切除手术便能避免伤害的双重原因所导致的。[81]虽然法院最终判决认为，没有证据证明达芬奇故障和姆拉克先生提供的证据之间存在关联，但也需要注意的是本案中前列腺切除术是成功的。[82]

这也说明需要合格且有准备的人类医生来监测人工智能外科医生。人工智能外科医生也会像现在的机器人手术系统一样发生故障和错误。尽管人工智能外科医生很有希望会比现在的系统更可靠，但是如果人工智能失败，人类外科医生就需要准备好接手工作：要么稳定病人情绪，要么完成手术。就像手术团队为姆拉克完成手术那样。

姆拉克诉布林茅尔医院案中影响人工智能外科医生的第二个问题涉及专家证人。审判法庭指出，由于达芬奇机器人系统非常复杂，原告需要专家证人来帮助陪审团了解机器人是否有缺陷。[83]但是在这些情况下，寻找专家证人对原告而言是极其困难的。法院不允许已经进行了许多机器人手术的医生提供有关前列腺切除术的专家证词，因为原告不能证明医生有足够的技术知识。[84]这就意味着原告需要一个既掌握达芬奇机器人的专业知识，又具备在该领域的专业医学知识的专家证人，那么就只有这么三种类型的证人：一种是来自机器人制造商的医学专家，一种是来自具备此种技术专业知识的竞争对手里的医学专家，还有一种是使用机器人手术系统，且在充分训练和经验指导下对机器人具有足够了解的医生。[85]

虽然还有其他机器人手术系统,但没有谁能称得上是达芬奇机器人的真正竞争对手。实际上,拥有达芬奇的直觉外科公司处于垄断地位。这就排除了前两种可以向陪审团解释机器人系统是如何损害原告的潜在的专家证人,因为直觉外科公司的工程师或医生不可能针对自己的公司作为专家证人作证。没有竞争对手,也就不能提供可选择的工程师或医生作为专家证人。[86]虽然第三种专家用户是一个可能的选择,但是在姆拉克案中,法院禁止了所谓的专家用户作证。[87]如果需要专家证人来向陪审团解释发生了什么事情,但原告没有专家证人可以依靠,那么原告如何对造成其损害的机器人手术系统的制造商追究责任呢?

不可否认的是,比起姆拉克诉布林茅尔医院案,其他法院对机器人手术系统审判中的专家证人标准更为宽松。例如,在2012年俄亥俄州的加利亚诺诉考伍克案(Gagliano v. Kaouk)中,患者在进行"机器人摘除"其前列腺手术后受到感染和其他伤害。陪审团作出了有利于被告医生的裁决,部分原因是各方诉讼当事人使用的专家证人。法庭允许被告医生使用具有进行机器人前列腺切除术资格的专家证人,也没有要求更高的标准。当然,法院也允许原告使用专家证人,来证明被告医生并没有获得机器人前列腺切除术的认证,同时此证人也不知道机器人前列腺切除术在何时成为标准。[88]所以这个案例中所适用的宽松标准或许不会被其他法官当作模范判例参考。

无论如何,当医院开始使用人工智能外科医生时,专家证人会变得更加重要,姆拉克案中强调的问题也将在某种程度上继续存在。虽然没有理由认为只有一个人工智能外科医生的制造商,但也同样没有理由认为会不止一个。我们只是不知道罢了。如果有一家公司垄断市场,试图证明人工智能有缺陷的原告会面临姆拉克案中一样的专家证人缺失的问题。即使不止一个制造商在市场上具有竞争力,这些制造商之间很少有工程师和医生,能掌握其他公司的人工智能技术,且精通到足以成为专家证人的地步。也可能是因为人类医生只是监督人工智能外科医生,而不是用他们来进行手术，所以一个有丰富的人工智能外科医生管理经验的医生并没有资格成为专家证人。如果人工智能外科医生在手术中有不当行为，原告几乎不可能起诉人工智能外科医生的制造商获得赔偿，更别提是人工智能外科医生在手术中没有任何问题但仍然应承担责任的情况。

2011 年，特拉华州高等法院的威廉姆斯诉德斯佩里托案(Williams v. Desperito)中，专家证人的证词也是关键的考量因素。该案中，汤姆斯·J.德斯佩里托医生使用达芬奇机器人对原告小罗伯特·C.威廉姆斯进行了腹腔镜前列腺切除术。手术后，威廉姆斯发现他的股骨和/或闭孔神经在前列腺切除术中受伤，导致腿部无力和相关的损伤。根据这些信息，威廉姆斯以医疗事故为由起诉了德斯佩里托医生。威廉姆斯希望提交的证据之一是迈伦·默多克的证词，他提供的证词是针对原告手术所在地圣弗朗西斯医院宣传达芬奇系统的广告中的道德规范问题。然而，法庭阻止了默多克提供证词，并认为他没有资格就医院宣传机器人手术系统面临的道德伦理问题提供专家证词。法庭还指出，默多克提供的证词甚至不会对陪审团有帮助，因为他建议说，德斯佩里托医生没有充分使用达芬奇机器人进行足够完善的手术，以及圣弗朗西斯医院在知道德斯佩里托医生经验有限的情况下还对其使用达芬奇机器人提供医疗服务做广告。[89]

基本上，医院反而受益于默多克提供的混淆和矛盾的证词。他想说："医生是毫无准备的，但医院有权将缺乏经验的他作为专家进行宣传。"法庭准备接受证言的第一部分，但如果包括第二部分的证言，则不被接受。未来使用人工智能的医院应该能预测到医疗事故诉讼，但不能期待所有的专家证词都会因为这种奇怪的模棱两可的话而被取消资格。

与人工智能外科医生责任相关的法律修订

此外，医院和其他保健服务提供者应该制定适当的政策，以平衡管理人工智能的使用、医生的要求和病人的期望。医生和其雇佣机构在决

45

定将人工智能纳入到他们的手术程序和实践中时，可以使用这些政策，以帮助确保人工智能补充和提升他们的服务。如果有人提起与人工智能相关的医疗事故诉讼，法官和陪审团可以依靠这些政策，来帮助确定是否实际发生了医疗事故。

人工智能外科医生本身也可能成为医疗事故诉讼的被告。医疗事故诉讼之所以存在就是基于承认医疗行业依赖于医生和该领域其他工作人员的判断和独立分析，而传统的过失责任标准不能充分保证这些事情。[90]但是，如果医疗行业的专业人士开始依赖于人工智能外科医生的判断和独立分析，那么受伤的原告和其代理律师起诉人工智能，认为人工智能应该作出更好的判断和准确的分析，也只是时间问题。这就会导致相关问题：谁对人工智能的错误承担责任？ 谁来买单？ 这些问题在前面已经讨论过。关于过失和医疗事故的相关法律需要把人工智能纳入医学领域。

六、 保护事故受害者及人工智能开发者的法律修订

40　　　　对于人工智能的开发者和制造商来说，若要妥善处理风险，他们需要准确了解风险是什么。虽然这在当前还不可能实现。潜在的原告可以提起的赔偿诉讼中最重要的就是过失责任、违反合同以及缺陷产品责任，但这些都不能准确地反映出事实，即人工智能具备在没有人为指导的情况下作出决定的能力。法官、陪审团、律师和保险公司不能以任何可靠的准确因素来预测到底是什么将会导致人工智能创造者和制造者承担法律责任。

现有的赔偿责任模式未必适合人工智能，因为人工智能可以正确地完成任何事情，但依然可能制造消极负面的结果。人类作决定也是如此，这就是为什么我们作为司机、律师、医生等为自己购买保险的原因之一。类似的模式对于人工智能而言可能也是必要的，尽管保险公司可

能不愿意像为人买保险一样为人工智能产品承保，因为人工智能产品本身可能有潜在的制造或设计错误，特别是当人工智能产品作出像人一样的决定时，会使得保险项目复杂化。

对人工智能提起诉讼的复杂性也令受伤的原告望而生畏。准确地判断谁该承担责任可能会耗费很多时间，也存在技术上的困难。损害是由监督人工智能的人类行为造成的吗？是由人工智能的设计缺陷造成的吗？是制造上的错误造成的吗？人工智能受到了损害？是人工智能正常操作中本身的行为吗？原告需要专家证人，但找到这样的专家证人可能十分困难。

提供一个更简单的路径来让受害人因人工智能导致的受损获得金钱赔偿：通过定义和限制人工智能开发者和制造商的责任来解决这些问题。从形式上讲，这可以通过政府行为来完成。然而，自动驾驶汽车可以说是市场中最先进的人工智能，其法律规范却并没有解决责任承担的问题，而是将责任分配给"操作者"，这将在下一章中讨论。 41

注释

1. See Dan B. Dobbs and Paul T. Hayden, *Torts and Compensation: Personal Accountability and Social Responsibility for Injury*, 5th ed.(St. Paul, MN: West Publishing, 2005), 2.

2. F. Patrick Hubbard, "Regulation of and Liability for Risks of Physical Injury from 'Sophisticated Robots,'" http://robots. law. miami. edu/wp-content/uploads/2012/01/Hubbard_Sophisticated-Robots-Draft-1. pdf(paper presented as a work-in-progress at We Robot Conference, University of Miami School of Law, April 21—22, 2012): 8—9.

3. 反正"机器人"还不可能出现在法庭上。

4. Dobbs and Hayden, 49.

5. Ibid., 148.

6. See American Law Institute Restatement(second) of the Law of Contracts(St. Paul, MN: American Law Institute Publishers, 1981), § 34 and comments.

7. Dobbs and Hayden, 695.

8. Hubbard, 16—17; see David G. Owen, Products Liability Law, 2nd ed.(St. Paul,

MN: West Publishing, 2008), 527—529.

9. Hubbard, 17; see *Williamson v.Mazda Motor of America, Inc.*, 131 S.Ct. 1131 (2011).

10. American Law Institute, Restatement of the Law, Torts-Products Liability(St. Paul, MN: Amercian Law Institute Publishers, 1998), §2.

11. Ibid., §2(a).

12. See Dobbs and Hayden, 382.

13. *Verdicchio v.Ricca*, 179 N.J.1, 23(2004).

14. Dobbs and Hayden, 624.

15. "Look, No Hands," The Economist, September 1, 2012, http://www.economist.com/node/21560989.

16. "New Allstate Survey Shows Americans Think They Are Great Drivers-Habits Tell a Different Story," Allstate Insurance Company, press release, August 2, 2011, http://www. allstatenewsroom. com/channels/News-Releases/releases/new-allstate-survey-shows-americans-think-they-are-great-drivers-habits-tell-a-different-story.

17. Jim Motavalli, "Self-Driving Cars Will Take Over by 2040," Forbes, September 25, 2012, http://www. forbes. com/sites/eco-nomics/2012/09/25/self-driving-cars-will-take-over-by-2040/.

18. See Marina Koren, "How Raven, the Open-Source Surgical Robot, Could Change Medicine," Popular Mechanics, February 28, 2012, http://www. popularmechanics. com/science/health/med-tech/how-raven-the-smart-robotic-helper-is-changing-surgery.

19. Anne Eisenberg, "When Robotic Surgery Leaves Just a Scratch," New York Times, November 17, 2012, http://www.nytimes.com/2012/11/18/business/single-incision-surgery-via-new-robotic-systems.html?_r=0.

20. Royal Academy of Engineering, *Autonomous Systems: Social, Legal and Ethical Issues*, http://www. raeng. org. uk/societygov/engineeringethics/pdf/Autonomous_Systems_Report_09.pdf(London: Royal Academy of Engineer, 2009), 2.

21. John Markoff, "Google Cars Drive Themselves, in Traffic," New York Times, October 9, 2010, http://www. nytimes. com/2010/10/10/science/10google. html?_r=0.

22. Joanna J. Bryson, "Why Robot Nannies Probably Won't Do Much Psychological Damage," Interaction Studies 11:2(2010): 196—200.

23. 本书第三章将会更加深入地讨论，已经开始针对自动驾驶汽车进行立法的州指出：汽车的"操作者"，即开车的人将对汽车造成的损害负责。但是，并不代表这是自动驾驶汽车的最佳公共政策。大多数人只会使用它们，也即被自动驾驶汽车搭载，而不会像这些早期法律所假定的那样监控它们。最终会明白，将自动驾驶汽车引起的损害赔偿责任分配给开启车辆的人，与将电梯引起的损失责任分配给按下楼层按钮的人，是相同的逻辑。

24. See George S. Cole, "Tort Liability for Artificial Intelligence and Expert Systems," Computer Law Journal 10:2(April 1990): 213—230.

25. Dobbs and Hayden, 303—307.

26. See Cole, 174—175.

27. Dobbs and Hayden, 916—917.

28. Katherine J.Herrmann, "Cybersurgery: The Cutting Edge," *Rutgers Computer and Technology Law Journal* 32:2(2006): 305.

29. See "The Kindness of Strangers," Babbage-Science and Technology(blog), The Economist, January 18, 2012, http://www. economist. com/blogs/babbage/2012/01/ surgical-robots; Herrmann, 297—298; Thomas R.McLean, "Cybersurgery: Innovation or a Means to Close Community Hospitals and Displace Physicians?" John Marshall Journal of Computer and Information Law 20:4(Summer 2002): 539.

30. McLean, 506—508.

31. Anthony R.Lanfranco, et al., "Robotic Surgery: A Current Perspective." Annals of Surgery 239:1(January 2004): 15.

32. Justin M.Albani, "The Role of Robotics in Surgery: A Review," Missouri Medicine 104:2(March/April 2007): 166.

33. Brian Davies, "Robotic Surgery: From Autonomous Systems to Intelligent Tools" (transcript of lecture, Institution of Mechanical Engineers, London, July 2007), 1.

34. Landranco, et al., 15; John B.Malcolm, Michael D. Fabrizio, and Paul F. Schellhammer, "Witnessing the Transition of Open Robotic Surgery," in A.K.Hemal and M.Menon, eds., *Robotics in Genitourinary Surgery*(London: Springer-Verlag, 2011), 119.

35. "Unimate Puma Series 500 Industrial Robot," Unimation, promotional booklet, http://www.antenen.com/htdocs/downloads/files/files_dl/puma560.pdf(May 1984).

36. Lisa Nocks, The Robot: The life Story of a Technology (Westport, CT: Greenwood Press, 2007), 69; Roland Menassa, "Robonaut 2 and Next Generation Industrial Robots," http://www.robobusiness.com/images/uploads/CS04_Robonaut2 _and_ Next_ Generation _ Industrial _ Robots. pdf(presentation outline, IEEE 12 International Conference on Intelligent Autonomous Systems, Jeju Island, South Korea, June 26—29, 2012),5.

37. Jeremy Pearce, "George C.Devol, Inventor of Robot Arm, Dies at 99," New York Times, August 15, 2011. http://www.nytimes.com/2011/08/16/business/george-devol-developer-of-robot-arm-dies-at-99.html?_r =2&partner =rss&emc =rss&.

38. Nocks, p.69.

39. Ferdinando Rodriguez and Brian Davies, "Robotic Surgery: From Autonomous

Systems to Intelligent Tools," *Robotica* 28: Special Issue 2(March 2010): 163.

40. Albani, 166—167.

41. Lanfranco, 15.

42. Malcolm, Fabrizio, and Schellhammer, 119.

43. Priya Ganapati, "Surgical Robots Operate with Precision," *Wired*, September 11, 2009, http://www.wired.com/gadgetlab/2009/09/surgical-robots/.

44. Joanne Pransky, "ROBODOC-Surgical Robot Success Story," *Industrial Robot* 24:3(1997), 231—232; Lanfranco, et al., 15; Peter Kazanzides, e-mail Interview with author, April 15&27, 2013.

45. Pransky, 231.

46. Rodriguez and Davies, 163.

47. Albani, 167.

48. "Sutter General Performs First Hip Replacement with ROBODOC Surgical System after FDA Clearance." *News Medical*, May 29, 2010, http://www.news-medical.net/news/20100529/Sutter-General-performs-first-hip-replacement-with-ROBODOC-Surgical-System-after-FDA-clearance. aspx; "ROBODOC Professionals Page," Robodoc-Curexo Technology Corporation, http://www.robodoc.com/professionals.html.

49. Davies, 2—3.

50. Rodriguez and Davies, 164.

51. M.Jakopec, et al., "The First Clinical Application of a 'Hands-On' Robotic Knee Surgery System," *Computer Aided Surgery* 6:6(2001): 329—339.

52. Rodriguez and Davies, 164.

53. "Robot Assisted Surgery More Accurate Than Conventional Surgery," Imperial College, press release, February 8, 2006, http://www.imperial.ac.uk/college.asp?P=7449.

54. Rodriguez and Davies, 165.

55. Kristen Gerencher, "Robots as Surgical Enables." *Market Watch*(blog), Wall Street Journal, February 3, 2005, http://www.marketwatch.com/story/a-fascinating-visit-to-a-high-tech-operating-room?dist = msr _ 2; Barnaby J. Feder, "Prepping Robots to Perform Surgery," New York Times, May 4, 2008, http://www.nytimes.com/2008/05/04/business/04moll.html?pagewanted =2&_ r =0; "Regulatory Clearance," Intuitive Surgical, Http://www.intuitivesurgical.com/specialties/regulatory-clearance.html.

56. Lanfranco, 16.

57. Ibid., 16—17.

58. Albani, 167.

59. Satyam Kalan, et al., "History of Robotic Surgery," Journal of Robotic Surgery 4:3(September 2010): 144; Albani, 167; Feder, "Prepping Robots to Perform

Surgery."

60. Lanfranco, 15.

61. Albani, 167; Feder, "Prepping Robots to Perform Surgery."

62. Satyam, 144—145; Albani, 167.

63. Albani, 167.

64. S.B.Jones and D. B.Jones, "Surgical Aspects and Future Developments in laparoscopy," *Anesthesiology Clinics of North America* 19:1(March 2001): 107—124.

65. V.B.Kim, et al., "Early Experience with Telemanipulative Robot-Assisted Laparoscopic Cholecystectomy Using Da Vinci," *Surgical Laparoscopy Endoscopy Percutaneous Techniques* 12:1(February 2002): 34—40; K.H.Fuchs, "Minimally Invasive Surgery," *Endoscopy* 23: 2 (February 2002): 154—159; J. D. Allendorf, et al., "Postoperative Immune Function Varies Inversely with the Degree of Surgical Trauma in a Murine Model." *Surgical Endoscopy* 11:5(May 1997): 427—430.

66. Lanfranco, 15—16.

67. S. M. Prasad, et al., "Prospective Clinical Trial of Robotically Assisted Endoscopic Coronary Grafting with 1 Year Follow-Up," *Annals of Surgery* 233:6(June 2001): 725—732.

68. "The Kindness of Strangers," January 18, 2012.

69. "Sensei X Robotic System," Hansen Medical Inc., http://www.hansenmedical.com/us/products/ep/sensei-robotic-catheter-system.php.

70. "The Lab," Stereotaxis, http://www.stereptaxis.com/physicians/the-lab/.

71. J.R.Adler, et al., "The Cyberknife: A Frameless Robotic System for Radio-surgery," *Stereotactic and Functional Neurosurgery* 69:1—4(Part 2)(1997): 124—128.

72. Koren, "How Raven, the Open-Source Surgical Robot, Could Change Medicine."

73. Peter Kazanzides, e-mail interview with author, April 15, 2013.

74. Ibid.

75. Feder, "Prepping Robots to Perform Surgery."

76. Mracek v.Bryn Mawr Hosp., 610 F.Supp.2d 401, 402—403(E. D.Pa. 2009) (hereinafter referred to as *Mracek I*).

77. Mracek I, 610 Supp.2d at 403.

78. Mracek v.Bryn Mawr Hospital, 363 F.App'x. 925, 926(3d Cir. 2010)(hereinafter referred to as *Mracek II*).

79. Mracek I, 610 F.Supp.2d at 407.

80. Mracek II, at 925.

81. Mracek I, 610 F.Supp.2d at 403.

82. Mracek II, at 926, n. 1.

83. Mracek I, 610 F.Supp.2d at 405; Margo Goldberg, "The Robotic Arm Went

Crazy! The Problem of Establishing Liability in a Monopolized Field," *Rutgers Computer and Technology Law Journal* 38:2(2012): 246.

84. Mracek I, 610 F.Supp.2d at 405—406; see Goldberg, 248.

85. See Goldberg, 248.

86. Ibid., 248—249.

87. Mracek I, 610 F.Supp.2d at 405—406.

88. Gagliano v.Kaouk, 2012-Ohio-1047(Court of Appeals of Ohio, 2012).

89. Williams v. Desperito, C. A. N09C-10-164-CLS(Superior Court of Delaware, 2011).

90. See Cole, 2008.

第二部分

机器人一定要服从人类的命令吗?

第三章

统一人工智能法典和人工智能管理规定

无论是否有直接规范人工智能的法律都会有涉及人工智能的诉讼，州立法机构已经开始起草并通过相关立法来处理在市场上最早出现的重要人工智能范例：自动驾驶汽车。谷歌对丰田普锐斯汽车进行改装研发配备了自动化技术，尽管还不像《霹雳游侠》里主角驾驶的具有高度人工智能的跑车那样技艺成熟。谷歌无人驾驶汽车在过去的几年里已经广泛地宣传了这项人工智能。谷歌无人驾驶汽车推动相关法规的提出和通过，这证明了那句俗语："自然界厌恶真空"，立法者可能更加厌恶立法上的真空。如果对社会十分关注的问题还没有进行立法，立法者就将填补法律上的空白。

考虑到未来十年将会有大量的人工智能产品进入市场，本章将探讨美国各州如何管理自动驾驶汽车，以及随之而来的问题，国家将如何规范未来其他形式的人工智能。但是，在正式进入该问题之前，讨论另一个时期新科技突然震撼世界时是如何立法和监管的将会是大有裨益的。这个时期就是工业革命。工业革命的经验提供了很多关于在实施监管之前和之后，新技术是如何影响普通人的强有力的说明。记住工业革命以及由其产生的立法是有益的，尽管这些立法现在看起来是理所当然的。

请注意,根据《布莱克法律词典》(第九版)的解释,"规定"是一个很广泛的术语,几乎涵盖任何法律、行政法规或有关政府要求或控制的规章制度。[1]第五章讨论的市政区域划分法规也是"规定"。本章只关注实际的、拟议的、可能的,以及政府可能对消费人工智能所施加的要求。谁能使用人工智能? 使用人工智能所承担的义务与责任是什么? 制造商必须在每个产品中提供哪些功能? 制造商必须告诉消费者哪些信息? 换句话说,本章的重点是用户和制造商在首次面对人工智能时的法规。

一、 规制新科技

工业革命和即将到来的人工智能发展的相似之处,体现在对人工智能进行有效立法的必要性。快速审视由工业革命所激发而产生的立法,以及规制人工智能的原因,将会对我们大有裨益。

(一)工业革命产生了哪些法律?

美国工业革命大约从 1790 年持续到 1860 年。这是一段科技进步扰乱社会生活与经济发展的典型时期。工业革命引入了工厂制度,导致工人在统一监管下聚集在一起,利用集中化的生产力来大量生产商品,相反,以前的工业生产形式则是去集中化的、分散的。[2]19 世纪早期,美国大多数制造商都是以个体家庭的形式,或者在稍大一些的城镇以当地的作坊或商店形式存在。游客到很多城镇都会发现各式各样的小型制造业者:伐木工坊、谷物磨坊、织布作坊、鞋匠、鞣皮匠、裁缝或者其他手工业者。但是这些各种各样的制造生产方式被称为"制造商"确实有点名不符实。其实这些企业的产量都非常小,只是供应近邻或城市周边区域。[3]几百年来制造业都是以这种形式存在的。

与好几个世纪以来不景气的工业发展相比,工业革命的特点是科技的飞速发展。科技发展导致了农场只需要少量工人就可以生产出更多的粮食，而工厂则需要更多的工人来制造更多的商品。[4]1810 年，亨利·克莱告诉国会："一个明智审慎的美国农民，以其家庭为单位进行劳作生产，来满足其整个家庭所必需的东西。"[5]但即便在当时，社会已经搭上通向"美国神话"的快车。塞缪尔·斯莱特(Samuel Slater)已经开设了美国第一家工业纺织厂，极大地提高了棉线纺织成纱的生产速度。尽管过去八百年间制造业科技发展甚微，[6]但在接下来的五十年里，制造业和普通工人的生活就发生了巨大变化。

实际上，这也意味着工厂需要源源不断的劳动力，但缺少监管他们的工人年龄、安全或者生产条件的动力。相反，工厂主总有很多理由，也有能力付给工人微薄的酬金。工业革命期间出现的工厂并没有先例可循。他们招聘成百上千的工人，生产商品的数量远超过家庭作坊和手艺人。但是被雇用的工人没有法律来保障工厂主不占他们的便宜；消费者没有法律规范来保障工厂主不把隐性成本加到他们身上，譬如对健康或者环境的损害。[7]这就导致了工厂里泛滥的雇用童工的现象，而这其中最小的可能只有四岁。[8]工厂的工作时间每天超过十小时。在雇主的律师和"富有同情心"的法官与立法者的协助下，20 世纪雇主将任何潜在的劳工赔偿或失业保险相关的立法都扼杀于无形。[9]不仅如此，州法庭一直以来所作出的判决认为，如果另一个雇员对某一个雇员的死亡或受伤负有部分责任，雇主即可免责。[10]

尽管工厂以工业革命之前无法想象的低价，提供了许多新产品，但是对于社会而言，我们不能就此确保这些新技术带来的好处都是合法的。正如棉床单变得更便宜，就代表工人得到的工资公平吗？工厂是否因生产而破坏了饮用水？因工厂生产产生的烟雾和其他副产品是否会导致工厂附近的居民的疾病与死亡呢？

最终，法律试图去适当地分配工业革命科技进步所创造出的利益。法律的制定，使得在 20 世纪出现了一个大规模工业化中产阶级，但是这个过程进展缓慢，部分原因是 19 世纪工厂主和企业家雇用的游说议员和律师。但是到了 1879 年，各州已经开始通过童工法，并且随着

1938 年联邦《公平劳动基准法》的通过,整个国家禁止使用童工。[11]《公平劳动基准法》首次制定了国家最低工资标准,每小时 25 美元。[12]当联邦政府意识到很多州不愿意或者不能够通过有效保护工会的法律时,在 1935 年《国家劳动关系法》通过后,便开始保护劳工组织工会的权利。[13]同样地,1960 年各州努力限制空气污染、土地污染和水资源污染,推动了 1970 年联邦环境保护局的诞生。[14]在 20 世纪的这些立法和监管继续有效的同时,劳工也得益于联邦规范工作场所安全的法案。[15]这些法律确保了在工业革命中的工厂主、机器制造商、科技和专利享有者在获得他们应得的财富的同时,为工业经济发展提供动力的工人也获得了一些财产和物质利益。

(二)为什么要规范人工智能?

人工智能与工业革命和其他成功的新科技一样都存在着相同的问题。整体而言,人工智能产品会对社会经济带来经济利益,但人工智能的初始设计者和人工智能产品的制造商会占有其中绝大部分利润。同样地,在工业革命初期,制造商能够在工厂里雇用全家人,在工作条件、工时、童工、环境外部性或薪资方面几乎没有什么要求,人工智能产品也可以在没有适当的测试、安全机制或者警告消费者的前提下投入市场。正如 19 世纪财力雄厚的制造商能够负担昂贵的律师费,聘请律师在法庭上保护他们的利益一样,21 世纪资金充足的人工智能生产商,也将聘用收费高昂的律师保护他们的利益,由此建立起法律责任、用户义务和制造商责任的规则是有必要的。

因此,如果 20 世纪中叶,美国工业中产阶级扩张,只有通过童工法、最低工资标准法、劳工工会保护法和其他法律改革法,使其更公平地分配工业革命所带来的巨大经济效益和物质享受,那么,就有必要颁布新的法规,以确保人工智能产生的巨大利润能够公平公正地在整个社会经济体中加以分配。以下的几个例子显示了人工智能可以创造出明显利润,同时也可能无意中造成巨大的责任或者经济损失:

● 人工智能建筑工人的使用,可以减少或免除需要支付给人力建筑工人的工资，从而降低了建造新房、商业建筑或者装修等项目的成本。但是如果没有关于人工智能建筑工人的最低标准，这些建筑项目的所有者无法保证人工智能工人能得到适当的监督，甚至有资格来完成建造。如此一来，建筑项目的成本可能是降低了，但是最终居住者(不一定是购买物业的人)可能遇到更多建筑上的麻烦问题或者支付更高的修缮费用。

● 人工智能医生可以降低高薪水的医疗人员的数量，从而可能降低外科手术的费用。但是如果不要求合格的医护人员来监督人工智能医生的手术过程的话，更多病人可能死亡或者因为人工智能遭受严重的术中损害。

● 人工智能药剂师能够使得人类药剂师与病患有更多的沟通，提高照顾病人的水准和病患满意度。但是如果常规维护不是强制要求的，那些不知道是人工智能医生按照处方配药的消费者，可能会拿到错误的药品。

● 人工智能汽车可以为上班路程很长的人提供更多的可利用时间，他们可以不用开车，而把上班路程中的时间用来工作、发信息、睡觉或者阅读。但是如果人工智能汽车相关的责任不能适当地进行法律规制，法庭可能会不适当地将责任归于人类"驾驶员"，仅仅是因为他们启动了汽车，而不是因为他们导致了任何实际的损害。

(上述例子没有包括知识产权的问题，比如，某部畅销小说，内容并非由程序员自己所写，而是由该程序员所编码的人工智能所著，此时该小说的著作权和版权获得的报酬归属，将在第八章中讨论。上述例子也没有包括由于人工智能发展所带来的潜在失业问题，将在第九章讨论。)

最理想的情况是，通过立法解决上述问题，设计出将人工智能潜在危害减少到最低程度，同时将人工智能潜在利益最大化的法律规定。[16]但是，立法不应该保护那些会被自动化科技所取代的人类工作。本书中讨论到的部分专业性工作不用考虑人工智能对其职业的影响，因为"政

49

府法规"在对他们进行保护。[17]尽管事实也许的确如此，但是保护某些人类工作并不是立法的目的，尤其是当人工智能这样的新科技出现时，会极大地改变原有商业模式。人工智能对人类的主要好处之一，就是各行各业会越来越少地进行劳动力投入：建筑业、制造业、护理和医疗行业，等等。假定我们能够设计出处理被取代职业问题的公共制度，那么，失业虽然是必然的，但也不一定就是坏消息。

综上所述，好消息就是人工智能的法律规定正在酝酿中，而且不仅仅是部分法规，很可能是相当多的法规即将出台。随着一大批各种各样的人工智能产品出现在市场中，美国各州的立法者更感到压力，要尽快通过规范不同类型人工智能产品的法律。自动驾驶汽车就是一个典型例子。其实，汽车行业要实现商业化销售无人驾驶汽车仍然需要数年的时间，但是如今已经出台了法规对其进行规制。自动驾驶汽车的立法模式不一定能够重复适用于每一种人工智能。Siri 和谷歌语音就不可能专门立法。立法者可能会质疑规范人工智能作者、作曲家或其他某些人工智能背后的公共安全的必要性，因为这类人工智能和人类没有身体上的相互作用，和周围的世界没有接触。但是，肯定有足够的不同领域的人工智能会严重影响人类安全，正如伏尔甘(Vulcan)认为"无限组合派生无限可能"，该哲学思想准确地描述了规范人工智能的未来立法。由于人工智能形式的多样性，很可能出现一部从总体上规制人工智能的法典——如本章中提出的统一人工智能法典——或者管理不同人工智能的不同立法。

由于立法机构已经在提议对自动驾驶汽车立法，当观察和思考所有人工智能的规范时，这会是一个理想的切入点。对自动驾驶汽车立法表明了立法者所关注的问题，以及立法者会如何解决这些问题的思路。政府管理者和立法者们似乎也有一个共识，那就是：我们必须修订汽车和道路法律法规，因为自动驾驶汽车将会改变"只有人类才能作出决定"的立法前提。正如美国国家道路交通安全局的负责人戴维·斯特里克兰(David Strickland)在 2012 年底所言："国家道路交通安全局的大多数安全标准，都是在有人驾驶操作的假设前提下所制定的。能够自己驾驶的交通工具，对这个基本假设带来了挑战。国家一直以来对控制汽车安全的努力也是基于这个假设。国家高速公路安全计划绝大多数也集中在防止司机的类型化不安全的行为，比如超速驾驶或者驾驶障碍。" [18]

此外，人工智能汽车是人们容易接触到的。大多数人不是每天都与外科医生、药剂师或者律师交流。但几乎每个人每天都要接触到汽车、公交车或者其他交通工具。它的好处(获得自由时间而非驾驶)和坏处(自动驾驶汽车可能造成伤害)都是显而易见的。因此，得出需要对自动驾驶汽车进行立法的结论是很容易理解的。

(三) 州立法与联邦立法的比较

你会注意到，尽管事实上联邦立法和监管方案预先阻止了任何州的行动，我也讨论了可能的联邦统一人工智能法典，但是本章中我所提及的几乎完全是州立法，包括现有立法和所希望的未来立法。理由如下：

第一，比起联邦政府，各州更加积极地管理规范自动驾驶汽车。这不是因为联邦政府的某些人不想尝试这么做。在 2012 年 10 月 23 日举行的自动驾驶汽车研讨会上，戴维·斯特里克兰认为，国家道路交通安全局将对已出现的自动驾驶汽车技术在年底前开始调研。[19]沃尔沃汽车公司已经开始游说联邦进行立法。[20] 但是，除了国家道路交通安全局致力于发起一个长达数年的耗资 175 万美元的研究交通工具中自动化技术所带来的实际影响的项目外，[21] 还没有已经通过或等待通过的联邦立法。

第二，考虑到国会最近瘫痪的状况，联邦的自动驾驶汽车立法很难在短期内通过成为法律。

第三，即使国会通过了联邦的自动驾驶汽车法案——也许是类似于联邦的各种消费者保护法案，[22]也仍然会有州的立法和规则出台，如同很多行业的例子，都是州和联邦的法律同时存在。同理，人们最熟悉的关于汽车标准的立法是各州的法律，如汽车执照、年检、保险制度，等等，各州关于自动驾驶汽车的法规也将成为大多数人所熟悉的具体规范。

51

最后,我认为对自动驾驶汽车的管制性规范对未来人工智能的立法是有帮助的,那么,当我们关于自动驾驶汽车立法的唯一证据只来自州立法机关时,将很难预测联邦立法者会如何处理人工智能。除非国会进行其他立法,否则各州就将采取行动,进行立法。

二、 无人驾驶执照:自动汽车规范

尽管我认为,过于快速地通过立法调整新的技术形式会带来问题,但是对自动驾驶汽车的规范并不一定是"太快"。自动驾驶汽车几十年来一直在积极发展。

(一)自动驾驶汽车发展简史

尽管有时列奥纳多·达·芬奇(Leonardo da Vinci)被认为是试图设计世界上第一辆自动移动车的人,[23]自动驾驶汽车的构想首次获得广泛关注却是在 1939 年纽约的世界博览会上。[24]通用汽车公司搭建的模拟城市展厅"飞出个未来"(Futurama)(得名于由 Matt Groening 创作的美国喜剧动画《飞出个未来》)就提出了对未来的 1960 年美国城市、道路和基础设施的智能交通畅想。[25]通用汽车公司通过创造出一个城市模型,突出微型汽车、建筑和城市的特点,来说明 1960 年生活的每一个方面的细节。除了替 20 年后的州际高速公路打广告以外,"飞出个未来"展厅还告诉参观者,通用汽车公司所设想的林荫大道(电动车轨道)专属于自动驾驶汽车使用。[26]

总之,这次展览可以看做是一场关于"自动高速公路系统"的公众聚会,是 20 世纪 30 年代里所有汽车工程师、汽车零部件制造商、政府官员、个人发明家和探索类科技杂志读者们所梦寐以求的。[27]通用汽车公司的展览描绘的是一个由无线电控制的汽车系统,装有真空管,这是当时最先进的技术,该无线电控制的电动车系统可以保持车辆与车辆之间、保险杠与保险杠之间的安全距离,而不需要人为的直接控制。[28]奇怪的是，虽然先进的无线电控制系统能够保持汽车保险杠之间的安全距离，但是"飞出个未来"展览时却是依靠"勒德分子"(Luddite，现引申为反机械化和自动化科技的人)在车道之间放置物理性障碍物来保持汽车的安全驾驶。[29]

由于种种原因——其中最重要的原因是第二次世界大战——通用汽车公司十多年都没有投入大量资源用于无人驾驶汽车或者自动高速公路系统研发。到了 20 世纪 50 年代，诸如雷达之类的战时发明，使得自动高速公路系统貌似更加合理。 1956 年，美国通用汽车公司与美国无线电公司正在探索一个交通控制塔系统，定期沿主要高速公路安装，该系统能以电子方式控制汽车。[30]1958 年，美国通用汽车公司发布新闻稿，声明已经实现了无人驾驶汽车："(1958 年 2 月 14 日)一辆自动引导的汽车今天成功地在通用汽车技术中心沿着一英里的性能试验道路行驶，是由混凝土地面下埋藏的电缆控制。这是第一次用全尺寸的客车展示同类产品，预示着未来高速公路的内置导航系统的可能性……这辆车沿着两车道的性能试验道路行驶，在没有司机掌握方向盘的情况下，在两车道的弯道上进行了旋转"。[31]

美国通用汽车公司在 1964 年的世界博览会上提出了自动高速公路系统的另一个概念，尽管随着博览会的召开公众的兴趣立即增长，但是其后对该领域研究的私人投资却下降了。正如一位工程师所说的那样，"当我们从经济可行性的角度来衡量现有技术的局限性时，就出现了一些中断"。[32]

应该指出的是，自动化高速公路和自主驾驶车辆是两个截然不同的概念，尽管它们有一个共同目标：服务于为人类乘客提供驾驶的汽车。自动高速公路系统是通过在汽车和道路之间创建某种类型的实际接口，比如无线电控制、电缆等，以此来"连接公路和车辆的技术"。[33]自主驾驶车辆包含的技术是可以分析周围环境，并根据环境分析输入的数据指导自己，而不用考虑下面的道路情况。直到 20 世纪 60 年代，各项研究都对自动高速公路系统给予了极大的青睐，但是从那个年代一开始，随着地面自主无人车辆(UGVs)的发展，各组织和政府的研究便转向了无人驾驶汽车。尽管通用汽车公司和美国无线电公司研究的是运输车辆，但地面自主无人车辆却很明确地不搭载乘客。[34]

53   经过 20 世纪 60 年代和 70 年代，斯坦福大学的研究人员在自主机器人车辆上取得了巨大进步。1969 年，由美国国防高级研究计划局——与负责互联网和 Siri 开发的是同一个国防机构——资助的一项人工智能研究工作，研发出了一款名叫"沙基"(Shakey)的自动导航仪器，这是一个带有超声波测距仪和触摸传感器的轮式平台，通过无线电连接到控制导航和勘探任务的大型计算机上。从 1973 年到 1981 年，美国斯坦福大学人工智能实验室的汉斯·莫拉夫(Hans Moravec)探索了机器人的导航和避障问题，最终创造了一个名为斯坦福车的地面自主无人车辆。[35]斯坦福车是一辆装有视频摄像头、遥控器和一根很长的电缆的越野车(显然人工智能实验室位于斯坦福大学校园的第一个 Wi-Fi 盲点)。[36]最终，通过使用视频摄像机将拍摄到的图像发送到机外的主机进行处理分析，并对斯坦福车的下一步行动作出决定。这个过程非常缓慢，主机可能需要长达 15 分钟才能作出下一米该有的决定，[37]但也取得了令人难以置信的成就，成为了第一个在没有人为干预的情况下成功穿过了放满了椅子的机器人，尽管用了足足五个小时。[38]

与此同时，除了美国以外的其他实验室也取得了进步。1977 年，日本筑波工程研究实验室的 S.津川(S.Tsugawa)和他的同事推出了第一辆能够通过使用车上的两台摄像机，并模拟计算机技术，以处理前方道路的图像信息的自动驾驶汽车。它的速度能够超过 18 英里每小时，但需要依靠高价轨道的辅助。[39]在 20 世纪 80 年代，德国慕尼黑联邦国防军大学的教授、工程师恩斯特·迪克曼斯(Ernst Dickmanns)，开始在自主驾驶技术上取得重大进展，最终获得"自主汽车先锋"的非官方称号。他的成功有时被认为是将研究方向从自动高速公路系统上永久地转向自主车辆。[40]1987 年，他设计的一台自动驾驶车辆，装备有 2 个摄像头、传感器和 8 个 16 位微处理器，以每小时超过 50 英里的速度行驶了 12

英里。[41]

在 20 世纪 80 年代里，美国国防高级研究计划局的战略计算机项目全面启动了自主陆上车辆计划(ALV)。自主陆上车辆配备有彩色视频摄像机和激光扫描仪以及数据处理模块来处理道路数据，是临时组装的全地形车。1986 年，自主陆上车辆的自动化技术成功地以每小时 6 英里的速度在超过 2.5 英里长的路线上行驶。在 1987 年，自主陆上车辆成功导航了路面类型、道路宽度和阴影不同的另一个路线，测量长度超过 2.5 英里，平均每小时行驶 9 英里。[42]

随着私营公司、政府以及大学等教育机构为自动驾驶汽车的成功发展作出贡献，自动化技术也在不断地向前进步。迪克曼斯在欧盟的基金支持下，与戴姆勒-奔驰进行了深入的合作，试验自动化技术，并因此产生了一种自主的测试模型。从 1994 年开始，测试模型可以在法国和德国的正常高速公路上行驶。[43]1995 年，迪克曼斯团队使用自动化技术成功改装了一辆奔驰 S500 轿车，这辆奔驰 S500 成功地在普通交通环境下从慕尼黑到丹麦的欧登塞自动驾驶了超过 1 000 公里的距离。[44]根据迪克曼斯的说法，全程大约 95% 的行程都是自动驾驶的，没有人为的控制。[45]

同样在 1995 年，来自卡内基梅隆大学的工程师迪安·波默洛(Dean Pomerleau)和托德·约赫姆(Todd Jochem)，成功改装了被称为 "Navlab5" 的一辆 1990 年款的庞蒂亚克运动跑车，配备了便携式计算机、挡风玻璃摄像头、全球定位系统接收器以及其他一些配套辅助设备。计算机会拍摄路上的照片，并通过这些照片来定位，然后发出转向命令来推动 Navlab5 前进，并保持车辆的车道位置。[46]波默洛和约赫姆利用这项技术，开展了一次越野之旅，Navlab5 将他们从匹兹堡载到了圣地亚哥。[47]这次旅行被证明是成功的，Navlab5 自动驾驶了 98.2% 的行程(全长 2 849.13 英里中的 2 796.87 英里)。[48]

美国国防高级研究计划局的基金持续几十年来支持美国自动化技术的研究，[49]利用基金开展了 2004 年和 2005 年的国防高级研究计划局大

54

赛。2003 年，美国国防高级研究计划局宣布将于 2004 年 3 月举行一场比赛，要求自主机器人在洛杉矶和拉斯维加斯之间的 300 英里的越野地形驾驶。美国国防高级研究计划局将奖励 100 万美元给可以在规定的时间内最先完成赛程的团队。[50]在报名参加挑战赛的 106 个团队中，有 17 个团队有资格参加 2004 年 3 月 13 日的比赛，但是没有任何一个自动驾驶汽车完成了全部赛程。最成功的参赛者也只跑了 7 英里。最引人瞩目的是 2005 年第二次比赛，相对于 2004 年第一次比赛取得了进步。将近 200 个团队参加了 2005 年的挑战赛，本次比赛路程需要穿过干燥的毫无特色的湖床、铁路道口、道路交叉口和隧道，所有这些都是为了混淆车辆的传感器和处理器而设计的。在 23 名决赛选手中，有 5 个团队在不到 10 小时的时间内完成了 140 英里的路程。[51]

获胜的机器人是由斯坦福大学人工智能实验室设计的。塞巴斯蒂安·特龙(Sebastian Thrun)是斯坦福大学人工智能实验室主任，也是谷歌的一名工程师。他在设计挑战赛中获胜的同时，也开始在谷歌实验自动化技术，创立了谷歌现在很有名的谷歌无人驾驶汽车车队。[52]从那时起，谷歌无人驾驶汽车已经在加利福尼亚州的公路上累计自动行驶了超过四十万英里。[53]无人驾驶汽车被报道的事故只有一则，就是一辆人为驾驶的汽车撞上了谷歌无人驾驶汽车。[54]特龙宣称自动驾驶汽车的主要优势之一就是安全性，他认为，谷歌无人驾驶汽车可以消除多达一半的道路交通事故造成的死亡。[55]其他优势还包括降低交通拥堵、使燃油经济最大化。[56]目前行业内专家们预计，到 2020 年无人驾驶汽车能够上市。[57]假设无人驾驶汽车装有类似于 Siri 或者谷歌语音搜索的语音识别软件，我们就能够像跟喜欢的出租车司机聊天一样和我们的汽车谈话。

（二）自动驾驶汽车的州立法

随着自动驾驶汽车即将驶入高速公路和人类驾驶的汽车并驾齐驱，2012 年州立法机构开始考虑出台相关法律法规，这在当时看来是不必要的，因为当时只有零星的反对声音和大学研究团队在这个工作领域工作。到了 2012 年末，只有加利福尼亚州、佛罗里达州和内华达州成功

55

地对无人驾驶汽车进行立法；哥伦比亚特区在 2013 年通过了《自动驾驶汽车法(2012)》(Autonomous Vehicles Act of 2012)。但是，其他几个州在 2012—2013 年度立法会议上已经或者正在考虑通过立法管理自动驾驶汽车：包括亚利桑那州、夏威夷州、马萨诸塞州、密歇根州、明尼苏达州、新罕布什尔州、新泽西州、纽约州、俄克拉荷马州、俄勒冈州、南卡罗来纳州、得克萨斯州、华盛顿特区和威斯康星州。这些州大多的立法都与加利福尼亚州和佛罗里达州的类似，提出对自动驾驶汽车进行调研，或者要求州政府的汽车部门和交通部门提供进一步信息。内华达州是唯一一个颁布了具体规章来实施其立法的。[58]

然而，一些显著的趋势已经开始出现，立法的趋势如下：

● 认为自动驾驶汽车没有相应的现行立法。加利福尼亚州和佛罗里达州在通过自动驾驶汽车立法的过程中，特别承认每个州"没有禁止或者特别规定自动化技术在汽车领域的测试或操作"或者"自动驾驶汽车的操作"。[59]如此一来，各州承认了本书中一直强调的核心观点，即现行立法没有妥善规制人工智能。基于设计和必要性来通过处理自动驾驶汽车的立法，将会改变"只有人类才能作出决定"的基本法律原则。

● 如果他人在汽车上安装了自动驾驶技术(比如：谷歌)，则为车辆的原始制造商创造了责任保护盾。佛罗里达州的立法机构认为，是自动化技术将人工智能引进到车辆上面，那么原始车辆制造商就不应该对此承担责任。[60]华盛顿哥伦比亚特区也有类似的法律条文。[61]对于由谷歌设计和安装的人工智能造成的错误，丰田汽车来承担相应的责任显然是不合理的。这算是一个常识般的前提条件，但是内华达州和加利福尼亚州在他们的立法中并没有提及。[62]

● 建立执照许可背书制度(License endorsement)。内华达州法律[63]确立了一项制度，自动驾驶汽车"驾驶"的权利是与驾照相关联的，就像想要驾驶摩托车或校车，需要取得背书或者许可证一样。虽然亚利桑那州、[64]夏威夷州、[65]新泽西州[66]和俄克拉荷马州[67]的立法失败了或者在等待通过，但也设想了同样的制度。然而，这个制度与加利福尼亚州和佛罗里达州的立法准入相冲突，现行的调整人为驾驶汽车的法律并不适合用来管理自动驾驶汽车。执照许可背书制度假设背书持有人就是汽车的驾驶人，这并不是自动驾驶汽车的要点。相反，试图用执照许可背书制度来管理自动驾驶汽车是立法机构的一种默认，即我们作为一个社会整体，还没有准备好出台人工智能所要求的新法律。整个人类立法的历史长河中，都是假设人是作出决定的法律主体。这些立法机构试图将现阶段的机器人比拟成一个"婴儿"，以便"机器人作出决策"更能被接受：是的，汽车将为您作出驾驶决定，但您必须拥有合适的驾驶执照才能享受机器人的驾驶决策。

● 要求有人类"司机"。哥伦比亚特区的立法特别要求驾驶的时候必须有人坐在司机的位置上，"随时准备好控制自动驾驶汽车。"[68]目前为止，这项要求还不能被称为是一种发展趋势(截至 2012 年底尚未有州将其视为一项严格条款)，但是要想合理规范人工智能，这会是一个令人担忧的条款。而加利福尼亚州和佛罗里达州已经认可现行法律"只有人类作出决定"的前提不再有效，内华达州立法也在试图弥合旧前提与新前提之间的差距，相较之下，哥伦比亚特区的立法似乎是在"积极地"阻止自动化技术的发展。这就好比你拥有蛋糕但是不能吃它，"随意在华盛顿哥伦比亚特区使用谷歌无人驾驶汽车，但是得确保你没有享受到这个体验。"虽然这项规定乍看起来，和其他州所使用或提议的许可背书制度大体上相同，但许可背书制度的要求并不那么具体。自动驾驶汽车的"驾驶者"需要适当的执照许可背书，但是个人在车内的座位是未被指定的；她甚至可以坐在后备厢里(假设新罕布什尔州关于松开安全带的条例已经生效)。即使她就是坐在驾驶员的座位上，内华达州、佛罗里达州和加利福尼亚州都没有要求她必须"随时准备好控制自动驾驶汽车"。因为这些州的法律都认可了人工智能运用到汽车中的好处，驾驶决策不一定由人来作出。

这个想法肯定会使许多人至少有点不舒服。我担心的是，其他州没有准备好接受这个新的法律时代(例如加利福尼亚州和佛罗里达州似乎

57

已经这样做了)的立法者，将不会选择走中间道路——驾照许可背书制度，而是会倾向于十分不合理的限制性的华盛顿哥伦比亚特区立法。这将会使得人工智能运用到汽车中的好处变得无关紧要，而且忽略了驾驶机器人可以像人一样作出驾驶决定的事实。要求人们充分参与驾驶决策是不必要的。

● 将启动车辆自动化技术的人确认为"驾驶员"。佛罗里达州在其通过的法案中包括以下文字："当某人启动汽车的自动化技术的运行，只要汽车处于自动驾驶模式，无论此人此时是否在车内，都应当被认为是自动驾驶模式中的汽车的驾驶者。"[69]

加利福尼亚州的法律规定："自动驾驶汽车的'驾驶者'是坐在驾驶座位上的人，或者如果驾驶座位上没有人，那么启动自动驾驶汽车的人就是驾驶者。"[70]

内华达州的法规包括了相似的语言，这样写道："当某人启动了自动驾驶技术，无论启动时此人是否身在车内，此人应当被认为是自动驾驶模式中自动驾驶汽车的驾驶者。"[71]"为了执行交通法和其他适用于本州的驾驶员以及机动车的法律，自动驾驶模式下的汽车的操作者就应该被视为自动驾驶汽车的司机，无论汽车启动时此人是否身在汽车中。"[72]

好的方面是这些立法预料到了人们将会启动汽车自动化技术的可能性，而不是禁止使用它。佛罗里达州、加利福尼亚州以及内华达州未来的自动驾驶汽车可能会单独送学生到学校上课，或者在将车主人送到公司上班后自己返回家中，这些问题在本书的其他部分有更详细的论述。当立法机构接受机器作决定所带来的全部好处时，消费者就将能够享受到自动驾驶汽车的全部好处。佛罗里达州、内华达州和加利福尼亚州已经开始这样做了，接受了汽车运行但驾驶者不在车内的情形。

与此同时，虽然佛罗里达州、加利福尼亚州和内华达州设想到了自动驾驶汽车在车内没有人的情况下行驶。目前仍不清楚立法者是否视其为一种向好的发展。通常，汽车的责任是由驾驶者承担，如果汽车导致了事故发生，就由驾驶员承担法律责任。无论他或她是否对车辆进行控

58

制，启动汽车的人都被视为"驾驶者"，正如前一章详细讨论的那样，都会造成法院和法律错误地分配自动驾驶汽车导致的事故的法律责任。内华达州法规的第二条对此内容有明确规定。

如果两辆自动驾驶汽车相撞，而他们的"驾驶员"在很远的地方，那么无论哪一辆汽车造成事故，"驾驶员"都要承担责任吗？ 立法者和法院需要更仔细地考虑基于谁或什么原因事实上导致了事故，由此分配法律责任。基于人类驾驶员分配责任的原则将不再那么重要，若是为了能够反映出公路上实际发生的情况。

● 区分用于测试的自动驾驶汽车和普通消费者驾驶的汽车。加利福尼亚州、[73]内华达[74]和佛罗里达州[75]颁布的法律，针对用于测试自动化技术的车辆和销售给客户的自动化汽车提出了不同要求。新泽西州、亚利桑那州和俄克拉荷马州的立法也提出了区分试验车辆和商用车辆，尽管立法中没有详细说明具体细节。对试验车辆适用而对商用汽车不适用的限制，包括受限制的地理区域和道路、要求驾驶员始终在方向盘后方监控，准备好对车辆进行控制、并增加保险费。这一趋势也说明，人们正处于全面接受"汽车有能力作出决定"的发展过程中。有关非自动驾驶汽车的立法，以这种方式处理测试汽车是不常见的。然而，在自动化技术在高速公路上的运用变得越来越普遍之前，在车辆中区分不安全的测试人工智能与更安全的经过测试的人工智能的做法是对华盛顿哥伦比亚特区的要求更实用和更好的替代方案。后者要求所有自动驾驶车辆(无论是否经过测试)都必须有人坐在驾驶员的座位上，且时刻准备好对车辆进行控制。

● 要求建立使人类能够容易控制汽车的机制。加利福尼亚州[76]和佛罗里达州[77]以及内华达州[78]颁布的法规，都要求自动驾驶汽车能够有更易于启动和脱离自动化技术的可行办法，也就是有办法随时换人类来驾驶汽车。哥伦比亚特区立法也包含了类似的规定。尽管这看起来类似于人类随时准备控制汽车的要求，但这其实是出于紧急安全的考虑。降落伞可以发挥有效功能，如果降落伞不能保障安全，就没有人去跳伞。但每个降落伞都有一个紧急滑道，"以防万一"，这种机制就是自动驾驶汽车的紧急滑道。以防万一人工智能会发生什么事情，人类可以随时准备好开车。重要的是要认识到这种机制并不影响人工智能的有效性。

● 要求建立一个能够警告人类自动化技术失败的系统。所有已经通过自动驾驶汽车立法的三个州，但不包括华盛顿哥伦比亚特区，都出台了一项规定，要求设计一个系统，能够在自动驾驶技术失败的时候提醒车内的人。[79]这又是一个"紧急滑道"条款，类似于人类能够随时控制自动驾驶汽车的要求。与"紧急滑道"条款一样，也不会影响人工智能的有效性。

加利福尼亚州还增加了一项规定：如果自动驾驶技术失效，"驾驶者不开车或者不能够控制自动驾驶汽车时，自动驾驶汽车应该能完全停止"。[80]这一条文进一步解决了驾驶者不在车内时可能发生的情况，并增加了必要的安全规定。我希望其他州，包括佛罗里达州和内华达州在内，都能采纳这个观点。

● 要求披露说明在汽车运行时自动化技术制造商所收集的信息。加利福尼亚州[81]立法要求自动驾驶汽车或自动化技术的制造商向所有购买自动驾驶汽车的消费者书面披露人工智能所采集的信息。由此说明了两个问题。第一个问题是自动化技术的制造商将驾驶习惯和目的地添加到互联网活动中，作为消费者信息的来源，这将使得营销公司(尤其是谷歌)会知道越来越多私人信息以及我们过往私人生活的方方面面。第二个问题是自动化技术中的人工智能将使用这些信息来替你作出个人决定：比如星期五下班后，汽车会自动载着你到你最喜欢的酒吧，无论你真正想要去的地方是哪里。第一个问题在许多产品中都广泛存在，并不是人工智能产品所特有的。第二个问题是其他人工智能产品必须解决的。许多替你作决定的人工智能产品都是无损害的。Facebook 和谷歌已经使用初代人工智能向你推荐链接、故事和视频。但是需要思考其他的人工智能是否有问题。如果你的人工智能商店购物机器人决定你需要更多的纤维饮食，但是却选择了一个使你过敏的产品，导致严重的过敏反应。

● 要求州的政府机构(机动车辆管理部门或者交通运输部门)制定能够满足上述目标的监管规范。本章所讨论的每个州的立法[82]都针对自动驾驶汽车指示各州政府机构提供有助于有效管理自动驾驶汽车的详细信息。到目前为止,只有内华达州已经成功地制定了这些规定。实际上,大多数州(以及联邦政府)都是这样解决那些需要关注细节的复杂问题。立法委员会允许政府机构自行制定规章,并按照一定的要求:新规一旦公布,公众可以发表意见等。这些政府机构是监督法律的具体实施,接听关注问题或者感到困惑的民众的电话,而不是让立法机构迷失在人们日常生活的重要管理事项的大杂烩中,比如高速公路安全问题,环境过度监控,等等。我指出这一点,因为它说明了那些试图规范汽车中人工智能的州,使用了规范人为决策后果相同的方法来规范人工智能。我们没有理由不用同样的方式来规范人工智能的决策。

61

(三)自动驾驶汽车立法对其他人工智能的启示

上述有关自动驾驶汽车立法的趋势,表明未来政府规范其他形式的人工智能会与自动驾驶汽车立法相关,其中最重要的趋势就是,当人们试图厘清机器人作出决策,不得不被认为与人为决策具有相同的效力时,许多人会感到不舒服。若试图为新的技术过早地设计立法会存在固有的风险。[83]电信行业仍然在勉力坚持 20 世纪 90 年代后期通过的区划条例,这些条例假定每一个新的天线都会成为碍眼的建筑,这意味着即使只是要用一根更小的天线取代更大的天线时,无限通信供应商(Verizon Wireless,AT&T 等)经常也不得不去征得城镇居民委员会的许可,而不仅仅只是获得建筑许可证。但是,正如第一章所述,为了保护人数众多的中产阶级利益,作为一个社会整体,我们需要学习尽快地修订法律以适应因技术变化速度加快所带来的科技进步。因此,尽管对尚未完全发展起来的技术的规范进行猜测是有风险的,但却值得一做的是以自动驾驶汽车的现行和已尝试过的立法为参照,来考虑未来规范人工智能的法规。

　　迟迟不行动可能比未雨绸缪更加糟糕。再以电信行业为例，即使这个行业的发展因为过分严格的区划条例而遇到诸多不便，无线通信自20世纪90年代以来仍然呈指数增长。因此，尽管那些条例对于无线服务供应商来说是一种麻烦，但是在技术日新月异的情况下，这些条例也使得城镇控制了无线通信供应商的发展和品质。以下是基于自动驾驶汽车立法和现行法律实践作出的合理预测。

　　1. 由于人工智能的立法缺失，立法机构将在制定一部统一人工智能法典之前，先制定许多具体的人工智能法律。

　　我猜测，最初各州的立法机构将会逐一处理每一种人工智能的发展。自动驾驶汽车很快就将商业化地供应到市场，所以立法机构正在制定自动驾驶汽车的法律。当人工智能外科医生变得更加普遍，立法机构就将针对其进行立法。同样，当人工智能律师变得更加普遍，立法机构和各州律师协会将会对其规范。以此类推，每一次，他们不得不像佛罗里达州和加利福尼亚州承认自动驾驶汽车时那样：目前还没有针对人工智能的现行法律。但是随着公司开发出更多的人工智能，立法机构这样的立场就越来越不准确。各州可能会认为他们并不想要一个法律法规的"大杂烩"，在汽车、外科医生和律师之间对人工智能都进行不同立法。当然，那些开发人工智能的公司，在他们开发新的人工智能时，也将需要具有可预测性和一致性的法律。因此，可能会出现某种统一人工智能法典，类似于许多其他统一法案，比如商品交易法、[84]信托法、[85]联邦药品管理法[86]，等等。统一法律将会为人工智能提供总体的标准和原则，允许必要时颁布特定类型的人工智能领域更具体的操作规范。

　　统一人工智能法典也可能以联邦立法的形式，在各州的立法要求上增加联邦层面的要求。另一种立法选择是，联邦政府机构，可能是消费者保护局，来通过由行业组织或美国律师协会顾问委员会起草的统一人工智能法典作为示范法。在联邦政府机构采用示范法之后，就会要求各州适用其示范法或者与之本质上相似的法律，以便从联邦政府获得全额资金，或者避免未来联邦的审查监督。后者并不是一种前所未闻的做法。例如，最近美国住房和城市发展部门根据 2008 年《住房和经济复苏法案》(Housing and Economic Recovery Act)，要求各州根据示范法通过《安全和公平抵押许可法》(Secure and Fair Enforcement for Mortgage Licensing Act, the SAFE Act)，或与之接近的州法律。《安全和公平抵押许可法》要求各州有一套制度来批准和登记抵押贷款的发起人。如果住房和城市发展部门认为某一个州的抵押贷款发起人登记制度存在不足，也就是没有符合联邦示范法所确立的标准，住房和城市发展部门有权要求该州强制执行和管理符合示范法标准的许可登记制度。如果联邦对于人工智能立法采取相似的手段，各州将不得不采用示范性的统一人工智能法典，或者联邦政府机构将执行和管理与统一人工智能法典相符合统一的人工智能法规。

2. 当产品制造商、开发商和人类都没有过错时，不同体系的机构将会为涉及人工智能的事故受损害者建立赔偿或补偿基金。

统一人工智能法典或者具体的某一部人工智能立法必然都会对赔偿责任给予相当的重视。在什么情况下制造商需要承担责任？ 在什么情况下某个人需要承担责任？ 人的过错责任和人工智能过错的区别是什么？ 加利福尼亚州、佛罗里达州和内华达州的立法表明最初尝试分配法律责任时会有些笨拙。他们广泛地将人类用户描述为"操作者"来实现归责目的，甚至在事故发生时，这些用户并没有实际控制人工智能，或者作出实际决策。正如前一章所讨论的，根据最基本的原则，法庭和法规是将法律责任归于实际导致损害的某人或某些人，某个公司或某些公司。除了罕见的"不可抗力"情形，我们目前的赔偿责任概念是假定人类作出造成损害的决定。人工智能的广泛出现将迫使我们重新审视这一概念。希望人工智能立法的快速发展，会使我们很快意识到法律责任主体范围必须超越人类。假设这一立场真的转变后，各州立法将可能采取一些不同制度来规范人工智能，包括第二章中讨论到的制度：

● 人工智能保险。佛罗里达州、[87] 内华达州[88] 和加利福尼亚州[89] 都要求采用某种形式的保险、保证金、大额现金存款或自动驾驶汽车的自我保险证明，尽管各州立法的具体要求不相同，比如被保险的范围，以及保险金是否用于测试和运营车辆。已经提议立法的其他州似乎也准备朝着这个方向发展，因为其所提议的立法里面通常包含了政府机构"建立测试或运营自动驾驶汽车所需保险的具体要求"[90]的条文。基本上，具体要求都是建立一个能为每一辆车所使用的资金池，当特定的自动驾驶汽车参与的事故发生时，这个基金就可以使用。如果这种保险适用于自动驾驶汽车本身负有责任的情况，则不需要对制造商、人类"操作者"或第三方不恰当地分配赔偿责任。类似的要求适用于人工智能医生、建筑工人和飞行员也是合理的。也就是说，类似的要求如果适用于较小的人工智能设备，赔偿责任可能不是一个突出的问题，这个要求就没有任何意义。

● 人工智能储备基金。对于那些不太可能造成重大生命和财产损失的人工智能产品(比如 Siri、人工智能家庭管家、人工智能作家，等等)，更合理的方式是通过立法在交易的时候收取一小笔附加费，来创立一个全州或全行业的责任基金，基金可用于的情况是，人工智能虽然完全按照应有的原则和被设计的那样运行，仍然发生了事故。例如，如果你的人工智能管家正在负责任地把你手工制作的昂贵的东方地毯晾在房子外面的晒衣绳上，一只鸟儿突然出现，鸟屎掉到地毯上，那么也许你可以用人工智能储备基金来作为获得赔偿的某种方式。如果实行这一制度，可能需要限制最高索赔数额，以便为真正需求的人保留储备基金，那些因微不足道的损失而提出的支付请求，要节省审理而产生的行政费用，比如从美国塔吉特百货公司购买的价值 20 美元的地毯，然后鸟屎落在上面。对于那些较小的损失，立法机构应该将其规定在人工智能产品本身自带的风险范围内。

法律责任并不是每一个人工智能产品都要关注的主要问题。大多数与人类没有实际互动的人工智能，即便有法律责任的话，也不需要太多的专门立法来解决其法律责任问题。但对于执行与人身体相关的任务的人工智能，立法者应该仔细考虑可能发生的制造商不承担责任的事故，

64

因为人工智能是按照预定程序行事的，而启动人工智能的人不承担责任，因为他没有被要求监视人工智能。在很多事例中，事故受害者尽管遭受了严重的损失或伤害，但仍然可能无法追究赔偿责任。新的人工智能立法需要保护那些受害者，同时保护没有任何过错的制造商和工厂主。

3. 至少在最初，很多形式的人工智能产品的使用将会要求获得执照许可背书。

可能需要特殊许可证或许可执照才能运行某些人工智能产品。当被替换的功能也需要许可时，这样的许可尤其具有吸引力，就像开车一样。我们可以预想到，在允许居民使用自动驾驶汽车之前，各州将要求获得驾驶执照许可背书。同样，我们也应该看到类似的备案许可，如人工智能医生、人工智能飞行员、人工智能叉车操作员，以及其他职业或职能，在由人工智能替代之前就已经获得执照或者被允许执行相同任务的许可。

正如我前文中所提及的，这种许可背书反映的是在"只有人能作决策"与"我们正在进入机器和电脑程序也能决策的世界"之间进行的妥协。因此，执照许可背书制度对于人工智能立法而言，不算是坏的开端。对于那些因使用人工智能科技感到紧张的立法者，会担心如此多的人类工作被替代，这其实是一个良性的担忧，但是许可背书制度确保了某种程度上人类的监督以及就业率。最初在市场上销售的大部分人工智能技术可能会受益于更多的人类监督。

我预计，最初的具体化人工智能立法对于那些人工智能的人类同行也需要取得执照的，在很大程度上依赖于执照许可背书制度。在最初的统一人工智能法典里面见到这种形式的要求，也不会令人惊讶。但是随着技术的进步，我希望最终执照许可背书制度的适用可以大幅降低，因为我们在文化上将更加适应人工智能所作出的决策，随着共识的建立，人工智能可能比大多数人更适合执行某些任务，如果人工智能停止工作，立法者就会意识到需要那些持有某种执照许可确认的技术人员。例如，任何已经获得叉车操作员许可的人，都应具备启动和监控人工智能

65

叉车操作员的资格，因为如果他需要接管发生故障的人工智能，此时，他获得的许可执照认可的技能，正是他将用来接管并操作叉车的技能。最终更有意义的做法是，那些启动和监控叉车的人需要特殊的人工智能许可证，就如同要求自动驾驶汽车的驾驶人在取得驾驶证的基础上获得使用人工智能的特殊许可。

话虽如此，在需要专业知识而人的生命又特别脆弱容易受到伤害的部分，执照许可背书制度将可能持续存在，这也意味着一定程度的人为监督也将继续存在。换言之，许可背书制度将会被要求适用于那些主要旨在替代或提高人类表现的人工智能，而不是那些主要旨在使人类生活更方便的人工智能。自动驾驶汽车的目的是为了提高高速公路的安全性，并为那些不必要开车的人创造更多的空闲时间，但是人工智能外科医生的目的仅仅是为了提高手术的安全性。医生的空闲时间在很大程度上是无关紧要的，在人工智能出现故障时，让经过培训的外科医生能够与手术机器人进行畅通的交流是非常重要的。对于这类人工智能，许可背书制度不可能很快消失。

4. 起初，往往需要对人工智能进行人为监督，但是最终，只有主要用于改善人类表现的人工智能才需要人为监督。

虽然驾驶人在使用自动驾驶汽车之前需要获得许可背书，表明更多的人为监督实际上是有必要的，但是到目前为止，各州大多还是明智地避免了对每一辆自动驾驶汽车进行实际的人工监督的要求，尽管哥伦比亚特区是这样做的。同样地，我预计会有一些州超越相关的人工智能进行许可背书的要求，而要求对人工智能进行实际上积极的人为监督。在某些情况下，积极的监督是有必要的，但在另外的情况下，它不仅是没必要的，还会抑制人工智能使用的增长与发展。

正如我讨论过的，有两种不同类型的人工智能产品：一种是那些主要用于让人们能够去做其他事情的产品，另一种是主要用来优化人类工作的产品。自动驾驶汽车属于前一种类型。要求人们积极地监督那些本应该从监控中释放出来的人工智能，会破坏人工智能产品的设计目的，

66

比如自动驾驶汽车、机器人保姆、机器人管家，等等。以自动驾驶汽车为例，内华达州、加利福尼亚州和佛罗里达州已经选择了谨慎的中间立场，即许可证背书制度，该制度解决了那些不信任机器能作决策的人的顾虑，同时也使购买自动驾驶汽车的人享受到了人工智能的好处。正如前述所解释的那样，我预计其他那些仅用于为用户创造更多的空闲时间的人工智能，在立法最初阶段也会采取类似的制度，但是我也预测一小部分极端保守的州会规定除了许可证背书制度之外，还有"长期保持警惕"的要求。然而，人们对人工智能的恐惧会逐渐消失，其他类型的人工智能许可背书的要求也会消失不见。

另一方面，像人工智能外科医生这样的产品不是用来为医生创造空闲时间的。人工智能外科医生之所以出现是因为它们能满足手术的要求，尤其是针对长时间在身体高度敏感位置所进行的手术，比人类外科医生操刀的效果更好。人类医生在脑外科手术进行六小时后就会疲劳；相反，人工智能外科医生不会。人类医生的手可能会在心脏手术中的错误时间颤抖；但是，人工智能外科医生的**附肢**不会。显然，人工智能心脏外科手术医生替代人类医生的要求，不同于自动驾驶汽车替代人类司机的要求。

如果汽车的自动化技术失败，会立刻触发法律强制规定的警报系统提醒人类，此时车内的人可以立刻观察路况，并决定采取适当的行动，不存在很高的难度。即使人类司机没有在车内，自动驾驶汽车也可以指令自己靠路边停车。积极的人为监控不是必需的。司机可以在车内读一本书。

如果人工智能外科手术技术失败，触发了提醒人类的警报系统，人类医生可能在手术任何阶段的任何节点被要求介入手术中。如果该人没有监测机器人的手术进展情况，就无法意识到机器人在手术中的位置，不能够快速识别手术的下一个步骤，或者无法完成手术的剩余部分，病人的生命将可能受到威胁。因此，就算他或她不能积极地进行外科手术，但医生也要主动地监督人工智能外科医生和手术。具体的人工智能单行法以及统一人工智能法典需要反映这一点。

　　随着这些法律的起草，我们将讨论如何在"主要消除人的责任"和 67"主要消除人为错误"的人工智能之间划界。哪些人工智能可以自由地运行？哪些人工智能又需要我们的人为监督？以人工智能建筑工人为例，允许人工智能执行大部分施工人员的任务，如推土机、焊接、起重机操作等，可能消除了人类履行这些责任的需要。但是人类有必要监督那些从事这些工作的机器人吗？如果人工智能落锤的自动化技术在拆除过程中失败了，那么是否有必要让人类直接监控呢？可能会有一个或几个工头(他们监管土地上未连接任何监测设备的机器)，能够成功地控制落锤来完成拆除工程，或者至少可以确保没有人受伤。立法者将不得不提出类似的问题，关于其他人工智能在执行人工任务，当然不一定像手术一样复杂，但如果技术失败可能会造成巨大的损害或生命损失。

　　5. 尽管最初的立法将会经常把人类作为操作者(行为人)，即使这种标签不适用于人工智能的类型，但是最终立法在以确定操作者的责任为目的时，会更加细分。

　　立法者将会特别关注谁是人工智能的"操作者"的问题，如同他们对自动驾驶汽车的"操作者"很感兴趣一样。一般而言，机器的责任附属于机器人的责任人，也就是它的运营操作者。但是，"操作者"的标签在很多情况下是不合适的。自动驾驶汽车的驾驶员，如内华达州、佛罗里达州和加利福尼亚州所定义的，经常就是汽车的驾驶员，就像有人按下13楼的按钮是电梯的操作人员一样。当自动驾驶汽车在驾驶中被追究法律责任时，新的法律应该将自动驾驶汽车视为操作者，因为事实上就是它们在驾驶汽车，而不是人在驾驶。根据现行州的法律，自动驾驶汽车的人类司机只是启动自动化技术，但是并没有实际开车。标签和随之而来的责任是不相容的。

　　尽管如此，最初具体的人工智能立法几乎都会确立操作者，这样法庭、消费者和企业都会有这个标签。如果第一部统一人工智能法典也确认了人工智能操作者，这应该不足为奇。但是对于大多数主要用于消除人为责任的人工智能来说，人工操作员的标签将随着不适合科技发展而消失。然而，法律很可能总是定义出人工智能的操作人员，从而消除人为错误。如果他们没有实际使用机器人，这些被认定为操作者的人将承担监控人工智能的责任。但是我们的法律需要更加细致入微。启动人工智能外科医生或者飞行器的人不一定就是管理人工智能的人。

6. 立法将始终区分用于测试目的的人工智能和向消费者提供的人工智能。

同样地，我也接受了把区分"用于测试的自动驾驶汽车"和"提供给消费者的自动驾驶汽车"作为实际要求的法律，我认为这是好的，我们将会看到许多不同版本的法律管理其他形式的人工智能。自动驾驶汽车现在很新奇，也很危险。自动驾驶汽车背后的概念并不复杂：你告诉汽车去哪里，然后就把你载到那里。随着时间推移，这些自动驾驶汽车将会变得很普遍，自动化技术也会被广泛接受。因为这背后的原理是如此简单，最终会发展到自动化技术变得平淡无奇的地步。未来试图改进自动化技术的测试汽车，与已经过测试和认可的自动驾驶汽车不会有所不同。

针对发挥其他与物理功能相关的人工智能的立法，如飞行员、保姆、建筑工人等，大多数将区分经过充分测试的人工智能和全新的人工智能。这些人工智能中的某一些也将因为简单的前提和原理，其使用的技术将被广泛接受，未来用于测试的模型将不再因为新功能的出现而成为问题，更多的会存在新特征的问题。这两者的区别，就如同用新引擎测试飞机和用新的乘客座位测试飞机之间的区别。第一个测试可能会爆炸并炸死旁边的人；第二个测试可能会让乘客腰酸背痛。一旦各种类型的人工智能通过研究、设计和产品开发，进入只存在新特征的阶段，那么就不再需要区分测试和未测试的模型。

相反地，其他形式的人工智能可能执行物理功能，但是其使用前提并不简单。人工智能外科医生会变得越来越复杂，能够做所有修复人类身体的手术。人工智能无人驾驶飞机将越来越多地承担街头巡逻和调查犯罪的责任。这些任务都非常复杂。正如同我们想要聪明人来执行这些任务，我们也会希望将来是由经过设计和测试的机器人来执行。随着设计者升级早期机器模型，可以开发出更优化的功能，未来将会有很多新设计：早期人工智能无人驾驶飞机会帮助人类警察监视犯罪活动，但是更后面升级的模型将会展开实际抓捕行动。如果早期型号的无人驾驶飞机没有经过彻底审查，很可能会错误分析数据，并不能减少犯罪。如果之后新型号的无人驾驶飞机没有经过彻底审查，他们可能以不合适的方式或者暴力地抓捕嫌疑人。立法机构将可能会继续区分经过测试的人工智能和未经过测试的人工智能，因为这些类型的人工智能背后的科学原理将会继续改进，以纳入更广泛的适用对象。一种人工智能外科医生科技要达到被全世界范围内使用，将经历很长的时间。

这并不是说每种类型的人工智能都需要测试许可和运营商许可证，这点在自动驾驶汽车领域似乎已经达成了日益普遍的共识。法律将始终如一地对执行复杂物理功能的人工智能进行区分，即经过测试和未经过测试的人工智能类型。实际的处理方法将会有所不同。例如，立法机构不太可能要求制造商在开发人工智能警察机器人时就获得测试许可。但是立法机构或市政当局可能要求警察部门对人工智能通过一定程度的测试，才能在其辖区使用人工智能机器人来履行一部分的警务工作。医院可能面对关于人工智能外科医生的类似的规章制度。然而，波音和空客可能必须像自动驾驶汽车制造商一样，获得测试许可证和执照，然后才能将生产的飞机出售给航空公司。这将取决于产品，以及在某些情况下还会依赖于产品所处社会的情况。目前人工智能外科医生的使用有限，就像自动驾驶汽车一样，没有专门的法律禁止或限制它们的使用。如果有线电视新闻报道了与其相关的事故或死亡，这种情形可能会发生改变。

7. 立法将始终要求这样一个机制，允许人类脱离人工智能但能很轻易地重新控制人工智能。

每个人工智能产品都被要求具有一个方便的关闭开关，以解决两个

69

重要的问题。第一个问题是最初许多人会对可以思考的机器产生不确定性和恐惧感。另一个问题是需要有一个"紧急滑道"，在人工智能出现故障时，人为操控者就变得很有必要。虽然第一个问题会随着人工智能产品的普及而逐渐消失，但第二个问题将会持续存在。它不像每天都会在新闻中播报的那样，但确实是一个合理的担心，就像每辆地铁里都有紧急刹车装置一样。这种紧急刹车装置并不是每天都需要的，但是当一旦出现紧急的情况你就会想要这种工具存在。在紧急情况下需要人类控制人工智能，这一要求会成为一项良好的公共政策，而民众最初对许多类型人工智能的不安，将确保立法者提出这一要求。

70 　　不言而喻，立法机构将在很大程度上将这一要求限制在执行物理功能的人工智能上。主要侧重于为人们提供建议，创意表达或其他制作书面材料的人工智能，则不需要紧急关闭开关。人类控制自动驾驶飞机的需求远远超过人类对控制 Siri 或者自动音乐作曲软件的需求，无论如何，Siri 可能会让人厌烦。

　　8. 立法将始终要求在自动化技术失败时，人工智能产品能向周围的人发出警告。

　　这是一个对执行物理功能的人工智能产品的自然延伸出的补充要求，这类人工智能产品要有一个简单的机制来使人随时控制人工智能。如果某人不能确切知道人工智能何时发生故障，那么当人工智能出现故障时，怎样才能使该人来控制呢？　同样的原因将加强立法的要求：应对最初对会思考的机器的担心，以及保护消费者免受人工智能故障损害。

　　9. 对采集个人信息的担忧将会迫使法律要求披露人工智能运作时所收集的信息。

　　上述两项预测仅与和人类及社会物理性的相互作用的人工智能有关，不同于此的预测是，立法将会要求人工智能制造商披露其所收集的关于人类用户和受益人的信息，这将关系到很多类型的人工智能。

　　虽然现在立法者、政府官员和消费者正在担心黑客会入侵人们的私人邮箱账户和笔记本，以盗取个人信息，就算黑客不再这样做，人工智

能共同收集和散布私人信息的威胁也是一大担忧。请参照以下时间线:

● 2005 年 6 月 6 日,花旗集团通知 390 万名客户,美国联合包裹服务公司(UPS)丢失了包含客户个人信息的计算机磁盘,磁盘里包括社会安全号码、姓名、账户历史记录和贷款信息。[91]

● 2005 年 6 月 17 日,万事达官方宣布,2004 年有超过 4 000 万个信用卡账户(属于 MasterCard、Visa、Discover 的持卡人)被非法入侵,当时一名黑客入侵了由万事达其中一家供应商卡斯特解决方案公司运营的处理中心。[92]

● 2006 年 5 月 22 日,美国退伍军人事务部宣布,多达 26.5 万名退伍军人的个人电子信息被偷窃,因为一名事务部员工未经允许擅自将电脑磁盘带回家。[93]

● 2007 年 3 月 28 日,TJX 公司,该公司经营多家品牌商店,包括 TJ Maxx、Marshalls 和 Bob's Stores,公司向美国证券交易委员会提交了书面文件,承认未知黑客从 2005 年 7 月开始,18 个月内从计算机上窃取了 4 560 万个信用卡和借记卡号码。[94]后续报告表明,入侵者访问了大约 1 亿个客户账户,其中包括客户姓名、购买记录、信用卡和借记卡号码以及驾照号码。[95]

● 2008 年 8 月 1 日,联邦调查局逮捕了一名美国全国金融公司的前员工,指控他在两年时间内,盗窃和销售敏感的个人信息,包括了社会安全号码。[96]进一步的调查表明,该员工出售了多达 1 700 万名全国客户的信息,最终,与此次盗窃有关的其他人也被逮捕,法院判处他们有期徒刑。[97]

● 2009 年 1 月 20 日,信用卡处理的哈特兰德支付系统公司宣布其数据安全系统遭到黑客入侵。[98]法院后续文件表明,大约有 1.3 亿个信用卡账户被访问和入侵。[99]

● 2011 年 11 月 10 日,由于在线论坛被破坏,维尔福软件公司进行了一项调查,显示黑客已经访问了包括姓名、密码、电子游戏购买记录、电子邮件地址、账单地址和加密信用卡信息等客户信息的公司数据库。[100]后续报告中，估计有 3 500 万个账户被入侵。[101]

上述事件仅代表 2005 年以来最大的数据安全漏洞，并没有概括所有的事件。[102]尽管如此，这七起事件大约在六年内就已经损害了大约 3.52 亿个人信息账户。受害者的类型并没有固定的模式，包括老年退伍军人、年轻的游戏玩家、讨价还价的购物者、信用卡用户和拥有抵押贷款的房主。私营公司和政府机构的数据安全都遭到破坏，并不总是有人故意为之。即使数据受到保护而免遭黑客入侵，一个错误的美国联合包裹服务公司的包裹也可能泄露个人信息。

72　　　最敏感的个人信息包括了上面所列举的社会安全号码和信用卡账户信息，但是购买记录和其他活动记录也存在泄露风险。这些信息揭示了关于某个人的很多方面，远远多于我们所能意识到的。例如，塔吉特公司已经研发出了一种算法，通过大约 25 个产品，可以预测一个女性购买者是否怀孕，以及她的分娩日期。有了这些信息，塔吉特公司可以在她怀孕的特定阶段，定时推送优惠券给她。塔吉特公司的系统很成熟，最近一个愤怒的父亲找到了塔吉特公司的经理，因为他那十几岁的女儿已经收到与产妇有关的商品广告。他认为商家在鼓励他的女儿怀孕。对整个事件感到非常抱歉，后来他又打电话向这位父亲道歉。然而，该父亲证实事实上他的女儿已经怀孕了，他称："我家里有一些事情发生，我还没有完全意识到"。[103]安德鲁·波尔(Andrew Pole)，是塔吉特公司市场策略以怀孕女性为目标客户的设计者，她称："我们在遵守所有隐私保护法方面非常保守。但即使你遵守法律，你也会做一些令人不安的事情"。[104]

这就是为什么立法者会意识到，在人们使用他们的产品时，处理人工智能制造商收集信息的重要性：人工智能产品将与人们在生活中的更多方面进行互动，为公司提供充足的机会来进行数据挖掘和监控您的活动以收集信息，这些信息未来可以用来销售产品给你。像塔吉特公司这样的商店或多或少局限于监控你在他们商店或网页上的活动。信用卡公司或多或少都有限制地监控你使用他们的卡进行的购买活动。即使谷歌可以说拥有最先进的商业系统来监控数以亿计的个人搜索和在线活动，但对于监控你在互联网上的活动，或多或少也有限制。

如果你使用谷歌搜索当地的塔吉特公司商店，开车到那里，并用现金买了索尼电视游戏，然后回家的路上用你的万事达信用卡给汽车加油，这三种分开的交易活动被三家不同的公司所观察到，并没有办法将三家公司的监控结果直接连接起来。谷歌知道你搜索了塔吉特公司，但是并不知道你是否去了那里又买了什么东西。塔吉特公司知道你买了一部索尼电视游戏，但不知道你是怎么找到商店的。万事达知道你买了汽油，但并不知道你其他的事情。

但是如果你的谷歌无人驾驶汽车载着你在城里逛，谷歌会知道你搜索了塔吉特公司，知道你开车到了塔吉特公司，以及知道你在回家路上在加油站停留。该信息可通过将你的谷歌账户信息连接到你谷歌无人驾驶汽车中的人工智能来获得。如果谷歌对数据挖掘特别感兴趣的话(而对个人隐私不是特别感兴趣)，谷歌可以使用一种技术，让你给汽车提供声音地址，同时也能找出你在车上说出的一些关键词，比如"索尼电视游戏"。这样一来，谷歌将来有更好的机会连接这些事件的所有零碎部分，并使用这些信息来销售其他产品给你。记住谷歌无人驾驶汽车和其他自动驾驶汽车可能会使用更先进的弱人工智能。我们会和我们的汽车交谈，赋予它们个性，像朋友一样对待它们。我们在这种情感氛围中更有可能泄露对广告商有用的信息。

可以理解的是，这种可能性会吓到很多人，其中许多人想要保留一部分私人生活，某些生活被保护，免受那些我们碰巧购买产品的公司的检查。我内心并不反对人工智能制造商根据消费者使用人工智能产品来编辑信息，我严重怀疑谷歌会尝试在谷歌无人驾驶汽车上记录你的电话交谈内容。但是，我们的法律必须反映出我们希望人工智能如何收集信息，如何使用这些信息，以及我们希望消费者被告知哪些信息。加利福尼亚州自动驾驶汽车法规体现了这样一个观念：消费者至少应该知道自动驾驶汽车收集的信息。我认为这是其他立法机关对人工智能制造商施

73

加的最低义务。

话说回来，正如我在引言中所表达的观点：我们应该遵循我们的法律，让人工智能的好处在更多的人群里广泛传播，并不局限于设计和生产人工智能的少数人。我希望立法机构也考虑一下主动禁止一些数据收集(例如监控对话)，就是那些在人工智能附近发生的具有语音识别软件的信息。而在数据收集不被禁止的情况下，如果一个系统被置于人工智能用户能够通过使用人工智能产生的数据中获得经济利益的条件下，将是有益的。在适当的情况下，也许具体的人工智能法律在购买时要求许可证协议。如果制造商在使用产品时收集信息，则必须向消费者支付使用他或她创建的数据。

10. 立法将会要求州政府机构颁布规章，规章对人工智能和人工智能制造商提出更具体的法律要求。

尽管对我们一贯的基本法律假设前提进行了重大改变，但是立法机构解决人工智能的治理问题，就像对其他一切事物已经采取的治理方式一样，由政府机构起草和行政审议具体的监管法规。美国各州环保部门起草并执行有关排放、湿地保护和环境保护等方面的规定。各州交通管理部门起草并执行有关高速公路的规定。各州机动车辆部门也起草并执行有关汽车、司机等的规定，这些州的机构也可以对违反规定的情况实施制裁。[105]若不出意外，立法者将会要求各州的交通管理部门及机动车辆部门制定管理自动驾驶汽车的具体规定。我们有理由相信其他具体的人工智能法规会延续这一趋势。

更大的问题应该是各州是否会设立某种人工智能部门或人工智能委员会来管理即将出台的统一人工智能法典。各州立法机构已经建立了多个执行部门、理事会或董事会，来管理不同的监管领域，其中包括助产、[106]盲人导盲犬、[107]残疾人购物[108]等诸多主题。各州将优先级扩大到人工智能并不是不合逻辑的，也不是遥远的，特别是在这项技术得到广泛应用的情况下。一个类似于环境保护部门的正式的监管部门在某一些州可能不太可能实现，但是每个州至少可以在消费者保护委员会下设

74

一个人工智能委员会。这将巩固统一人工智能法典所代表的对人工智能集中化治理。

这些委员会、政府部门、议会等机构将会颁布具体的人工智能法规，并区分执行物理功能的人工智能和不具备物理功能的人工智能，以及区分消除人类责任的人工智能和主要目的是消除人类错误的人工智能。但是他们也能够颁布普遍适用的规范所有人工智能的法律。这可能会给各州一个平台，让他们安静地通过一项类似于"没有人工智能可能会伤害人类，或者通过不作为让人类受到伤害"的法律，而不会出现在《每日秀》(The Daily Show)上，就像疯狂的科幻小说狂热爱好者一样。

三、　自动驾驶汽车是人工智能立法的未来？

自动驾驶汽车相关立法提供了一个有趣的样本参照，尽管只是很小的一个例子，却提供了预测未来人工智能立法的方法。本章表述了对自动驾驶汽车(以及一般人工智能)的监管不足，立法机构如何试图解决这些缺陷，以及未来修改法律的方向有可能改变我们的法律结构，以适应"思考"的机器人。能够传播人工智能技术好处的法律和规章将会在第九章进行讨论，除了州和联邦法规之外，还有一些法律领域需要处理人工智能，包括个人主体之间的私法。下一章将讨论与监护和监护关系有关的私法与公法。

注释

1. Bryan A. Garner, ed., *Black's Law Dictionary*, 9th ed. (St. Paul, MN: West Publishing, 2009), 1398.

2. David S. Landes, *The Wealth and Power of Nations* (New York: W. W. Norton, 1998), 186.

3. Harold D. Woodman, "Economy from 1815 to 1860," in Glenn Porter, ed.,

Encyclopedia of American Economic History, vol.1(New York: Charles Scribner's Sons, 1980), 80—81.

4. Ibid.

5. Henry Clay, "On Domestic Manufactures" (delivered in the Senate of the United States, April 6, 1810), in Daniel Mallory, ed., *The Life and Speeches of the Hon. Henry Clay*(New York: Robert P.Bixby &Do., 1843), 196.

6. William Miller, *A New History of the United States*(New York: Dell Publishing, 1962), 163.

7. Albro Martin, "Economy from Reconstruction to 1914," in Glenn Porter, ed., *Encyclopedia of American Economic History*, vol.1(New York: Charles Scribner's Sons, 1980), 107.

8. Stephen M.Salsbury, "American Business Institutions before the Railroad," in Glenn Porter, ed., *Encyclopedia of American Economic History*, vol.2(New York: Charles Scribner's Sons, 1980), 615— 616; Lewis C.Solmon and Michael Tierney, "Education," in Glenn Porter, ed., *Encyclopedia of American Economic History*, vol.3 (New York: Charles Scribner's Sons, 1980), 1015—1016.

9. Martin, 107.

10. Harry N.Scheiber, "Law and Political Institutions," in Glenn Porter, ed., *Encyclopedia of American Economic History*, vol.2(New York: Charles Scribner's Sons, 1980), 502.

11. Solmon and Tierney, 1015—1016; Arthur M Johnson, "Economy since 1914," in Glenn Porter, ed., *Encyclopedia of American Economic History*, vol.1(New York: Charles Scribner's Sons, 1980), 117.

12. Johnson, 117.

13. Ibid.

14. Thomas K. McCraw, "Regulatory Agencies." in Glenn Porter, ed., *Encyclopedia of American Economic History*, vol.1(New York: Charles Scribner's Sons, 1980), 803—804; see Johnson, 127.

15. Johnson, 127—128.

16. See F.Patrick Hubbard, "Regulation of and Liability for Risks of Physical Injury from 'Sophisticated Robots,'" http://robots.law.miami.edu/wp-content/uploads/2012/01/Hubbard_ Sophisticated-Robots-Draft-1. pdf (Paper presented as a work-in-progress at We Robot Conference, University of Miami School of Law, April 21—22, 2012): Motley 指出，法规必须平衡促进机器人创新(即最大化利益)和公平有效地分配风险(即尽量减少潜在危害)。

17. See Farhad Manjoo, "Will Robots Steal Your Job?" *Slate*, September 26, 2011, http://www.slate.com/articles/technology/robot_invasion/2011/09/will_robots_steal_

your_job_2.single.html.

18. David Strickland, "Autonomous Vehicle Seminar," http://www.nhtsa.gov/staticfiles/administration/pdf/presentations_speeches/2012/Strickland-Autonomoous_Veh_10232012.pdf(Lecture, Washington, DC.October 23, 2012).

19. "U.S. Government to Begin Process toward Proposing Standards for Autonomous Cars," Associated Press, October 23, 2012, http://www.nydailynews.com/autos/gov-work-proposing-standards-robo-cars-article-1. 1190286.

20. "Volvo Calls for Federal Regulations for Autonomous Vehicles," Traffic Technology Today, October 25, 2012, http://www.traaictechnologytoday.com/news.php?NewsID=43994.

21. Douglas Newcomb, "How the Feds Will Regulate Autonomous Cars," MSN, October 30, 2012, http://editorial.autos.msn.com/blogs/autosblogpost.aspx?post=6242f1c1-c786-4b6e-9035-d6b575cabc45.

22. See Home Equity Loan Consumer Protection Act, 15 U.S.C. § § 1637 and 1647; Fair Credit Billing Act, 15 U.S.C. § § 1666—1666j; The Do-Not Call Registry Act of 2003, 15 U.S.C. § 6151.

23. Tom Vanderbilt, "The Real da Vinci Code," Wired, November 2004, http://www.wired.com/wired/archive/12.11/davinci.html.

24. Tom Vanderbilt, "Autonomous Cars through the Ages," Wired, February 6, 2012, http://www.wired.com/autopia/2012/02/qutonomous-vehicle-history/? pid = 1580&viewall =true.

25. "The Original Futurama," Wired, November 27, 2007, http://www.wired.com/entertainment/hollywood/magazine/15-12/ff_futurama_original.

26. Vandeibilt, "Autonomous Cars through the Ages."

27. Jameson M. Wetmore, Driving the Dream, Consortium for Science, Policy & Outcomes, Arizona State, http://docs.google.com/viewer?a=v&q=cache:acKQ4CCb7MIJ:www.cspo.org/documents/article_Wetmore-DrivingTheDream.pdf+&hl=en&gl=us&pid = bl&srcid = ADGEESh-3ZruXZdm3cxohIOmDZGCkSqgSqeXR70NB6Z0F-YGs1Ebz-CZt8xZVKJaF8J4Iwi4xVd-8QTY6HTWnAgLvwpPN36RPtIstMz4OwyW52V5opxLEUn-Nn-gvU_WSkm4ID67_Sa8ez&sig=AHIEtbTqF_hYcYQZ8sUb0nM22Hqb-juirQ, 2.

28. Wetmore, 4—5.

29. Ibid., 5.

30. Ibid., 7.

31. "An Automatically Guided automobile Cruised along a One-Mile Check Road at General Motors Technical Center Today," General Motors Corporation, press release, February 14, 1958.

32. Wetmore, 10.

33. Ibid., 2.

34. Douglas W.Gage, "UGV History 101: A brief History of Unmanned Ground Vehicle(UGV)," http://www.dtic.mil/cgi-bin/GetTRDoc?Location=U2&doc=GetTRDoc. pdf&AD=ADA422845, Unmanned Systems 13:3(summer 1995):1.

35. Gage, 2—3.

36. Vanderbilt, "Autonomous Cars through the Ages."

37. Les Earnest, "Stanford Cart," Stanford University, December 2012, http://www.stanford.edu/~learnest/cart.htm.

38. Vanderbilt, "Autonomous Cars through the Ages."

39. Ernst D.Dickmanns, "Vehicles Capable of Dynamic Vision," IJCAI' 97-Proceedings of the Fifteenth International Joint Conference on Artificial Intelligence, vol.2(San Francisco: Morgan Kaufmann Publishers, 1997), 1577; Tom Vanderbilt, "Autonomous Cars through the Ages."

40. Fourth Conference on Artificial General Intelligence, introductory remarks to "Dynamic Vision as Key Element for AGI," August 4, 2011, http://www.youtube.com/watch?v=YZ6nPhUG2i0; Tom Vanderbilt, "Autonomous Cars through the Ages."

41. Vanderbilt, "Autonomous Cars Through the Ages."

42. Gage, 3.

43. Dickmanns, 1589.

44. Vanderbilt, "Autonomous Cars through the Ages."

45. Dickmanns, 1589.

46. No Hands Across America General Information, http://www.cs.cmu.edu/afs/cs/usr/tjochem/www/nhaa/general_info.html.

47. No Hands Across America, http://www.cs.cmu.edu/afs/cs/usr/tjochem/www/nhaa_home_page.html.

48. No Hands Across America Journal, July 28—30, 1995, http://www.cs/cmu.edu/afs/cs/usr/tjochem/www/nhaa/Journal.html.

49. Bruce G.Buchanan, "A(Very) Brief History of Artificial Intelligence," AI 26:4(Winter 2005): 60, n.2.

50. "DARPA Grand Challenge-Leveraging American Ingenuity," presentation outline, http://archive.darpa.mil/grandchallenge04/overview_pres.pdf.

51. Guna Seetharaman, Arun Lakhotia, and Erik Philip Blasch, "Unmanned Vehicles Come of Age: The DARPA Grand Challenge," Computer, December 2006, 28—29.

52. John Markoff, "Google Cars Drive Themselves in Traffic." New York Times, October 9, 2010, http://www.nytimes.com/2010/10/10/science/10google.html?pagewanted=1&partner=rss&emc=rss&_r=0.

53. Abby Haglage, "Google, Audi, Toyota, and the Brave New World of Driverless Cars," *Daily Beast*, January 16, 2013, http://www.thedailybeast.com/articles/2013/01/16/google-audi-toyota-and-the-brave-new-world-of-driverless-cars.html.

54. John Naughton, "Google's Self-Guided Car Could Drive the Next Wave of Unemployment," *The Guardian*, September 29, 2012, http://www. guardian. co. uk/technology/2012/sep/30/google-self-driving-car-unemployment. 2011 年 8 月，一辆谷歌无人驾驶汽车导致了五车交通事故，但是公司报道称事故发生的时候汽车处于正常的模式。Matt Weinberger, "Google Driverless Car Causes Five-Car Crash," ZD Net, August 8, 2011, http://www.zdnet.com/blog/google/google-driverless-car-causes-five-car-crash/3211.

55. Sebastian Thrun, "What We're Driving At," *Google Official Blog*, October 9, 2010, http://googleblog.blogspot.com/2010/10/what-were-driving-at.html.

56. Alex Taylor III, "Is Google Motors the New GM?" Money, May 24, 2011, http://money.cnn.com/2011/05/23/autos/google_driverless_cars.fortune/index.htm.

57. Tom Vanderbilt, "Let the Robot Drive," Wired, January 12, 2012, http://www.wired.com/magazine/2012/01/ff_autonomouscars/all/1.

58. 摘自 Cyber Wiki 的文章，"Automated Driving: Legislative and Regulatory Action" 是追溯自动驾驶汽车立法的发展历史的重要资源，http://cyberlaw.stanford.edu/wiki/index.php/Automated_Driving:_Legislative_and_Regulatory_Action.

59. Florida House Bill 1207(Ch. 2012—2111), § 1(2); California Acts, Chapter 570 of 2012, 2011—2012, § 1(c).

60. Florida House Bill 1207(Ch. 2012—2111), § 5(2).

61. District of Columbia, Automated Vehicle Act of 2012, § 4.

62. 但是，根据 Cyber Wiki 的文章 "Automated Driving: Legislative and Regulatory Action," 加利福尼亚州的立法机关是从法案中删除了关于原始制造商责任的条文。

63. Nevada Assembly Bill 511, 2012, § 2.

64. Arizona House Bill 2679, 2012, § 1.

65. Hawaii House Bill 2238, 2012, § 1.

66. New Jersey Assembly, No.2757, 2012, § 2.

67. Oklahoma House Bill 3007, 2012, § 1.

68. District of Columbia, Automated Vehicle Act of 2012, § 3.

69. Florida House Bill 1207(Ch. 2012—2111), § 3.

70. California Acts, Chapter 570 of 2012, 2011—2012, § 2.

71. NAC Chapter 482A.020.

72. NAC Chapter 482A.030.

73. California Acts, Chapter 570 of 2012, 2011—2012, § 2.

74. Nevada Assembly Bill 511, 2012, §5; NAC Chapter 482A.100—180.

75. Florida House Bill 1207(Ch. 2012—2111), §5.

76. California Acts, Chapter 570 of 2012, 2011—2012, §2.

77. Florida House Bill 1207(Ch. 2012—2111), §4.

78. NAC Chapter 482A.190.

79. NAC Chapter 482 A.190; California Acts, Chapter 570 of 2012, 2011—2012, §2; Florida Chapter 2012—2111, House Bill 1207, §4.

80. California Acts, Chapter 570 of 2012, 2011—2012, §2.

81. Ibid.

82. Arizona House Bill 2679, 2012; California Acts, Chapter 570 of 2012, 2011—2012; District of Columbia, "Automated Vehicle Act of 2012"; Florida House Bill 1207(Ch. 2012—2111); Hawaii House Bill 2238, 2012; New Jersey Assembly, No.2757, 2012; Nevada Assembly Bill 511, 2012; Oklahoma House Bill 3007, 2012.

83. See Yvette Joy Liebesman, "The Wisdom of Legislating for Anticipated Technological Advances," *John Marshall Review of Intellectual Property* 10: 1(2010): 154—181.

84. 在美国,《统一商法典》已经在所有 50 个州通过, 力求为商业交易提供一致的规则和法律, 无论州的法律是如何规定的。 See Cornell University Law School's UCC resource page for the text and more information: http://www.law.cornell. edu/ucc/ucc.table.html.

85. 《统一信托法典》是美国处理信托的创设和管理的示范法, 特别是当信托作为遗产规划工具的时候。 http://www.uniformlaws.org/Act, aspx? title = Trust% 20Code.

86. 《统一受管制药品法》是美国处理受管制的药品的示范法, 截至 2012 年, 有 30 个州已全部或部分通过该法。 http://uniformlaws.org/Act.aspx? title = Controlled% 20Substances% 20Act.

87. Florida Chapter 2012—2111, House Bill 1207, §4.

88. NAC Chapter 482A.050.

89. California Acts, Chapter 570 of 2012, 2011—2012, §2.

90. Arizona House Bill 2679, 2012, §1. Hawaii, Oklahoma, and New Jersey have similar language.

91. "Info on 3.9M Citigroup customers lost," *CNNMoney*, June 6, 2005, http:// money.cnn.com/2005/06/06/news/fortune500/security_citigroup/.

92. Jonathan Krim and Michael Barbaro, "40 Million Credit Card Numbers Hacked," *Washington Post*, June 18, 2005, http://www. washingtonpost. com/wp-dyn/ comtent/article/2005/06/17/AR2005061701031.html.

93. David Stout and Tom Zeller Jr., "Vast Data Cache about Veterans Is Stolen,"

New York Times, May 22, 2006, http://www. nytimes. com/2006/05/23/washingtom/ 23identity.html.

94. Jaikumar Vijayan, "TJX Data Breach: At 45. 6M Card Numbers, It's the Biggest Ever," Computer World, March 29, 2007, http://www. computerworld. com/s/ article/9014782/TJX_data_breach_At_45.6M_card_numbers_it_s_the_biggest_ever? taxonomyId=17&pageNumber=1.

95. "Chronology of Data Breaches, Security Breaches 2005-Present," Privacy Rights Clearinghouse, http://www.privacyrights.org/data-breach, last updated on January 8, 2013.

96. E.Scott Reckard and Joseph Menn, "Insider Stole Countrywide Applicants' Data, FBI Alleges," August 2, 2008, Los Angeles Times, http://articles.latimes.com/ 2008/aug/02/business/fi-arrest2.

97. "Chronology of Data Breaches, Security Breaches 2005-Present."

98. Byron Acohido, "Hackers Breach Heartland Payment Credit Card System," USA Today, January 23, 2009, http://usatoday30. usatoday. com/money/perfi/credit/2009- 01-20-heartland-credit-card-security-breach_N.htm.

99. United States v. Gonzalez, indictment, 3(United States District Court District of New Jersey), accessed at http://www. wired. com/images _ blogs/threatlevel/2009/08/ gonzalez.pdf.

100. "Video Game Company Valve Notifies Its Gamers of Data Breach," Alertsec Xpress(blog), November 15, 2011, http://blog.alertsec.com/2011/11/video-game-company- valve-notifies-its-gamers-of-data-breach/.

101. "Chronology of Data Breaches, Security Breaches 2005-Present."

102. 综合清单请参见 "Chronology of Data Breaches, Security Breaches 2005- Present" at http://www.privacyrights.org/data-breach.

103. Charles Duhigg, "How Companies Learn Your Secrets," New York Times, February 12, 2012, http://www. nytimes. com/2012/02/19/magazine/shopping-habits. html? pagewanted=7&_r=1&hp.

104. Ibid.

105. Hubbard, 34.

106. See New Hampshire Midwifery Council, the administrative rules for which can be viewed here: http://www.gencourt.state.nh.us/rules/state_agencies/mid.html.

107. See California Board of Guide Dogs for the Blind, http://www.guidedogboard. ca.gov/.

108. See Texas Council on Purchasing from Persons with Disabilities, http://www. tcppd.state.tx.us/.

第四章

机器看护人：当由机器人照料孩子(或者成人)

无论是为了我们年幼的孩子或者年迈的父母，当我们为他们请看护人时，我们总倾向于寻找坚强与温柔兼备的人。坚强是指，在照顾那些可能会大叫、撞击或者破坏东西的人时能够顶住压力；温柔是指能够对那些有照顾需求的人富有同情心和善意。我们想要的是强壮的臂膀和柔软温暖的双手。我们并不想找机器人，尽管《杰森一家》(The Jetsons)的罗茜(Rosie)为未来充满爱心的家庭护理机器人进行了热情的展示。

在某些方面，机器已经与护理业务完全分离。机器为你抽血，测量你的生命体征，并稳定你的病症。机器让你活着，与此同时，人类在一旁照顾你。虽然自动化机器能在我们体内执行规律而单调的机械操作，但迄今为止，机器不太适合去适应孩子和残疾的成年人外在产生的痉挛性麻痹和不可预测的身体反应。虽然机器人可以为人类抽血多年，但它不可以控制一个儿童，哪怕是 5 分钟。适应这些人类反应需要当前的机器达到更高水平的分析、决策和物理灵活性。

然而，在过去的 10 年到 15 年间，理疗师、工程师和那些与儿童和残疾人共事的人们越来越乐观地认为人工智能技术正慢慢赶上人类护理所需要的物理和决策要求。因为婴儿潮一代需要更多的辅助生活资源，这一技术进步也变得更加重要。但合格的护士及其助手的数量却并未相应增加。人工智能将填补照顾儿童和残疾的成年人的供给需求。然而实现这一点的前提是人工智能不仅可以区分孩子的无害脾气和那些对他身体有威胁的东西，还能够在不伤害孩子的前提下，对这两种情形进行适当的物理干预。人工智能必须能够与残疾人士互动，并具备必要的物理技能去帮助他们站立、洗澡和上厕所。

78

　　这些人工智能护理者并不符合法律对于子女监护的既有假定：孩子总是处于某人的监护之下。[1]在一天中，一个孩子可能会从父母那里转移到学校、托儿所、祖父的监护之下，再回到父母的监护之下。当孩子由一个人工智能保姆监护时，这条监护链是否会被打破？　人工智能是否获得监护权？

　　相类似地，许多成年人是一些缺乏识别能力的成年人的监护人或看护者——意味着他们既不能理解自身行为的性质和影响，也没有能力去理解问题或决策[2]——这就像很多发育上存在残疾的成年人一样。此外，患有阿尔茨海默症或其他形式痴呆症的，曾经拥有正常能力的成年人通常会在他们智力衰退前，由授权的律师负责找人对其进行照顾。而这些授权文件上通常不会记载有关机器人护理的事项。

　　本章考察了在最近人工智能看护者发展之前的有关儿童和成年人的监护法律。在此背景下，最后一节着重关注人类看护人使用人工智能看护者去照料被看护者的情况下，人类和人工智能各自的法律责任。

一、　谁拥有监护权？

（一）孩子的监护权人

　　虽然青少年可能不喜欢这样想自己，但法律假定的是孩子总是处于某人的监护之中。[3]通常他们要么是由父母监护，要么是由国家监护。[4]父母享有的对孩子的监护权来源于宪法第十四修正案所保护的自由权。[5]国家对孩子的监护权则是基于国家维护和促进儿童福利事业的公共利益(除了其他原因)。[6]宽泛的公共利益包括了接受教育的权利、[7]当言论实质性地扰乱了学校限制宪法第一修正案规定的言论自由权,[8]以及当孩子在开庭日之前又犯下另一罪行的严重风险时对其处以逮捕后拘留。[9]基于这些权利,学校代替父母搜查背包,禁止特定的言论和表达。[10]此外,少年法庭根据国家亲权主义(国家扮演父母的角色)进行干预,以保护公众免受儿童犯罪的侵害,并保护儿童免受未来犯罪行为的后果。[11]

虽然对于孩子的监护而言,学校与少年拘留所存在着许多差异,自由意志确切地说并不属于其中。虽然父母可以将他们的孩子送去私立学校,或者家庭教学,但是他们必须提供某种形式的教育。这个属于法律上的强制性规定,因此孩子无论是入学还是去少年拘留中心都是强制性的。具体情况大不相同,但法律效力在本质上是一样的。在这两种情况下父母将监护权转移给国家。孩子总是处于某人的监护之中。

同样地,父母可能暂时转移他们监护的权利,就像在部队中的单亲父母要执行任务,把他或她的孩子交给祖父母或亲密的朋友一样,并通过委托书授权他们代替父母作出决定。[12]父母本质上是做出了跟在离开时把孩子交给私立学校、托儿所或保姆一样的事情。显然,相关手续会随着学校、托儿所和个人的复杂性和控制力而变化。一所私立学校会要求家长签署大量文件,从而给予学校对各种与儿童相关问题的授权:紧急医疗、纪律、体育等。日托机构通常会要求父母正式签名,以授权日托员工进行急救、给予零食和解决其他类似问题。保姆通常会要求按小时付款、使用冰箱,也许还要求接送回家。换句话说,父母一直将他们的子女置于各方的监护下,给予他们一定程度的决策权,但很少有正式的授权书被起草或签署。尽管如此,监护权也发生了改变,即使是暂时的。

对于责任而言,故意侵权的受害方通常能够从犯罪儿童的父母那里获得赔偿,因为父母被认为是承担孩子造成损害的替代责任人。[13]同样地，一个疏于监护自己孩子的父母，比如将刀交给年幼的孩子，将会因为自己的过失而承担儿童造成的任何损害的责任。[14]此外，这些法律的公共目的是提供一种方法以使受害人获得赔偿(很明显儿童不太可能拥有这样的经济资源)，[15]并鼓励家长更细致地看管孩子。[16]

80

(二) 有缺陷的成年人的监护权人

一个成年人通常有两种方式为另一个成年人承担长期的法律责任：持久效力的授权书或监护权。[17]在具有持久效力的委托书中，一方(委托人)授权另一方(受托人，通常是近亲属或朋友)有权作出关于医疗保健/财务等重要决定决策。残疾或无行为能力期间则是指例如当一个人卧病在床或患有痴呆症期间。[18]在监护权方面，法院授予监护人为了被监护人作出有关个人或财产的权利和义务。监护人的任命发生在法官确认被监护人缺乏作出决策的智力时。[19]智力不足以作决定的人通常无法管理财产或进行商业事务，因为即使有科技协助措施，他们也无法正常地接受评估信息，或作出与传达决定。[20]

持久授权书和监护权的区别在于两者的时间差异。持久授权书是授权人有意决定授权被授权人以决策权。这个决定是在疾病或年龄使得授权人没有行为能力之前作出的。很大程度上出于此原因，授权比监护权转让在实施方面更为容易，花费也更少。[21]一个可能的监护人必须向法院主张被监护人要么缺乏智力能力去进行持久授权(例如发育迟缓的成年人)，要么在其有能力的情况下(例如老年痴呆患者)为其作出此种授权。

由于监护人被授予了对被监护人生活的实质而完全的授权，监护权被视为一种对被监护人较为激烈的干预。[22]鉴于持久授权书的授权代表了本人有意识的决定，对于否认授权人的自我授权，法官必须十分审慎地决定其是否符合授权人的最佳利益。该决定的重要性是阻止监护制度变得更加简单的部分原因。

这种对缺乏智力能力的成年人的看护和监护制度，与英美对授权人和被授权人意思自治的漫长而缓慢发展的法律保障是一致的。最迟在

13 世纪，国王需要对缺乏智力能力的人负责，当时人们使用毫不委婉的语言去形容他们：白痴、疯子或天生的傻子，即使缺乏必要的手段去确认那些被认为是"天生的傻子"的人是真正地丧失了行为能力。最终，程序上的保障开始到位。17 世纪的法律规定由十二名男性组成的陪审团必须确认当事人确实丧失了智力能力的法律制度，虽然只有那些有充裕资金的人才能真正地利用好这一程序。[23] 陪审团成员可以确认该个体是智力障碍者，如果其成员认定，具有良好记忆的某人由于上帝的探望而失去了这项能力，或者某人像醉汉一样行为。[24] 在美国殖民地，家庭与社区成员支持无智力能力的成年人。但在独立战争之后，美国法院开始审视英国法律，并引用"国家监护人"理论来解释为何法院应当对这些成年人行使管辖权以保护他们和整个社会。最终，美国各州制定了详细的习惯法、规则和标准来保护这些成年人。[25]

和有关儿童的侵权责任一样，如果基于持久授权或监护权而负责照顾残疾人的成年人在对其看护上存在过失，或者说其行为是不合理或缺乏审慎的，他需要对缺乏智力能力的成年人的行为负责。[26] 因此，例如如果有一名患有严重痴呆症的男子可以离开自己的家，并在迷糊的状态中导致了一场车祸，如果正常理性状态下的监护人都会聘请家庭护工来照顾该男子，从而可以避免该事故。他的监护人因未聘请家庭护工应对该事故承担责任。此外，根据国家法律，因持久授权书或监护权而被授权的成年人如果没有正当行使权利，可能会承担刑事或民事责任。[27]

父母、受托人和监护人不可避免地要为他们的孩子和无行为能力的成年人提供身体和精神所需的照顾。下一节将讨论可以执行许多这类功能的人工智能和机器人的发展。其中将会介绍人工智能和人类看护者各自的权利和义务。如果一个人类看护者把一个患有老年痴呆症的成年人置于人工智能看护者的照顾之下，人类是否成功地通过合理决策将其法定义务让渡给了机器人呢？该机器人会对病人的行为负责吗？人工智能看护者会为在看护过程中孩子的损害——例如孩子在爬树过程中摔断了腿——承担什么样的责任呢？

在审视这些问题之前，我们有必要回顾一下机器人和人工智能看护者是如何发展到今天的。

二、 人工智能看护者、机器助手和机器保姆

从 20 世纪 60 年代初开始，研究人员开始使用电脑来提醒老年人日常活动。这在本质上为他们提供了一种程度很低的照顾看护。早期的设备包括说话的闹钟、日历系统和一些类似的较为粗糙的辅助设备。[28]直到 20 世纪晚期的努力才将计算机化的提醒拓展到了电话、[29]个人数字助理[30]和传呼机上，[31]其中许多人工智能帮助了患有脑损伤或发育障碍的成年人以及老年人。虽然提醒器的传输和精准性一直在变化——从简单的日历系统的发展为电话机器人顾问[32]——人工智能或想要人工智能提醒患者的许多日常活动仍是一样的：饮食、沐浴、药物、资金管理等。[33]

随着护理的不断发展，例如电话和传呼机的出现，护理专业开始考虑将人工智能纳入护理实践之中，特别是在数据分析方面。[34]20 世纪 90 年代的护理管理学学者指出：人工智能已被用于监测生理数据并在预定的"警告"等级将要到来之时提醒护士。然而，此种监测功能基本上只能算是自动的。每当身体检查(血压、氧气或心跳等)达到指定水平时，电脑就会触发报警。相反，当时说人工智能可以用来控制质量并保证更好的结果的建议则更接近于实际上的人工智能，因为它依靠程序和机器来分析患者的服务数据并且自己独立作出决策。[35]

1998 年，来自密歇根大学、匹兹堡大学和卡内基梅隆大学的研究人员共同主持了"机器保姆项目"。其目标是为住在家中的老人，特别是那些患有认知障碍的，提供移动机器助手。[36]塞巴斯蒂安·特龙(Sebastian Thrun)便是研究人员之一。他在赢得国防高级研究计划局挑战赛和将谷歌汽车带到街头之前参加了这一项目。在他职业生涯的早期，

82

也就是在卡内基梅隆和斯坦福大学期间，特龙十分热心并直言不讳地提倡将人工智能引入疗养院和辅助生活设施中，允许机器人与需要护理的患者和其他成年人进行互动。[37]

Nursebot 项目注意到需要创建灵活的人工智能，以便对患者的行为做出适当的反应。例如，当人工智能观察到小便失禁的患者在上午 10:40 使用了卫生间，它应该知道调整之前定在上午 11:00 进行上厕所提醒。同样地，如果患者最喜欢的电视节目是在下午 1:30，人工智能应该知道在稍早一些安排上厕所提醒(比如下午 1:20)。至于为何在这个时间去厕所的原因则是十分实用的：避免错过这个节目。(例如："阿达马夫人，如果你现在使用洗手间，你将不会错过你最喜欢的太空堡垒卡拉狄加，与赛隆"。)此外，发展完善的人工智能将包含利用传感器，收集有关患者活动和习惯的信息，以便在白天进行推断。所以如果阿达马夫人在正常的晚餐时间前往厨房，这可能表明她将开始享用晚餐。在全天陪伴病人的过程中，人工智能将能够为她在生活环境中进行导航。这对辅助生活措施是很重要的，因为护理人员将花费一天中的大部分工作时间用于护送患者从一地前往另一地。[38]

2001 年，机器人保姆项目在宾夕法尼亚州奥克芒市的长木退休社区测试了机器人护士珀尔(Pearl)。[39]珀尔护送病人通过各种设施，并提醒他们服用药物。"整个过程都很到位"，特龙说。[40]珀尔还提供给病人感兴趣的相关信息，例如天气预报和电视节目表。[41]虽然研究人员认为珀尔是成功的，[42]但对于她并没有未来的计划。[43]尽管如此，许多机器人和医疗保健领域的人士都认为，人工智能和机器人在不久的将来会成为护工和看护的一部分。马瑟生活方式(Mather Lifeways)老龄化研究所副总裁琳达·霍林格·史密斯(Linda Hollinger-Smith)认为机器人辅助器械将在未来 15 年至 20 年间成为长期护理的一部分。俄亥俄州中西部护理学院前任执行主任，现任辛辛那提护理学院创新与创业部主任的德比·桑普塞尔(Debi Sampsel)认为，机器人可以解决当今护理人员短缺的问题。[44]特龙认为，机器人将会包含越来越多的人工智能功能，并为老年人提供更多的益处。[45]有些功能可能会提前到来，不会更晚。中国赛森机器人与自动化有限公司认为，在2015年该公司将向市场推出一款家庭保姆机器人。它可以与老年家庭成员互动，并检测他们的重要数据。[46]

虽然迄今为止已经在护理的认知方面有了许多发展，例如提供提醒、监控活动，将更多的时间和精力投入到护理的实际方面：扶病人起身，拎东西等。美国国防部已经与阿依兔(RE2)公司签订合同，拟开发一种多任务机器人护理助手(RNA)，它能够将受伤士兵从床上提起并运送补给品。[47]阿依兔公司前首席运营官杰西卡·彼得森(Jessica Pedersen)希望机器人护理助手最终能够在医院和疗养院中提供导航。[48]值得注意的是，佐治亚理工学院医疗机器人实验室的研究人员已经开展了能自动为患者洗漱的人工智能的研究。[49]研究人员已经允许他们命名为科迪(Cody)的人工智能来清洁手臂和腿部等有限的身体部位，但希望未来进一步的技术进展将允许科迪安全地清洁身体的其他部位。

监护中的认知能力以及直接安全地与人交往的能力也是人工智能作为孩子的保姆时所必备的两个品质。对于那些能够为父母履行这些职能的人工智能，学者和伦理学家已经开始辩论这是否是一件好事。早在2008年，诺埃尔·夏基(Noel Sharkey)等伦理学家就警告说："服务机器人的使用在照顾孩子方面存在着风险和道德问题。"[50]沙基担心父母将孩子"几乎完全放在未来看护者的安全的手中"，并指出，研究表明当婴幼儿仅仅依附于无生命代理者时会出现社会功能障碍。[51]为了回应这些担忧，乔安娜·布赖森(Joanna Bryson)指出机器人护理更有可能补充人类的关怀，而不是取代它。孩子们和他们的人工智能护理人员保持着联系，但这可能会增强他们的自我价值感。[52]尽管确实可行的人工智能护幼员和保姆还不会很快地在市场上市，制造商已经开始进行模型生产所需的研发工作。

例如，日本电气公司(NEC)创造了一个"通信机器人"的原型：宝贝罗(PaPeRo)。它会讲笑话，提供小测验，并使用射频识别芯片来跟踪孩子。[53]日本电气公司的研究人员自1997年以来一直与宝贝罗互动，但目前仅在技术展示会上展示其发展，也从未售出过任何一个模型。[54]然而尽管原型机没有达到美国国防部定制的 RNAS 的物理性能，但它可以识别脸部、说话，自主地通过房间漫游，并在电池电量下降到一定水平时前往指定的充电区域。[55]这个级别的人工智能担任保姆仍不太合适，但可让宝贝罗作为特定年龄段孩子的人工智能陪伴，在父母或监护人在房子里的其他地方甚至隔壁时逗孩子开心。2008 年，日本零售商永旺(Aeon)开始在其福冈乐寇(Lucle)购物中心提供机器人保姆服务。孩子们戴着带二维码的特殊徽章，以便机器人识别每个孩子。[56]

最近，南加州大学计算机科学教授马加·马塔里埃(Maja Matarié)报告说，她的机器人邦迪(Bandit)能够帮助自闭症儿童，有效地与他们互动，收集有关儿童行为的信息，甚至用它来预测孩子未来的行为。例如他或她会在何时停止运动。[57]同样，美国的一些学校正在把机器人纳入帮助自闭症学生的教室。[58]其他的研究中心也正在把机器人当作是儿童的学习工具。伊丽莎白·卡萨克夫(Elizabeth Kazakoff)是塔夫茨大学开发技术研究小组的一名研究人员，该研究小组正在开发机器人建筑套件，以帮助有特殊发展需要的孩子。她对机器人协助儿童和家庭的能力持乐观态度。她说："我认为机器人是很好的教育工具。这里对接受护理的机器人的概念有相当多的新的研究——幼儿教机器人学习概念，接受护理机器人的教学反过来又促进了幼儿自身的学习。"[59]

卡萨克夫还指出，研究人员正在探索机器人助教技术。韩国政府正在向学前班介绍数百个人工智能教学助理。人工智能教学助理看起来像一只小狗，登记学生出勤，并使用面部识别程序来询问孩子的情绪。然而，这项技术背后的研究人员承认，人工智能目前只能替代一名人类老师。韩国科学技术研究院(KIST)高级研究工程师周永泰(Mun-Taek Choi)解释说："由于当前机器人技术的限制，机器人不能完全取代教育领域的人类教师。"[60]韩国科学技术研究院机器人认知中心负责人游宰范(BumJae You)指出："但机器人对提高儿童在课堂上的集中能力是非常有帮助的，但是对于人工智能来说，教学可能是最具挑战性的角色。这要求我们在实现目标之前，我们的能力必须有一个真正的实质性的跳跃。"[61]

本田的人形机器人阿西莫(Asimo)可以说是目前正在开发的最被广为宣传的机器人。本田研究人员自 1986 年以来一直从事机器人研究，阿西莫——最近的模型，能够拿起一个玻璃瓶，扭开瓶盖，然后将液体倒入一个软纸杯中，并且不会把软纸杯压扁。本田声称阿西莫可以识别多个人同时发出的声音。这种物理和认知能力的结合使人印象深刻，对于一个潜在的人工智能护理人员来说是能够留下深刻印象的，也有希望应用于待发展的人工智能护理者技术。但是本田也承认阿西莫目前并没有实际用途。[62]

这些模型的人工智能功能相当有限：词汇量小，与孩子们进行的活动很少，没有限制或没有与孩子互动的实际能力，等等。但是这预示着更先进的人工智能正在进入市场的路上。它们将来可能照顾我们的孩子，也可能照顾我们年迈的父母。

三、 当机器人看护你的幼儿，照顾你的祖母时会发生什么？

86

近期内，在百思买或亚马逊上还不太可能出售功能齐全的人工智能护理人员，但这并不能阻止家长们对机器人保姆的美好憧憬：

● 当他们开车去学校接他们稍大一些的孩子们放学的时候，机器人能在家里帮他们看护十分钟熟睡中的小婴孩；[63]

● 看着孩子们，好让他们能冲到商店拿更多的牛奶，而不用带着四个孩子上一辆小面包车；[64]

● 不时地监督孩子，当孩子们提出要求时满足他们的需求，并反馈给父母；[65]

● 以及当他们到土星上去玩一个晚上时，照看他们的儿子，确保他不用吃饼干、牛奶或听笑话就能去睡觉。[66]

同样，从事成人护理工作的专业人士也希望人工智能护理人员能够协助护士和护理人员帮患者洗澡，[67]监测患者，[68]并与患者进行交流互动。[69]这些类型的人工智能除了能作为自动驾驶汽车将孩子们和精神上无行为能力的成年人送到指定的地点去上课，接受治疗和其他活动，同时还能监测这些驾驶员。

在本杰明·麦克法登(Benjamin McFadden)的父母期待着前往土星之时，这些设想也提出了一些严肃的问题，法律会如何对待把孩子交给机器人照顾的父母，把需要照顾的成年人交给人工智能护理员照料的人类护理人员，以及无人监管的作为护理员身份的人工智能。我们来逐个地分析对待这些人员：成人护理员，父母和人工智能。

(一) 如果一个人类护理员把一个患有痴呆症的病人交给人工智能护理员照料并且发生意外时会如何处理?

如果一个人类护理员留下人工智能护理员后就离开了病房时，第一个问题就是"这是否合理?"正如第二章所讨论的那样，疏忽将是对人工智能操作者的一个很普遍的谴责。最初，人类看护者可能不得不回答很多问题，以表明把无行为能力的成年人交给一个机器人是合理的："病房里发生了什么? 你离开了多久? 你走了多远? 病房的功能是什么么级别? 人工智能护理员是什么类型的?"

87　　　　这些问题在一开始就是非常重要的。在人工智能护理人员变得更加平常，被承认为一种已知的技术之前，法官、陪审团和法律将对他们持怀疑态度。因此，当首次应用人工智能护理人员时，诸如去一下商店这类短途旅程是被视为合理的，但是所有工作日都把精神上无行为能力的成年人交给机器人照顾不能被视为是合理的。让人工智能看护一个熟睡的精神上无能力的成年人是合理的，但是让人工智能看护正在厨房做饭的同样的精神上无行为能力的成年人是不合理的。某些人工智能护理人员比其他人声誉更好，也有更多的研究证明它们的安全性。成人照顾者在适当的情况下，在合理的时间段内将病房置于适当审查过的人工智能的照顾之下都被认为是合理的，不论精神上无行为能力的成年人是否在被人工智能照顾时受到伤害。所以，如果一个监护人在她去街上买牛奶时合理地把她患有唐氏综合征的姐姐交给人工智能看护者看护，即使姐姐脑震荡了，监护人也不应该有责任。她已经尽责地行为了。

同样，如果一位照顾患有痴呆症的祖母的监护人把祖母置于合格的人工智能护理人员的照料之下，祖母疯疯癫癫地跑到了街道上酿出一场车祸，人工智能没能够阻止祖母酿成这场灾难，这个监护者也没有罪。监护人已经负责任地行事了。

另一方面，如果监护人把祖母放在一辆自动驾驶的汽车内，而这辆汽车的设计并不适合痴呆症患者使用，如果祖母在汽车内发生了交通事故，监护人将因为他疏忽大意地将祖母置于不适当形式的人工智能照顾监护下而负有责任。人工智能的设计和精神上无行为能力的成年人的功能水平(高或低)是监护人重要的考量因素。因此，在用自动驾驶汽车自行运送无行为能力的成年人(或儿童)之前，监护人必须确保该车辆能够使乘客只在有另一名有完全责任能力成年人在场时才能下车；如果乘客受伤(中风、癫痫发作、脑震荡等)，可以重新引导对自己给予适当照顾；能适当地约束乘客，等等。

人工智能看护者应该给予授权人像被授权人和监护人一样多的休息。随着人工智能护理人员越来越接近市场，律师可能希望与客户讨论将此概念纳入其针对人工智能护理人员的持久授权书的想法。客户是否讨厌接受机器人护理？他们喜欢这个想法吗？一旦达到了某些安全标准，他们会接受人工智能护理人员吗？如果老年客户对人工智能护理人员有顾虑，他们应该考虑在他们具有持久效力的律师文件中解决这些问题。(同样地，在不久的将来，父母应该在起草律师文件时考虑人工智能保姆问题，以使朋友或家人在他们无法帮忙的情况下同意关于他们孩子的决定。)

（二）如果家长把孩子交给人工智能监护,而孩子造成了财产损失该怎么办?

同监护人和经父母持久授权的人一样，父母可能对由于他们在照顾孩子时的疏忽而造成的伤害和损害有责。但是父母也有可能对他们孩子的故意侵权行为负责。所以如果一个孩子在他的父母的监管之下向窗户扔石头并砸碎了窗户，父母是有责任的。

那么如果同样是一个孩子在人工智能的看护之下扔了石头并砸碎了窗户，谁负责呢？假设人工智能是正确运行的而且人工智能没有任何设计或生产缺陷，这意味着制造商或设计者将承担责任，我估计法律将以两种方式中的一种来处理：

1. 父母将继续承担责任。这在某种程度上说明了我们的公平理念。"他们是你的孩子，你是要负责任的"。我想有些国家会这样来立法。但是如果父母已经通过合理的行为把孩子置于一个合理设计并生产的人工智能保姆的照料之下，我不认为让父母承担责任是合理的。他们已经恰当地试图确保孩子的行为安全了。有过错才有责任；而在这种情况下并没有过错。

2. 人工智能将承担责任。与第二章关于人工智能责任的讨论相同，我认为让人工智能为孩子的故意侵权行为担责是更为合理的。人工智能是被制造用来合理照顾孩子，防止孩子对自己和他人造成伤害的。人工智能应该承担责任并且应该赔付损失，用人工智能上的保险单或者政府组织的人工智能储备基金的收益来支付。[70]

因此，比方说，四岁的女儿在人工智能保姆的照看下在院子里玩耍，这时父亲跑到街上去买电池，如果女儿无理地冲撞旁边玩耍的邻居家男孩并骑自行车撞上他，撞破了他的手臂，这位父亲对此是没有责任的。因为他将女儿留给了人工智能保姆，这种情形下保姆存在的唯一目的就是保护孩子的最大利益，它没有做到这点，因此应该对此负责。

举一个可能发生在现在的例子，假设在日本福冈乐寇购物中心的永旺保姆机器人正在负责任地看着一个孩子，但是孩子设法跑出育婴区并且绊倒一位老年妇女。父母是否应该为这个孩子的故意侵权行为负责？父母合理地将孩子留在监护之下，这意味着人工智能对此应该负责。

话虽如此，在现行法律中即使有过错人工智能也无需承担责任。

有可能的是，这家店会因使用人工智能时的疏忽大意而承担责任。我不认为这是个不可接受的结果，但我不喜欢它的论证原因。如果是人工智能负责照顾孩子，那店主则并不是疏忽大意。相反，人工智能是商店的代理人，因为其基本上是一名机器人员工。在这种情况下，法律应该把机器人看作是一名人类雇员。所以这家店是根据应诉上级理论而承担责任的：老年妇女因为在店中担任保姆的人工智能的行为而受伤。

（三）当一个小孩或精神上无行为能力人在人工智能的照料下受伤时会发生什么？

当监护人或父母将精神上无行为能力人或小孩安置在人工智能的照顾下，并且被照顾的成人或小孩受到伤害时，人工智能可能会或也可能不会对此负责；如果因人工智能设计不当，那么开发商应负责任；如果设计得当，但是生产环节存有缺陷，则制造商应承担责任；如果人工智能的设计和制造合理，但在运输过程中已经损坏，则承运人应负责赔偿；如果人工智能的设计和制造是正确的，在父母或监护人方面也不存在使用者的错误，那么人工智能本身是有责任的。我相信这些责任问题将在各州为了解决人工智能侵权问题而通过的特殊的人工智能立法和统一人工智能法案中得以解决。

四、 关于机器人保姆和人工智能看护者的余思

有关父母责任，监护下的决策权、持久效力授权书以及受让人/监护人责任的法律将需要修改，以说明人工智能关心和为那些孩子和精神上无行为能力的成年人作决策。人工智能护理人员会作出关于外出、午间吃饭、其他人进入房间等决定。它们需要能够进行基本的急救、洗澡，并安抚不安的儿童和成年人的行为能力。简而言之，人工智能必须足够柔软，以便将婴儿放入婴儿床；同时还要足够强大，以应付一个蹒跚的成年人；还要对孩子和精神上无行为能力的成年人进行监护，并根

90

据他们的需求作出认知决定。他们饿吗？ 他们需要进行更多的运动吗？ 他们需要社交吗？

在农场和工业厂房工作的人工智能也需要有包括认知组合分析能力的复杂的身体能力。这样的机器人在目前不仅在商业和住宅区会更有工业吸引力。它同时也在挑战我们对农业的假设及其对社区性质的影响。下一章将讨论区划条例将如何应对这些变化。

注释

1. Schall v. Martin, 467 U.S. 253, 268(1984).

2. Bryan A. Garner, ed., Black's Law Dictionary, 9th ed.(St. Paul, MN: West Publishing, 2009), 235, 322.

3. Megan F. Chaney, "Keeping the Promise of Gault: Requiring Post-Adjudicatory Juvenile Defenders," Georgetown Journal on Poverty Law and Policy 19 : 3(Summer 2012): 367.

4. See Schall, 467 U.S. at 268.

5. Meyer v. Nebraska, 262 U.S. 390, 399—400(1923).

6. Santosky v. Kramer, 455 U.S. 745, 766(1982).

7. See West Virginia State Board of Education v. Barnette: 319 U.S. 624, 629, 632 (1943).

8. Tinker v. Des Moines Independent Community School District, 393 U.S. 503 (1969).

9. Schall , 467 U.S. at 263.

10. See Barry C. Feld, Cases and Materials on Juvenile Justice Administration(St. Paul, MN: West Publishing, 2004), 202.

11. Feld, 3; Chaney, 367.

12. See Mark E. Sullivan, "Military Custody Twists & Turns," Family Advocate 28:2(Fall 2005): 23—24.

13. Linda A. Chapin, "Out of Control? The Uses and Abuses of Parental Liability Laws to Control Juvenile Delinquency in the United States," Santa Clara Law Review 37:3(1997): 632.

14. Ibid., 630.

15. Ibid, 632—633.

16. Joseph E. Brick, "Non-Custodial Parent's Liability for Tortious Timmy's

Delinquent Acts," *Journal of Juvenile Law* 27(2006): 84.

17. 为了避免不必要的混淆，我不会讨论"conservatorships"。它经常被误认为是"guardianships"，反过来也是这样。通常情况下，在一个"conservatorship"下，一个人有权就另一个人的财务作出决定；而在一个"guardianships"下，一个人有权就另一个人作出决定。这一章讲述的是身体上照顾和照顾人的人工智能，所以"conservatorship"是不相关的。话虽如此，我毫不怀疑 Merrill Lynch 试图重新设定 HAL 来管理您的信托基金。

18. Andrew H. Hook and Lisa V. Johnson, "The Uniform Power of Attorney Act, 9" *Real Property, Trust and Estate Law Journal* 45:2(Summer 2010): 285—286.

19. Erica F. Wood, *State Level Adult Guardianship Data: An Exploratory Survey*, http://www. ncea. aoa. gov/nccaroot/main _ site/pdf/publication/guardianshipdata. pdf (Washington, DC: American Bar Association Commission on Law and Aging, 2006), 8—9.

20. Uniform Law Commission, "Uniform Power of Attorney Act," http:// www. uniformlaws.org/Act.aspx?title＝Power% 200f% 20Attorney, S 102(5)(accessed April 29, 2013).

21. See Hook and Johnson, 285.

22. Wood, 5.

23. Barbara A. Cohen, Barbara Oosterhout, and Susan P. Leviton, "Tailoring Guardianship to the Needs of Mentally Handicapped Citizens", *Maryland Law Forum* 6:3(1976): 92.

24. Lord coke, *Beverley's case*, 76 Eng. Rep. 1118, 1122(K.B. 1603).

25. Cohen, Oosterhout, and Leviton, 292.

26. Michael D. Casasanto, Mitchell Simon, and Judith Roman, "A Model Code of Ethics for Guardians," *Whittier Law Review* 11:3(1989): 566; See Hook and Johnson, 297—298.

27. See Hook and Johnson, 300.

28. Martha E. Pollack, et al., 2002 "Pearl: A Mobile Robotic Assistant for the Elderly," *AAAI Technical Report*, WS-02-02, http://www. aaai. org/Papers/Workshops/2002/WS-02-02/WS02-02-013.pdf, 2(hereinafter referred to as Pollack 1).

29. Robert H. Friedman, "Automated Telephone Conversations to Assess Health Behavior and Deliver Behavioral Interventions," *Journal of Medical Systems* 22: 2 (1998): 95—102.

30. Bodil Jönsson and Arne Svensk, "Isaac: A Personal Digital Assistant for the Differently Abled," in I. Placencia Porrero and R. Puig de la Bellacasa, eds., *The European Context for Assistive Technology*(Amsterdam: IOS Press, 1995) .

31. Neil Hersh and Larry Treadgold, "NeuroPage: The Rehabilitation of Memory Dysfunction by Prosthetic Memory and Cueing," *NeuroRehabilitation* 4(1994): 187—

197.

32. Pollack, 2; Friedman, 96.

33. Martha E. Pollack, "Planning Technology for Intelligent Cognitive Orthotics," *American Association for Artificial Intelligence* (2002), http://www.cs.cmu.edu/~flo/papers/umich/aiPS-02Pollack.pdf, 2(hereinafter referred to as Pollack 2).

34. See James P.Turley, "The Use of Artificial Intelligence in Nursing Information Systems," *Informatics in Healthcare Australia*, May 1993, http://www.project.net.au/hisavic/hisa/mag/may93/the.htm.

35. See Turley.

36. Pollack 1, 1.

37. Diane Stresing, "Artificial Caregivers Improve on the Real Thing," *Tech News World*, August 30, 2003, http://www.tcchnewsworld.com/story/3146S.html.

38. Pollack 1, 2—3.

39. Pollack 2, 8.

40. Stresing, "Artificial, Caregivers Improve on the Real Thing."

41. Joelle Pineau, et al., "Towards Robotic Assistants in Nursing Homes: Challenges and Results," *Robotics and Autonomous Systems* 42(2003): 272.

42. Pollack 2, 8.

43. Janet Boivin and Scott Wi-liams, "Robots Become Nurses' Valuable Assistants," Nurse.com, March 10, 2003, http://news.nurse.com/apps/pbcs.dll/.

44. Boivin and Williams, "Robots Become Nurses' Valuable Assistants."

45. Stresing, "Artificial Caregivers Improve on the Real Thing."

46. Richard Lai, "Family Nanny Robot Is Just Five Years and $1,500 Away from Being Your New Best Friend," *Engadget*, April 30, 2010, http://www.engadget.com/2010/04/30/family-nanny-robot-is-just-five-years-and-1-500-away-from-being/.

47. "Robotic Nursing Assistant," Small Business Innovation Research. Small Business and Award Information—RE2, Inc., http://www.sbir.gov/sbirsearch/detAIL/290061.

48. Boivin and "Robots Become Nurses" Valuable Assistants. Pedersen 于 2013 年 1 月成为全面认证健康教练，并担任 RE2 公司兼职营销总监。

49. Chih-Hung King, Tiffany L.Chen, Advait Jain, and Charles C.Kemp, "Towards an Assistive Robot That Autonomously Performs Bed Baths for Patient Hygiene," *Georgia Institute of Technology*, http://www.hsi.gatech.edu/hrl/pdf/iros10-auto-clean.pdf.

50. Noel Sharkey, "The Ethical Frontiers of Robotics," *Science* 322: 5909 (December 19, 2008), 1800—1801. Sharkey 还警告了允许机器人照顾老人和进行军事打击的道德问题。

51. Sharkey, "The Ethical Frontiers of Robotics," 1800.

52. Joanna E. Bryson, "Why Robot Nannies Probably Won't Do Much Psychological Damage," *Interaction Studies* 11:2(2010), 196—200.

53. Brandon Keim, "I, Nanny: Robot Babysitters PoseDilemma," *Wired*, December 18, 2008. http://www.wired.com/wiredscience/2008/12Jbabysittingrobo/.

54. "PaPeRo Product Page," NEC, http://www.nec.co.jp/products/robot/en/index.html.

55. "PaPeRo Functions Page," NEC, http://www.nec.co.jp/products/robot/ en/functions/index.html.

56. "Updated: Robot Babysitters Hit Japanese Stores," *TechRadar*, March 26, 2008, http://www. techradar. com/us/news/world-of-tech/future-tech/updated-robot-babysitters-hit-japanese-stores-272406.

57. Susan Karlin, "A Scientist Creates Robots That Help Children," *IEEE Spectrum*, February 2010, http://spcctrum.ieee.org/robotics/humanoids/caregiver-robots.

58. Sarah Shemkus, "Students Seek Connection with Robots," *Boston Globe*, April 19, 2013, http://www. bostonglobe. com/business/2013/04/18/haverhill-school-tests-french-made-robots-way-teach-children-with-learning-disabilities/yB2GOwEKcRnm0-eXFxS07iO/story.html.

59. Elizabeth Kazakoff, e-mail interview with author, April 23, 2013.

60. Susannah Paik, "Robot Teachers Invade South Korean Classrooms," *CNN. com*, October 22, 2010, http://www.cnn.com/2010ÆECH/innovation/10/ 22/south. korea. robot.teachers/index.html.

61. Palk, "Robot Teachers Invade South Korean · Classrooms."

62. Chloe Albanesius, "Honda Unveils Faster, Smarter ASIMO 'Humanoid' Robot," *PC* , November 8, 2011, http://www.pcmag.com/article2/O,2817,2396071,00.asp.

63. "Robot Babysitter," *Heather and Randy's Family Blog*, March 24, 2011, http://heatherandrandyfam.blogspot.com/2011/03/robot-babysitter.html.

64. "Robot Babysitter," *Heather and Randy's Family Blog*.

65. "Idea # 3—Robot Nanny," *HCI 2 Blog*, February 12, 2007, http://hci2 blog2007.blogspot.com/2007/02/idea-3-robot-nanny.html.

66. Timothy Bush, *Benjamin McFadden and the Robot Babysitter* (New York: Crown, 1998).

67. King, Chen, Jain, and Kemp.

68. Pollack 1.

69. Kerstin Roger, et al., "Social Commitment Robots and Dementia," *Canadian Journal on Aging* 31: 1(March 2012).

70. 有关这些概念的更完整的讨论，请参阅第二章。

第五章

机器人在我的后院

广为流行的人工智能思潮使人脑海中浮现出自动汽车和机器人管家的场景，而不是城镇或乡村。平生以来，我就人工智能和城市最后一次认真的对话还是发生在我十岁的时候，这场对话是关于猛大帅、铁甲龙，以及活跃的汽车人城堡能否击败有意识的霸天虎指挥基地的。很少有人认为人工智能可以对最基本的法律、法规以及市政和区划条例产生影响。地方条例规定了我们可以在哪里建房、开业、遛狗、停车以及日常生活中许多其他普普通通的方面。乡镇、市议会、董事会的行政委员们将不得不修改地方条例和相应的规章，来应对因受当地经济影响而引进的人工智能技术。在很大程度上，州和联邦法律的假定条件是：只有人才会作出决定，而地方条例是以只有人作决定，使用城镇道路和财产为基础而制定的。这样的假设将会越来越不正确。

当自动汽车可以接送主人往返于工作和家庭之间时，市中心的停车费将面临调整，因为很少会有人再把车停在那里了；当企业家可以依靠人工智能工人来帮助家庭企业之时，通过限制员工数量来控制住宅区内的家庭企业的区划条例将会无效；当孩子乘坐父母的谷歌汽车到达学校而不再由父母陪伴时，学校董事会将不得不重新考虑接送的制度；当人工智能商店和工厂工人能够在某些地方昼夜不停地工作的时候，那些从不关注夜间噪音或活动限制的城镇将迫不得已修改他们的法令，[1]以保护附近的居民免受商店和工厂每周 7 天、每天 24 小时的运作。92

本章着眼于地方条例——主要是市政条例和区域条例——并提出人工智能将如何迫使我们对其进行修改。关注的两个主要方面是适当控制土地使用和收入损失。如下所述，1926 年[2]美国最高法院批准对土地使用的控制，允许城镇高度控制其发展和结构。许多城市和城镇通过适当的城市规划和区划管理，振兴了当地的房地产市场和经济。然而，人工智能可能允许聪明的土地所有者规避区划限制，城镇居民只能决定居住地、学校和教堂地区的工业和商业活动。

此外，城市和城镇的财政收入依靠地方条例。这一收入面临着来自人工智能发展的威胁。一位从未利用人工智能的企业家仅限于雇用两名员工来为她的家庭酿造业服务，这大大限制了产出和销量。如果她想雇用多于两名员工的话，就需要被划为商业用途的空间。但当同样的企业家可以利用人工智能工人之时，企业家就能够在家中开拓更大的产业，这并不会受到地方条例的限制。因为这同样属于在家中开展商业活动，其财产税将依旧按住宅利率计算，而不是按通常相对较高的商业利率。同样地，依靠停车费来获得收入的城镇和城市也会失去其收入的一部分，因为越来越多的人把他们的自动汽车送回家来让别人使用，而不是付钱让它们在停车场里闲置着。

为了证明地方条例有待改变，我追踪了工业机器人的历史，讨论了人工智能产业工人当前的发展，然后展示了公民领袖可能需要改变地方条例的原因。在这样做之前，必须对地方条例及其历史有更全面的了解。

一、 地方条例 ——它们能做什么？

尽管相关，但有关城市行为的市政条例和关于城市土地使用的区划条例是拥有不同历史与形式的法律。

93

（一）市政条例

在相互制约的法律清单中，市政条例的层级基本上是最低的。它们受限于美国宪法、联邦法律、条约、总统行政命令、州宪法和州法律。的确，市政府本身只有通过国家宪章或授权才能存在。[3]鉴于这种状况，许多人认为，城镇本质上是无权的，[4]因为它们没有合法的生存权，无法控制当地的资源，也不能管理当地领土。[5]而实际上，市政当局通常会作出重大的政策决定——安全、公共卫生、娱乐等——且没有有效的外部监督，因而具有很大的权力。[6]这种相互矛盾的权力——理论基础薄弱，实践上却强有力——反映了城市及其法律的历史进程。

中世纪时期的许多英国城镇都是由一群寻求外力保护的人组成的。[7]尤其是商家联合从而提高其经济实力。中世纪的人和房地产受到许多相互竞争的管辖，如贵族、国王、警长等。通过联合，一个新镇的商人可以与那些竞争力量谈判，并作为市政公司利用章程而获得某种程度上的自治权。因为商业企业也需要章程，而且几百年来英国法律对待公共机构(城市和城镇)与对待私营企业相同(像东印度茶叶公司这样的企业)。根据英国公司法，其允许市政当局制定规则和法律来管理镇内的活动，特别是商业活动。城市协会是市政府的管理委员会，保护工人免受剥削、规范劳动条件和价格、惩罚欺诈行为，并宣称该镇的利益与邻近竞争者的利益相对立。[8]

在几个世纪以来，这种模式一直没有面临巨大的挑战，因为它指明了通过政府当局的公司章程保护其自主权免受国王的侵犯。而这并不意味着国王没有进行过尝试。早在12世纪，国王宣称君主制可以撤销宪法，尽管没有取得太大的成功。直到17世纪末，君主制才获得了反对城镇独立的重大胜利——指称伦敦市实施了非法收费并发表了"恶意和煽动性的诽谤"，[9]国王赢得了一次庭审胜利，至少在短时期内建立了对城市王室的控制。我之所以称之为短时期，是因为光荣革命把斯图亚特王朝从王位上除名，这导致了伦敦案的逆转。这也确定了市政章程不受

94

皇权控制,但要受到议会控制。也保留了城镇没有真正的自主权的观点,而仅仅遵循中央政府的意愿。[10]

基于这些传统,美国殖民者就像中世纪的商人一样,首先创建了城镇,正如协会保护他们的共同利益。但是,市政公司并不普遍,因为在美国革命前,只有大约二十个的注册城市。部分原因是殖民地美国没有强有力的中央政府进行谈判或抗争,而国王和议会横跨大西洋,保护城市免受中央政府的束缚几乎没有必要。即使在18世纪后期发展起来的殖民地(后来的国家)政府,这些管理机构也是由城镇的代表组成的,他们受有保护城镇利益的指示。[11]

然而,随着美国革命后政治和法治开始越来越多地围绕州立法机关,各州在市镇上占主导地位,随意干涉城市的条例和事务。[12]而其中的一部分原因在于美国各州政府的成长方式,另一部分原因是英国观念中的中央政府对市政公司挥之不去的权力,发展中形成的传统法律理论决定了国家对政府享有完全的权力。[13]

许多国家对19世纪市政府范围和能力有限而担忧,它们修改宪法允许"地方自治"。[14]根据地方自治,国家宪法和立法机关赋予市政府更大的权力,以保护其免受国家侵犯。目前,根据市政府通过的条例来制定永久性的行为规则,[15]可以处理一系列广泛的问题,包括提供基本的公共服务,如教育[16]、使用街道和城镇公园[17]、办理市镇选举、商业交易、征税、收购新的不动产的程序[18]以及设立市法院。[19]

但这并不是说各国不会继续对市政府进行监督,关于地方财产税和学校资金的争议已经由州法院和州立法机构予以解决。[20]但总的来说,州立法机关以拒绝通过一些关乎地方重要事务的法令的方式来表示对市条例权威性的尊重。[21]

(二)区划条例

95

在20世纪初期,地方自治的发展和强有力的市政条例对区划条例的制定做出了贡献。区划条例旨在防止使用土地(生猪养殖、致污的工厂等)对邻近财产造成有害影响的地方性法规。一般而言,区划条例的立法原意是区分土地用途,避免不同用途土地之间的互相伤害。住宅被安排在镇的某个区域,商店在另一个区域,公共建筑亦是如此,而工业用地将被安排在某个遥远的角落。[22]

一些人错误地认为这是模拟城市的创新,但事实并非如此。相反,区划条例是对工业革命直接的回应,"19 世纪的主要创造力是导致了有史以来世界上最恶劣的人类环境"。[23]区划是基于霍华德·埃比尼泽的想法,他对工业化的伦敦之混乱感到震惊,并在 1898 年写了一本书——《明天:通往真正改革的和平之路》(Tomorrow: A Peaceful Path to Real Reform),尽管这本书在有影响力的书籍史上获得了最平淡无奇的头衔,但还是获得了相当的关注。霍华德的主要想法——把大部分城市人口重新安置到有足够空间的新城镇进而进行健康和有益的生活——在 20 世纪初,美国城市规划者对此并没有兴趣。然而,城市规划者们欣赏他的主要观点中体现的如下原则:

1. 用途分离;

2. 保护独户式住宅;

3. 低层发展;

4. 中等密度的人群。[24]

尽管这些原则的适用偏向于中小城镇,但美国的大型城市却第一批实行了土地区划管制。洛杉矶在 1909 年制定了一个区划条例,将产业限制在指定地区,远离住宅区。纽约市在 1916 年制定了第一个综合区划条例,不仅分离用途,而且限制建筑物的高度和体积。这个计划一方面是为了应对高层摩天大楼(影响许多居民区的光线和空气)的恣意发展,另一方面是因为服装制造商已经开始搬入位于第五大道商店附近的区域。商人认为这种流氓方式对其生意造成了消极影响。而市领导确信,区划对于一个大都市而言是必不可少的。[25]

96　　在纽约通过法令之后,区划迅速蔓延。假设区划足以使纽约市变得更加美好,让肮脏的工厂不再破坏城市的美好环境足以使美国乡村获得宜人的感受,特别是美国商业部在 1922 年通过了《国家授权标准法》

后，各州更容易批准城镇实施区划条例，并指导这些条例的运行。[26]到1926年，共计总人口数为2 700万的420个美国城市被分区。除五个州以外，所有州都通过了区划授权立法。[27]

然而，在20世纪20年代中期，州法院开始宣布区划条例违宪。[28]问题在于财产权：一个城镇是否有权限制业主使用其财产？当然，这恰恰是分区的功能。城镇的业主坦言："我们已经决定，你的财产位于我们只用于住宅用途的地区。我们不在乎你是否希望把它作为一个小工厂来使用。"只有在条例通过或修改前已经使用过其财产的业主才能继续以不被允许的方式使用土地，这就是所谓的"祖父权利"。如果一个想成为零件制造商的人在条例通过的前一年就开了工厂，而不是在一年之后，他并不会受到波及。

许多人(尤其是房地产开发商)认为，禁止财产所有权人处置其财产违反了第十四修正案第1条的规定，属于在没有正当的法律程序的情况下剥夺所有权人的自由和财产。[29]这个观点在1926年最高法院的欧几里得诉安布勒地产公司案(Village of Euclid v. Ambler Realty Co.)中予以证实，该案明确指出，区划条例是合宪的，尽管具体条款可能会变得"任意和不合理"。[30]欧几里得镇的一个房地产公司拥有68英亩的土地用于工业开发，然而欧几里得镇在此之前通过了一个区划条例，基本上只允许土地的住宅用途，这样导致了房屋的价值从每英亩10 000美元下降到2 500美元。安布勒地产宣称其价值损失是违宪的：通过该条例，村庄从安布勒获得了每英亩7 500美元的价值，但未对其进行赔偿。[31]

然而，最高法院拒绝安布勒的观点，坚持支持欧几里得镇的区划条例。在这种情况下，它指出，该镇正在行使警力将工商企业与居民区分开。区划条例可能对镇域进行总体规划，从而提升社区的健康与安全。[32]

根据该判决，城镇几乎普遍采用了区划条例。到20世纪末，美国有97%的城市适用该种条例。[33]虽然较小的社区经常使用相当简单的条例(有时只使用一个或两个区划来规范整个城镇)，但许多市政当局已经制定了日益复杂的区划条例，以便对社区发展方式做出完美的规划。区

97

划条例仍然将工业和商业用途与住宅用途区分开,以及某些类型的住宅用途,例如大型单户住宅的公寓楼,[34] 但也经常以非常详细的方式使用。在欧几里得案期间,区划条例可能会列出相当具体的许可用途;事实上,欧几里得镇的条例规定了"汽油和油(不超过 1 000 加仑)"、"疗养院"、"稳定的马车棚(不超过 5 辆马车、货车或机动车)"等许可用途。[35]

但是,今天的城镇,甚至小城镇,比八十年前更有可能解决这样的问题:

- 家庭企业,也就是在某人的家中经营的企业或专业办公室;
- 任何商业或工业空间所需的泊车量;
- 允许任何新工业发展的月度车辆出行;
- 商业发展所需的装载空间和垃圾箱空间。

这些规定与其他市政规定相互重复,但适用于区划,因为它们影响着土地的使用,并解决附近业主可能提出的问题。"禽舍工厂每个星期都会带来几百辆卡车光顾我的生意吗?""运货卡车会在新餐厅前停下一个小时,这是否影响了我的商店的客流量?""现在有多少人会因弗兰克专业设计汽车而选择在他的车库工作?"

还有一些共同的区划条例规定,要求对电信信号塔进行特别审查以及在含水层区域内进行专门的区域规划,或者为了促进特定用途(如体育场或剧院)的特殊区域规划。但是,大多数人固有的假设是:使用土地的是人类。随着财产的使用者由人类转变为人工智能,同时不需要人类当场进行财产的决策时,情况就不可同日而语了。

二、 工业机器人和人工智能工业工人

没有比工业人工智能更为真实的了。在工业革命之后,最初促使制定区划条例的工业部门引入人工智能来作为削减成本的途径,但会无意中破坏许多现有的市政和区划条例。在讨论之前,让我们先来看看机器

人和人工智能在工业生产中的发展。

（一）工业机器人的概念

一般来说，"工业机器人"是一种自动控制的，可重复编程的多功能机器，它能以固定或移动的方式应用于工业设备。[36]工业机器人的主要应用是：

1. 加工(机器人操纵工具)；

2. 材料处理(配备抓手的机器人处理产品组件)；

3. 装配(机器人通过插入将产品组件放在一起)；

4. 测试/处理(机器人以各种方式进行现货或来料的质检)。[37]

毫无疑问，这些都是人工智能欲将最快影响的工业活动领域。

"自动工具"(automatic tool)的概念深深扎根于西方文明之中。早在公元前 322 年，亚里士多德写道："如果每一件工具被安排好或是自然而然地做那些适合于它们的工作，那么就没必要再有工人师傅的学徒或主人的奴隶了。" 1495 年，达芬奇设计出一种外观如同装甲骑士的机械装置，它拥有内部机制并可以像真人一样的移动。[38]"机器人"一词是在 1921 年由捷克剧作家卡雷尔·卡佩克(Karel Capek)创立的，他以斯拉夫术语 robota 为基础，意指单调劳动或奴役劳动，他的作品罗瑟姆通用机器人(R.U.R)以工人机器人替从事工作为特点。[39]艾萨克·阿西莫夫对关于机器人的奇怪想法并不陌生，他在 1941 年预测认为：一个强劲的机器人产业将得以发展。[40]

（二）工业机器人的早期发展

事实上，机器人成为一个产业的时间并不长。真实的工业机器人于 1961 年开始出现在制造工厂，当时尤尼梅公司在位于新泽西州特伦顿的通用汽车公司的泰恩斯特工厂安装了第一台工业机器人——一个液压臂。机器人要按照磁鼓上一步步的程序完成工厂工人厌恶[41]的堆放热的压铸金属[42]工作。

尤尼梅公司是由被后人誉为"机器人之父"的约瑟夫·恩格尔伯格(Joseph Engelberger)成立的。因对科幻小说和机器人的迷恋，恩格尔伯格在哥伦比亚大学攻读物理学,并成为了一位航空工业的工程师。 1956年,一次偶然的机会让他在鸡尾酒会上遇见了乔治·德沃尔(George Devol Jr.)。[43]两年前,德沃尔就提交了"可编程物件移动装置"的专利申请,这使得一个通用自动操作机器人成为可能。[44]恩格尔伯格将德沃尔的专利投入应用,创造了尤尼梅公司。 1961年,第一台机器人亏本出售,在之后的许多年间,尤尼梅公司一直没有盈利。但公司最终却取得了令人难以置信的成功,1983年的销售额直达7 000万美元。[45]

这样的销售额是可以理解的,因为在1961年到1983年之间,工业制造业开始拥抱机器人,而有时甚至是以令人惊讶的方式。缓慢占据汽车工厂的机械臂形象镌刻在了民间历史之中,那么手推车呢? 1964年,挪威劳动力短缺的状况促使独轮车制造商特拉发公司开发出了可以喷涂手推车的机器人。[46]特拉发公司喷漆部门的工作条件糟糕(比如有烟雾等),导致其招聘困难。特拉发公司开发的喷漆机器人可以连续行动并且易于编程。虽然特拉发公司打算将其用于内部生产手推车,但因设计非常成功,公司便开始向其他制造商销售机器人。[47]

在今天看来,尤尼梅公司在1961年生产的用来为其液压臂提供方向的磁鼓似乎已经过时了,这正如对比黑胶唱片和iPod。同样地,也不可能让机器人完全依靠液压动力来完成其在今天做的大部分工业工作。1971年,辛辛那提·米拉克龙公司开始推广"明天工具"(The Tomorrow Tool,命名为"T3"),[48]工业机器人的设计开始向现代计算机发展。这是第一台由电脑控制的工业机器人。[49]1974年,瑞典的阿西亚集团,即后来的艾波比集团公司,[50]推出了第一台微机控制电动机器人IRB 6,该机器人专为工业磨削而设计。[51]然而,事实证明这是一个适应性很强的设计,德国的马格努森公司成为了第一个采购商,将该项成果用于钢管打蜡和抛光。[52]马格努森公司雇有二十名员工。而使用了IRB 6技术后,马格努森公司成为了全球第一家每周7天,每天24小时经营无人操作工厂的制造商之一。[53]

在此期间,喷漆和焊接机器人成为了最常见的工业机器人。 1976

年，英国农业机械制造商兰塞姆(Ransome)、西姆斯(Sims)和杰弗里斯
(Jeffries)修改了特拉发公司的喷漆设计，将它用于电弧焊接。[54]适用于点焊
的尤尼梅公司的机器人，为工业环境中的涂装和焊接机器人的发展做出了
贡献。[55]1969年，通用汽车公司开始购买尤尼梅公司的焊接机器人。[56]

通用汽车公司与尤尼梅公司的关系促进了美国机器人市场的发展。
与工业制造区密切联系的"标准臂"设计(长而灵活的手臂向后翻转抓
住引擎盖，然后向前翻转，将其安装在汽车上)起源于斯坦福研究所的
一个项目。斯坦福研究所曾进行过关于Siri和达芬奇外科手术机器人系
统的研究。1977年，尤尼梅公司在通用公司的支持下购买了标准臂设
计。[57]1978年，该公司发布了Puma(可编程通用装配操作手)，[58]成为手
术机器人发展中里程碑式的设计。[59]Puma最终在汽车工厂中赢得广泛
认可。[60]

(三) 机器人工厂的世界性传播

虽然工业机器人最初的发展大部分出现在美国，但日本更加渴望在
制造业方面应用机器人。1980年，日本成为制造业机器人的主要用
户。在1978年到1990年间，日本工业机器人产量增长了二十五倍。在
1984年到1990年间，由于公司的相互间吞噬，全球工业经历了一个大
的整合期。部分原因在于日本工业机器人市场利润丰厚，只有少数非日
本企业能够幸存下来。[61]1995年，日本机器人市场占据了世界市场70%
的份额。[62]

但是，某些欧洲制造商在该领域也占据了主导地位。在2005年，
世界最大的两家机器人制造商都来自日本，紧随其后的两家来自欧
洲。[63]其中之一就是已经确立了市场支配地位的艾波比集团，该公司的
战略收购是促使它占据这一地位的部分原因。1985年，它收购了特拉
发。1990年，它收购了辛辛那提·米拉克龙的机器人部门，[64]而该公司
是20世纪80年代美国最大的机器人制造商之一，占据着美国32%的市
场份额。[65]随着欧洲工厂中机器人数量的增加，欧洲工业机器人的产量
也在增长。在过去的几年中，欧洲工业机器人的库存量基本上与日本的

101

数量相当，而美国使用的数量还不及一半。[66]

工业机器人在生产中的应用剧增。1973 年，有 3 000 台机器人用于工业生产；到 2011 年达到 110 万台。[67]1961 年，通用汽车公司工厂安装的液压制图机可以执行一个功能：堆叠热压铸金属件。五十年后，工业机器人能够焊接、涂漆、搬运和组装元件。应用于工业清洁室、加工产品、研磨、打蜡和执行许多其他的任务。[68]成本的降低是工业生产中机器人数量扩张的推动力。在日本，从 1970 年到 1985 年，当日本的工业部门接受机器人时，劳动力成本增加了 300%，机器人的价格却下降了近 50%。在 20 世纪 90 年代中期，全球工资涨幅高于机器人价格。这一趋势一直在持续。[69]从 1990 年到 2005 年，在不考虑劳动力成本的情况下，工业机器人的成本下降了 46%，但若考虑到劳动力成本的上涨，成本则下降了 90%。[70]

（四）人工智能工业机器人

没有理由相信这些数据会突然开始逆转，特别是当许多工业化国家的人口老龄化使得招聘工人变得困难时，即便并不介意给工人支付报酬。相反，潜在雇主将会在上下游产业链中继续寻找技术从而减少对高价工人的依赖。现在正在使用或开发的人工智能工业工人正是这样做的。(顺便说一句，就本节而言，"工业机器人"一词指的是在制造业中工作的机器人，也包括那些在"主要"产业收集自然资源，来为在生产中提供关于人工智能广泛的视角。)

例如，考虑以下正探索应用人工智能或已经开始使用人工智能工业机器人的领域和功能：

● **农业**：鉴于机器人和人口老龄化的关系，日本公司和研究人员已经开始着手研究如何将人工智能引入如同农田播种和收割这样的劳动密集型工作中。日本的国家农业研究中心开发了一种能够在稻田中自主移动的水稻播种机器人。[71]它使用全球定位系统来绘制场地，然后基于全球定位系统数据利用计算机编制种植路径，以便通过易破坏且难走的场地。[72]此外，宫崎大学和京都大学的研究人员正在开发草莓自主收割

102

机。目前的雏形是以草莓生长在装有轨道的种植床上为特色。人工智能工业机器人在轨道上移动，并使用传感器来确定个别浆果是否成熟。如果成熟的话，人工智能机器人将利用轻微的吸力将它们转移到传送带或篮子中。到目前为止，人工智能机器人的速度还没有人类工作者那么快（尽管它们每天能工作 24 小时），这种复杂的机制也并未受到草莓种植者的欢迎。但是农民也承认，有一天他们可能需要这样的系统。[73]

　　在相关技术方面，麻省理工学院开发了一种完全由小型机器人管理的番茄实验温室。每个厂房都由传感器进行监控。如果厂房被传感器识别为干燥，则由机器人进行水分补给。当一个番茄被认定为成熟时，机器人就能够将其定位在藤上并用机械臂来采摘它。[74]在这个被称为分布式机器人花园的温室项目中，机器人的长期目标除了采摘和浇灌植物之外，还包括除草和清理（剪掉枯叶）。[75]假设研究人员能够开发有效识别和清除枯叶的人工智能机器人的话，这些机器人将比大多数在公寓中种植植物的人更加精于园艺。

　　● **采矿**：熟练劳动力的短缺和金属矿石的可及性已经驱使采矿业拥抱人工智能。面积大且容易获得的矿床几近消失。采矿公司正在更深程度地挖掘地球，来寻找过去相对接近于地表的资源。在某些情况下，采矿井在地下延伸了 700 多层楼那么高。[76]2008 年，英澳矿业公司力拓建立了一个拥有自主钻机平台和自主拖车的"原型矿山"。2011 年，该公司购买了 150 辆自动卡车，让人工智能用来学习排雷布局，识别潜在障碍并检测其他车辆，防止事故的发生。人工智能使用全球定位系统来计算采矿最有效的路径，减少行驶和燃料消耗。[77]

　　● **处理零部件**：基瓦系统（Kiva Systems）制造了一个机器人——"魔术架"（Magic Shelf），可以自动操纵仓库，找到必要的组件或产品，并将它们带到适当的加工区域。像捷步、亚马逊和史泰博这样的公司已经使用人工智能工作人员的车队，这个车队就像一个巨大的橙色的智能吸尘器可以在大型的仓库内处理在线订单。[78]亚马逊认为，人工智能是一个重要的节省成本的设备，因此它在 2012 年以 7.75 亿美元的价格收购了基

103

瓦，以减少劳动力开支，即使在扩大其仓库订单中心的数量。[79]尽管基瓦的机器人主要用于零售仓库，但公司相信人工智能可以用于工业环境中的组件分销。[80]制造商开始注意到未来几年自主技术将会被应用的趋势，例如最著名的生产苹果手机的制造公司——富士康，它已经停止了工厂的招聘工作。[81]

● **工厂的一般性工作**：再思考一下，专门用于在工业部门中作业的一般人工智能机器人，巴克斯特(Baxter)。它是一个类似于人类的人工智能，拥有一个声呐系统(用来探测周围的人和物体)，以及用于观察工作区的五台摄像机，还有用于装配线和其他工厂工作的两个手臂和两只手。它被设计为用螺栓固定在工作平台上，尽管它的轮子可以在工厂地板上移动，但它不能自行移动。它甚至没有配备无线网络，因为大多数工厂都没有。同样，由于工厂声音嘈杂，它也无法识别语音命令。[82]然而，它可以被训练——只要抓住它的手腕，并展示你想要做的事情。巴克斯特是个好学生，甚至可以从某个醉酒的教练那里学习。[83]最重要的是，它被设计成一个机器人平台，实质可以支持应用程序。巴克斯特的开发人员希望它能成为机器人苹果手机，程序员可以创建各种应用程序来实现工业功能(以及许多其他功能，比如调酒师，可能服务于巴克斯特的醉酒教练)，这样可以扩大巴克斯特在工厂的职责范围。[84]

104 　　上述的人工智能只是目前正在开发的小样本。人工智能工业机器人将超越这些发展，从事其他工业工作，并逐渐减少制造业对人类工人的依赖。

三、 人工智能产业机器人的引进
(及其他形式的人工智能)如何影响地方条例

　　人工智能工业机器人，人工智能农场工人和其他形式的人工智能将进入城镇和城市，并与市政条例和区划条例相互作用，而这些都是市政当局制定这些法律时预料不到的。那些试图影响众多群体的法律将面向较少的人群。那些试图保护乡村魅力的条例将具有讽刺意味地引入更多的机器和工业。

然而，与州和联邦政府相比，城镇和城市更适合规范人工智能，使其像人一样作出决策并为商业区找到正确的行进方向。城市所面临的人工智能问题，不像更高层次的政府面临的问题那么抽象。市政当局不需要决定机器人是否需要承担责任，也不必决定分配机器的人员等级。市政当局必须像人处理易于理解的情况一样对待人工智能：自动汽车可以在哪儿停车，哪些地方应该向人工智能工业机器人开放等等。下面是一些具体情况的例子，其中人工智能以各种方式来挑战普通的市政和区划条例。

由于自动汽车的使用量增加，而市区内的停车场相对较少，汽车纷纷离开车主自行回家。这导致了市政收入的损失。例如，2012 年印第安纳波利斯从停车收费中获得了 530 万美元的收入。[85] 波士顿在 2012 财政年度从停车罚款中收取了 6 220 万美元。[86] 在 2011 财政年度，停车罚款收入为华盛顿特区的城市收入贡献了 260 万美元。[87] 洛杉矶每年依靠停车记时收费获取约 2 100 万美元，停车罚款收取 1.2 亿美元。[88] 虽然较小的城镇从停车费中收取的费用较少，但这对它们来说也同样重要。[89]

● 人工智能农业工人的进步允许在农村和郊区的小农场采用自动化技术，包括田间的机器人轨道和机队工作。这违背了区划条例鼓励农业用途的原意。普遍的是，城镇希望这些条款用于保护风景秀丽的乡村景色或创造更多令人赏心悦目的景观。

● 人工智能工业机器人巴克斯特和科瓦的魔术架允许小型电子制造商在很有限的空间内运行一个噪音小且完整的编程和组装工厂。这两位所有者，同时也都是唯一的雇员，希望将公司置于历史悠久的中等规模区域城市的市中心，当时该市决定鼓励市中心购物场所的发展，因此为了零售用途这个城市被重新规划。每周只会有一次组装和编程组件的运输，且每周只有一次成品电子产品的水运。生产的过程相当安静，对市中心的建筑而言更是如此。市领导希望吸引类似的小型制造商，也希望

105

因此而获得税收收入。但是,根据区划条例的规定,商业区禁止加工制造。即使生产制造在该区域是允许的,该条例也要求制造工厂的停车位数高于两位所有者的实际需求。

人工智能工业工人科瓦和基瓦的魔术架也允许一个大型制造商所有者在其郊区分部经营汽车零部件厂。在人工智能的帮助下,所有者已经能够将自己在中等工业空间可容纳十名员工的经营规模缩小到仅需他自己在地下室。他恰当地指出,其所在城市的区划条例中"家庭办公"的规定,允许居民在其居住外经营企业,如果该业务满足如下条件:没有顾客或客户访问;不接受定期交货;不配备专业车辆或外部设备;不在商店向公众出售商品;只雇用居住在家中的人,并且不展示任何外部商业标志。[90]尽管汽车零部件的制造会产生大量噪音打扰到邻居,但该用途在住宅区是被允许的,因为它符合"家庭企业"的定义,即该定义原本为了那些在家中经营小型专业服务企业的房主。该镇没有噪音条例。

● 一名工程专业的大学生将其高级项目——一个用于农场的人工智能挤奶机——重新编程为一名人工智能性工作者。(通俗小说喜欢幻想人工智能性伴侣会像裘德·洛(Jade Law)那样具有吸引力和互动性。实际上,他们可能与霍华德·沃洛维茨(Howard Wolowitz)在《生活大爆炸》(The Big Bang theory)中使用的国际空间站机器人手臂类似。他将自己的设计卖给了附近的一家成人娱乐用品店。根据区划条例,该商店得到了许可,允许"出售色情服务,包括设计或使用与'性行为'有关的工具、设备或用具,等等"。[91]店主坚称,人工智能性工作者符合该条款的规定,且在其商店中是被允许的。市议会认为,这与城市法令禁止的卖淫更为接近。

四、 怎样修改条例以纳入人工智能

上面描述的情况仅仅是举例,但是它们体现了市政当局将会普遍面对的问题。与停车相关的税收收入将会下降。精心制定区划条例来确保其个性特点（identity）的城镇会发现，人工智能可以限制条例的效力。人工智能将使制造商更容易进入非工业区且不会对邻居造成打扰，但现有的许多条例将会使制造商难以做到这一点。具有讽刺意味的是，非居民用途发生在居民区将会变得更加容易，这令邻居感到困扰。人们可以将人工智能用于成人娱乐，但如果成人娱乐是与另一个人在一起进行的话，将是非法的。市政府应该采取的战略是将人工智能行为纳入当地条例规定的人类行为中，在某些情况下赋予人工智能权利和义务。

例如，停车记时器和罚款确定了人停车的位置和时间。城市和乡镇应该修改条例，以应对自动汽车的行为。为了弥补停车收入的损失，市政当局可能不得不考虑一种与纽约市市长迈克尔·布隆伯格(Michael Bloomberg)在 2007 年所建议的拥堵通行费类似的收费。该计划要求城市的通行费取决于一天中的时间，这与伦敦自 2003 年以来的情况类似。当通往城市的道路拥堵时，通行费将会提高。在周末和不工作的时间里，通行费将会减少。[92] 在注意到自动汽车数量大幅增加和停车收入相应减少的城市，可以实施类似的系统，评估在一天中某些时段进入市中心或商业区的车辆的通行费，这些时段在目前可能受停车收费表的支配。城镇和城市可以通过"易通行"(EZ-PASS)系统或类似的设备来收取通行费。

市政当局必须仔细计算收费。他们不能用一对一收费取代停车费收入，因为停车费收入包括城市和城镇从逾期逗留或未付费的车辆中收取的罚款。市政当局必须计算罚款收入损失以及停车记时器收入损失。另外，关键是不要对居住在市中心或商业区的居民收费，理想的情况是居民的车辆将获得豁免。

同样，现在的条例规定了人们如何使用土地来保护景区或农村地区，但是市政当局应考虑监督人工智能农业劳动者的发展。在某个特定的时刻，他们可能会考虑指示人工智能如何利用土地来保护景区和农村地区。跟踪纵横交错的农田是否可以接受？机器人是否可以每天 24 小

107

时经营农场? 市政当局是否应该限制人工智能农业工人的规模? 这些是人工智能农场工人能够严重影响田园城镇的乡村特色或城市景观的元素。

此外,许多区划条例并没有涉及零售领域的制造和工业用途。如果有 50 个人在操纵机器,人工智能将使得制造工艺变得美好可行,因为只有少数人(如果有的话)需要完成相同的工作。"更多的人"等同于这些人更多地使用财产,增加了打扰邻居的可能性。这是条例试图限制彼此相邻而用途不同的原因之一,如商业、制造业等。

当人工智能机器人进入更多的工厂,市政当局应考虑修改商业、零售和市中心区已经允许的用途,来许可一些制造业,这取决于人工智能所做的事。无论人们如何使用占有的财产,安静的人工智能都不应该产生噪音、气味或者其他负外部性(negative externalities)。这将使市中心和其他商业区更具灵活性,进而成为经济引擎。

以这种方式重新思考市中心,它与 20 世纪后期许多以前的新英格兰小镇在本地制造商关闭工厂之后的行为类似。这些城镇在 19 世纪经常成为公司所有的计划社区。工厂在经济、地理位置和建筑方面都是社区的中心。当工厂关闭时,周围的城镇需要重新修缮。[93]许多城镇修改了区划条例,允许前工业建筑的商业和住宅用途,以鼓励本质上位于市中心建筑物的经济增长。[94]

例如,新罕布什尔州的曼彻斯特,是 1830 年由阿莫斯凯格制造公司创立的,当时它在梅里马克河(Merrimack River)沿岸建立了一家纺织工厂。[95]到 20 世纪初,曼彻斯特庞大的阿莫斯凯格工厂是世界上最大的制造商,曼彻斯特有 7.5 万名居民。[96]但是,来自南方国家和其他国家的工厂的压力加剧了大萧条,迫使阿莫斯凯格在 1935 年圣诞节前夕关闭。[97]尽管公民领袖曾有一段时间在向其他制造商推广工厂建筑时获得一些成功,[98]但在 20 世纪末,当曼彻斯特将工厂建筑物改划为混合使用,允许阿莫斯凯格旧址的办公室设立学校、商店和餐馆时,曼彻斯特成为了更大的经济力量。[99]曼彻斯特的经验并不是独一无二的。[100]具

108

有讽刺意味的是，现在城市和乡镇应该考虑从商业到制造业的逆向分区，以确保其中心地区对人工智能开放，并保持或成为经济增长的驱动力。

另一方面，市政领导们则希望保护家庭免受不合适的经济活动影响，比如将某人的地下室用作令人厌恶的工业用途。随着人工智能越来越普遍，城镇应该重新审视其条例，以确保家庭职业管理部门处理人工智能及房主在财产上的行为。房主可以被授权在家中开展业务，但只限于在不干扰邻居的前提下。公允地说，目前城镇和城市大多数的区划条例都有条文力求将邻里的特性纳入进来一并考虑，或者要求任何家庭职业都是非干扰性的。但是根据人工智能的发展情况，对这些部分的审查将有助于城镇规范人工智能在住宅小区和居民区的行为。

在某些情况下，城镇和城市可能会决定采用与管理人类行为完全相同的方式来对待人工智能行为。性机器人就是一个例子。我认为很多城市领导人不会喜欢这样的城市条例：禁止人类卖淫，但允许人工智能如此(即使没有人会认为卖淫对人工智能有危害)，因为犯罪的增加和其他继发效应与成人娱乐业有关。[101]虽然最高法院已经裁定认为，市政府不能完全禁止成人娱乐场所，因为第一修正案提供了言论自由保护，[102]但市政府修改市政条例而禁止人工智能成为性工作者的成功性可能更高，这是因为其继发效应与传统卖淫有关，而且如果妓女卖淫不享有第一修正案规定的权益，那么人工智能当然不会有。但是，市政当局应该意识到，根据具体情况，获取确信可能比成功执行区划条例更为困难，尤其是规范成人娱乐业的财产使用，因为在建筑物中隐藏商店比隐藏个人的活动更为困难。[103]

109

五、 行政委员会之前的人工智能

解决本章中提出的潜在问题并不是一个不可能的挑战。在很多情况下，这些问题对于城镇和城市来说甚至都不是特别困难的事。在某种程度上，市政府比国家和联邦政府更适合处理人工智能带来的法律问题。市政府管理个别的和当地的问题：公共教育、街道、城市公园、下水道等。城市将不需要像国家那样确定与人工智能相联系的责任总体规则及用户责任；城镇将不必像联邦政府那样去忙于人工智能将如何改变知识产权和国际法。这个角色与市政和区划条例的历史发展是一致的，这些工具应该足以应对人工智能。像州和国家领导人一样，城镇和城市的领导人需要记住，修改条例来处理人工智能问题之时，其条例必须更像对待人类那样对待人工智能。

虽然市政府通常比州政府或联邦政府有更多管理决策，但它们都会相交的一个领域是人工智能担任执法人员。市警察部门将必须意识到第四修正案如何限制他们使用人工智能监视无人机，但各州、联邦政府和法院系统将提供投入和指导。我将在下一章中对该问题进行探讨。

注释

1. John Markoff, "Skilled Work Without the Worker," New York Times, August 18, 2012, http://www. nytimes. com/2012/08/19/business/new-wave-of-adept-robots-is-changing-global-industry.html?pagewanted:all&c_r=0.

2. Village of Euclid v. Ambler Realty Co., 272 U.S. 365(1926).

3. Hunter v. City of Pittsburgh, 207 U.S. 161,178(1907); Harvey Walker, Federal Limitations upon Municipal Ordinance Making Power(Columbus: Ohio State University Press, 1929), 2—3.

4. Gerald E.Frug, "The City as a Legal Concept," Harvard Law Review 93:6 (April 1980): 1059.

5. Richard Briffault, "Our Localism: Part. I—The Structure of Local Government Law," Columbia Law Review 90:1(January 1990): 111—112.

6. Briffault, 112.

7. Walker, 4.

8. Walker, 4; Frug, 1083—1084.

9. Frug, 1092, n. 135 Jennifer Levin 的 The Charter Controversy in the City of London, 1660—1688, and Its Consequences 对于该法律争端有全面的讨论。

10. Frug, 1090—1095.

11. Ibid.

12. Lynn A. Baker and Daniel B. Rodriguez, "Constitutional Home Rule and Judicial Scrutiny, *Denver University Law Review* 86:5(2009):1340, n. 19.

13. See Frug,1105—1109; Briffault, 6—8.

14. Baker and Rodriguez, 1340.

15. Walker, 12.

16. Brrffault, 19.

17. See Walker, 12.

18. Baker 与 Rodriguez, 1409。

19. Ibid., 1410.

20. Briffault, 18—39.

21. Ibid., 17—18.

22. Jesse Dukeminier and James E. Krier, *Property*, 5th ed.(New York: Aspen Publishers, 2002), 952.

23. Lewis Mumford, *The City in History: Its Origins, Its Transformations, and Its Prospects*(New York: Harcourt, Brace & World, 1961), 433.

24. Dukeminier and Krier, 952—953.

25. Ibid., 958.

26. Ibid., 959.

27. Brief of Alfred Bettman, *Amici Curiae*, On behalf of the National Conference on City Planning, the National Housing Association, and the Massachusetts Federation of Town Planning Boards, *Village of Euclid v. Ambler Realty Co.* 272 U.S. 365(1092) , 5.

28. Dukeminier 与 Krier, 959。

29. See Joseph Gordon Hylton, "Prelude to Euclid: The United States Supreme Court and the Constitutionality of Land Use Regulation, 1900—1920." *Washington University Journal of Law and Policy* 3(2000):1—37; Dukeminier 与 Krier, 959。

30. See Village of Euclid, 272 US. at 386, 395.

31. *Village of Euclid*, 272U.S. at 384.

32. Ibid., 391.

33. Robert C. Ellickson, "Alternatives to Zoning: Covenants, Nuisance Rules, and Fines as Land Use Controls," *University of Chicago Law Review* 40 : 4(Summer 1973): 692.

34. 虽然这与我在此处对区划条例的简短讨论无关，但值得注意的是，分区的批评者指出，它促进财富的不公平分配以及经济和种族隔离。有很多证据支持这一说法。低收入和少数族裔群体攻击了排他性的分区做法——最小生产批量，禁止流动或制造房屋等——在法庭上与每个市政府为促进公共健康，安全和一般福利所承担的义务相违背。这种攻击取得了一些成功。进一步讨论参见 Southern Burlington County NAACP v. Township of Mount Laurel, 67 N.J. 151(1975) 及 Southern Burlington Country NAACP v. township of Mount Laurel, 92 N.J. 158 (1983)。

35. Village of Euclid, 272 U.S. at 380.

36. Ohanna Wallén, "The History of the Industrial Robot," *Technical Report from Automatic Control at Linköping Universitet*, Report No. LiTHISY-R-2853, May 8, 2008, http://www.control.isy.liu.se/research/reports/2008/2853.pdf, 5.

37. Kristina Dahlin, "Diffusion and Industrial Dynamics in the Robot Industry," in Bo Carlsson, ed., *Technological Systems and Economic Performance: The Case of Factory Automation*(Norwell, MA: Kluwer Academic Press, 1995), 326.

38. Karl Mathia, *Robotics for electronics manufacturing*(Cambridge: Cambridge University Press, 2010), 1.

39. Wallén, "The History of the Industrial Robot," 3.

40. Mathia, 1.

41. Wesley L. Stone, "The History of Robotics," in Thomas R. Kurfees, ed., *Robotics and Automation Handbook*(Boca Raton, FL: CRC Press, 2005), 1—5.

42. International Federation of Robotics, *History of Industrial Robots*(brochure, 2012), http://www.ifr.org/uploads/media/History_of_Industrial_Robots_online_brochure_by_IFR_2012.pdf.

43. Stone, "The History of Robotics," 1-4-1-5.

44. George C. Devol, 1961, Program Article Transfer, U.S. Patent 2, 988, 237, filed December 10, 1954 and issued June 13, 1961.

45. Stone, "The History of Robotics," 1—5.

46. Ibid., 1—7.

47. Wallén, "The History of the Industrial Robot," 10.

48. Mathia, 3.

49. Lisa Nocks, *The Robot: The Life Story of A Technology*(Westport, CT: Greenwood Press, 2007), 69.

50. Mathia, 3.

51. International Federation of Robotics, *History of Industrial Robots*; Mathia, 3.

52. International Federation of Robotics, *History of Industrial Robots*.

53. Wallén, "The History of the Industrial Robot," 11.

54. Stone, "The History of Robotics," 1—7.

55. Dahlin, 330.

56. Stone, " The History of Robotics," 10.

57. Ibid., 1—7.

58. Mathia, 3.

59. 详见第二章。

60. Nocks, 69.

61. Mathia, 3—5.

62. Dahlin, 323.

63. Mathia, 4—5.

64. Wallén, "The History of the Industrial Robot," 10—11.

65. Susan W. Sanderson and Brian J. L. Berry, "Robotics and Regional Development," in John Rees, ed., Technology, Regions, and Policy (Totowa, NJ: Rowman & Littlefield, 1986), 173.

66. Mathia, 6.

67. International Federation of Robotics, History of the Industrial Robot.

68. Dahlan, 329 ; Mathia, 5; International Federation of Robotics, History of the Industrial Robot.

69. Dahlin, 325—226.

70. Mathia, 7.

71. "Fields of Automation," The Economist, December 10, 2009, http://www.economist.com/node/15048711.

72. Yoshisada Nagasaka, et al., "High-Precision Autonomous Operation Using an Unmanned Rice Transplanter," in K. Toriyama, K. L. Heong, and B. Hardy, eds., Rice is Life: Scientific Perspectives for the 21 Century—Proceedings of the World Rice Research Conference, Tsukuba, Japan [CD-ROM], 235—237.

73. "Fields of Automation," The Economist, December 10, 2009.

74. Ibid.

75. "Robotic Platform," The Distributed Robotics Garden, Massachusetts Institute of Technology, people.csail.mit.eda/nikolaus/drg/index.php!robots.

76. Julie Gordon, "Miners Take 'Rail-Veyors' and Robots to Automated Future," Reuters, October 28, 2012, http://www. reuters. com/article/2012/10/28/us-mining-technology-idUSBRE89R06C20121028.

77. Emma Bastian, "There's No Canary in These Mines," features, robotics, technology(blog), Science illustrated, April 3, 2012, http://www. scienceillustrated.com/ati/blodfeatures/theres-no-canary-in-these-mines.

78. Alexis Madrigal, "Autonomous Robots Invade Retail Warehouses," Wired, January 27, 2009, http://www.wired.com/wiredscience/2009/01/retailrobots/.

79. Evelyn M. Rusli, "Amazon. com to Acquire Manufacturer of Robotics," DealBook(blog), New York Times, March 19, 2012, dealbook.nytimes.com. 2012/03/19/amazon-com/buys-kiva-systems-for-775-million/.

80. "Industries Page," Kiva Systems, http://www.kivasystems.com/industries/.

81. Mao Jing, "Foxconn Halts Recruitment as They Look to Automated Robots," China Daily USA, February 20, 2013, http://usa.chinadaily.com/cn/ business/2013-02/20/ content_16240755.htm.

82. Gregory T.Huang, "Rod Brooks and Rethink Reveal an Industrial Robot for the Masses," Xconomy, September 18, 2012, http://www.xconomy.com/boston/2012/09/ 18/rod-brooks-and-rethink-reveal-an-industrial-robot-for-the-masses.

83. Christopher Mims, "How Robots Are Eating the Last of America's-and the World's-Traditional Manufacturing Jobs," Quartz, February 15, 2013, http://qz. com/ 53710/robots-are-eating-manufacturing-jobs/.

84. Huang, "Rod Brooks and Rethink Reveal an Industrial Robot for the Masses."

85. Dan Human, "City Reports Rise in Parking Meter Profit, Revenue," Indianapolis Business Journal, February 21, 2013, http://www. ibj. com/city-reports-rise-in-parking-meter-profit-revenue/PARAMS/articIe/39741.

86. Jon Halpern, "Boston Parking Fine Revenue Still Significantly Down from 2010 Peak," Boston Business Journal, September 27, 2012, http://www.bizjournals.com/ boston/blog/bbj_ research alert/2012/09/boston-parking-violations.html?Page=all.

87. Ashley Halsey III, "D. C. Sets Record with Parking Ticket Revenue," Washington Post, March 5, 2012, http://articles. washingtonpost. com/2012-03-05/local/ 35448001_1_ticket-fines-meter-revenue-unpaid-tickets.

88. "Transportation Profile," Los Angeles Department of Transportation, http:// adotlacity.org/about_ transportation_profile.htm.

89. See Joan Nassauer, "The Aesthetic Benefits of Agricultural Land," Renewable Resources Journal 7:4(Winter 1989), 17—18.

90. 这些都是区划条例中有关家庭办公室和家庭职业的条文。

91. 这不是区划条例中用于规范成人娱乐场所的罕见语言。

92. Daniel Gross, "What's the Toll? It Depends on the Time of Day," New York Times, February 11, 2007, http://www. nytimes. com/2007/02/11/business/yourmoney// 11view. html.

93. See Randolph Langenbach, "An Epic in Urban Design," Harvard Alumni Bulletin 70:12(April 13, 1968): 19; John R.Mullin, Jeanne H.Armstrong, and Jean S. Kavanagh, "From Mill Town to Mill Town: The Transition of a New England Town from a Textile to a high-technology Economy," Journal of the American Planning Association 52: 1(1986): 47—59.

94. See John Mullin and Zenia Kotval, "Assessing the Future of the New England Mill Town: What Are the Key Factors That Lead to Successful Revitalization?" Landscape Architecture & Regional Planning Faculty Publication Series, Paper 22, 1986,

http://scholarworks.umass.edu/larp_faculty_pubs/22. Retrievedon3-1-2013.

95. George Waldo Browne, *The Amoskeag Manufacturing Co. of Manchester, New Hampshire: A History* (Manchester, NH: Amoskeag Manufacturing Company, 1915), 61—62.

96. Browne. 152.

97. "Manchester and the Amoskeag." *New Hampshire Public Television*. http://www.nhptv.org/kn/itv/ournh/ournhtg 10.htm(accessed on January 14, 2013).

98. John R.McLane, Jr., "Judge" *McLane: His Life and Times and the McLane Law Firm*(Portsmouth, NH: Peter E.Randall, 1996), 149—166.

99. "Varied Land Use Creates Unique Challenges," *Union Leader*, February 15, 1993; Nancy Meersman, "What Will Become of the Millyard?" *Union Leader*, March 30, 1990.

100. Mullin and Kotval.

101. Alan C. Weinstein and Richard McCleary, "The Association of Adult Businesses with Secondary Effects: Legal Doctrine, Social Theory, and Empirical Evidence," *Cardozo Arts & Entertainment Law Journal* 29:3(2011): 565—596.

102. Renton v. Playtime Theaters Inc., 475 U.S.41(1986).

103. 参见 "Repeal of City Ordinance Leads to Rise in Prostitution; Neighbors Protesting," KMOV. com, August 14, 2012, http://www. kmov. com/news/editors-pick/Repeal-of-city-ordinance-leads-to-rise-in-prosntution-neighbors-protesting-166206286. html.

第六章

人工智能与第四修正案

　　相较于其他法律领域，技术的变革或许更多地影响了美国宪法第四修正案，后者保护的是人及其"住宅、文件及财产"免于遭受非基于"可信的理由"(probable cause)颁发的搜查令的"无理搜查和扣押"。当美利坚合众国的国父们写下并批准第四修正案之时，电话、计算机、互联网甚至汽车尚不存在。彼时尚不存在能够从远距离上探测热源、记录下声音或者从空中拍照的设备。因此，警察、法院和政府官员不得不使用极为宽泛的 18 世纪语言去应对日益增长且复杂的个人空间，以及不断复杂化的用来对人们进行搜查的工具。

　　且看最近的几个对"搜查"予以审核的案件，它们对于美国大革命时期的人而言可谓天方夜谭。

　　● 基洛诉美国案(Kyllo v. United States)——美国最高法院要判断：警方从目标房屋的现场以外，使用热成像仪探测用于培育大麻的强灯光时，是否需要一纸搜查令。[1]

　　● 英联邦诉菲夫案(Commonwealth v. Phifer)——马萨诸塞州最高法院过问了在将一名嫌疑人逮捕之后搜查其手机一事。[2]

　　● 美国诉琼斯案(United States v. Jones)——美国最高法院要判断：警

方是否需要一纸搜查令，才可以将一个全球定位系统追踪器安装在嫌疑人的车辆中，从而追踪其行踪。[3]

当詹姆斯·麦迪逊(James Madison)领导发起对第四修正案的政治声援之时，他未曾考虑过保护家庭种植场，但是话说回来，他同样没有想过禁止它。

第四修正案受到了两方面技术趋向施加的压力。第一个便是可被警察用来搜集犯罪和罪犯信息的新型设备，例如热成像仪和全球定位系统追踪器。第二个则是新开发出来用来扩展储存信息空间的新型程序和机器，比如手机和其他的存储信息的空间，无论我们对此或否点过头。尽管人工智能将采用更多的设备来采集与我们有关的数据——此人如何使用他的人工智能保姆？ 她坐在自动驾驶汽车中要去哪里？[4]——本章关注的是第一个趋向，即新型警用技术的发展。

警方已经在探索使用监控无人机，以过去未尝闻之的方式(至少在过去费用过于高昂)来执行观察、追踪、搜查任务。相信在不久之后，我们就会看到没有人直接操控的人工智能监控无人机，从空中和大街上监控我们。即便还比不上《地球停转之日》中的星际警察戈特(Gort)，这些无人机代表的是复杂精细的人工智能给第四修正案提出的挑战。

为了全方位地评估这一挑战，对第四修正案作一番回顾，以及法院判决、警务活动和技术在过去的两百多年中是如何塑造它的，将有所助益。同样有益的是，去探索警方对机器人和人工智能在历史上、现实中以及预期将进行的使用。接下来的两节即聚焦于这些讨论。本章的最后一节将观察执法部门在将来会用到的人工智能，并将其放在我们当前对第四修正案的理解之下来思考。

一、 第四修正案简史

尽管第四修正案诞生于 1791 年，其起源实际上早于美国独立战争,然而美国最高法院足足等待了近一个世纪才开始解释它。一旦第四修正案进入了法院的案件列表当中,新的技术便迫使法官频繁地重估由它所提供的保护。

(一) 国父们对免于无理搜查和扣押之自由的看法

通用搜查令以及滥权搜查在国父们的脑海中记忆犹新。他们十分清楚,乔治三世国王为了找到诽谤他的作家及其作品而允许其手下逮捕任何人,搜查其住宅。[5]英国法院抵制这一做法,卡登姆公爵(Lord Camden)写下了这样的意见,称不备有一张具体的搜查令却搜查一个人的住宅,十分残酷而不公;(将使得)罪人和无辜者一样受罚。[6]在与法国人和印第安人的战争期间,许多将来的美国大革命的领袖人物亲眼目睹了授予英国财务和海关官员的广泛权力,用来搜查被怀疑藏有走私货物的场所。[7]当英国议会通过了《1767年唐森德条例》之时,它便将各殖民地转为自己的敌人,该条例授权海关官员搜查任何被怀疑藏有走私货物的场所,所引起的动荡局面一直持续至美国独立战争的前夜。[8]这一时代的许多人都认为,正是这些搜查行动最先促使各殖民地宣告独立。正如约翰·亚当斯(John Adams)所言:"当时当地,就是反抗大不列颠所提出之武断要求的第一现场。彼时彼处,独立之婴孩孕育而生。"[9]

由于亚当斯的同辈人物心中尚存这为时不久的记忆,各州要求给新生的美国宪法加上一条修正案以保护该项权利。马萨诸塞州、纽约州和弗吉尼亚州对此呼声尤高,使得第四修正案被纳入1791年《权利法案》当中。[10]它们主要是关于确保警察和政府的搜查与逮捕须是合理的,且仅限于已获得一份具体的搜查令的情形。[11]

(二) 法院对第四修正案的发展

今日的法院不断地面对第四修正案。于是显得尤其怪异的是,直至1886年的博伊德诉美国案(Boyd v. United States)之前,美国最高法院未曾基于它作出任何判决。这是因为在18世纪和19世纪,法院仅将《权利法案》适用于联邦政府,而不及于各州。此外,大多数的刑事法律是由州颁布的,于是多数的刑事控诉发生在州法院,很少有机会将第四修正案适用于联邦警察。[12]尽管如此，各州在其宪法或制定法上均有一条规定，将第四修正案规定的各项权利适用于自身的执法活动当中。[13]

自 1904 年的亚当斯诉纽约案(Adams v. New York)起，最高法院便确认，第四修正案的各部分及其整体不适用于各州，但也就第十四修正案的效力表达出一些疑问，因为它可能使第四修正案适用于各州。[14]该院 1961 年根据第十四修正案的正当程序条款裁判马普诉俄亥俄州案(Mapp v. Ohio)时声称，没有"[哪个]州[可以]剥夺任何人的生命、自由、财产，而未经正当的法律程序，"第四修正案适用于各州，因为"'人的隐私安全以对抗警察的武断侵入'已'包含在了有序自由的概念中'，可见，在通过正当程序条款对抗各州的时候是可强制执行的"。[15]这意味着，最高法院可以审查根据州法采取的执法行为，并决定何者构成所谓无理搜查和扣押。在马普案中，最高法院依据这一权限，判决认定各州的法庭不得使用搜查和扣押有违第四修正案而得的证据。[16]

1967 年，约翰·马歇尔·哈兰(John Marshall Harlan)法官在其对卡茨诉美国案(Katz v. United States)的协同意见中确立了一个二阶标准，目前依然是法院在决定执法人员是否确实依据第四修正案而实施了搜查和扣押行为的标准做法。[17]哈兰写道："存在一个双重要件，前者是某个人曾表达出一个对于隐私的实际的(主观的)期许，而后者是，社会打算将此等期许承认为'合理的'。"[18]他接着说："一个人的住宅，在大多数情况下，是他对隐私有所期许的地方，然而他展示在外人'目光所及之处'的物件、行为或者言论不受'保护'，因为他未曾表达出将它们限于自己的意图。另一方面，在户外的谈话不受到免于被他人无意听到的保护，因为在这种情况下，对隐私的期许是不合理的。"[19]易言之，如果警方搜查你的包，你必须证明：(1)你此前认为自己的包属于私人的，以及(2)前述认知是合理的，从而证明警察正在做的事情与第四修正案有关。因此，如果在你将包扔在人行道上之后，警方来搜查包内物品，这就不是一次触发第四修正案的搜查，因为你的前述行为并未表明包内物品是涉及隐私的。反过来说，如果你将包留在车内并且锁上了门，警察搜查该包的行为便触发第四修正案意义上的搜查，因为你的行为表明了它事涉隐私，且存在一个合理的假定。

一旦你证实了警察确实施行了一项触发第四修正案的搜查和扣押，你便可以试着去证明他们侵犯了你依据该修正案所享有的权利。在一桩刑事案件中，这典型地表现为，要求说明当时没有搜查令，因为，除了在一些十分明确的情况下，只要没有基于可信的理由而发布的搜查令，那么搜查和扣押即被认为是不合理的。尽管如此，当"特别的要求，在执法活动的通常要求之外，使得搜查令和可信的理由二要件显得不现实时"，存在例外。[20]

看看最高法院当前案件中的一些例外或许有所助益。在斯金纳诉铁路劳工管理协会案(Skinner v. Railway Labor Executives Association)中，最高法院的判决认为，联邦铁路管理局(FRA)要求的随机毒品尿检适用第四修正案。[21]安东尼·肯尼迪(Anthony Kennedy)法官写道，尿液有可能揭示敏感的医疗信息，而搜集这些样本涉及让一个人观看或者听到另一个人小便，而这"本身便指向隐私利益。"[22]尽管如此，由于FRA运用这样的毒物测试是为了阻止毒品或者酒精造成火车事故，而非为了追究其雇员，于是此等测试在第四修正案下便是合理的，并未侵犯雇员的宪法权利，即便此处并无搜查令或可信的理由可言。[23]

相反，在史密斯诉马里兰案(Smith v. Maryland)中，最高法院判决认为，在警方没有搜查令而将一个笔式录音器安装在嫌疑人的手机里的情形中，不涉及第四修正案意义上的搜查。[24]一个笔式录音器记录下从一部特定手机上拨出去的所有电话号码，而非这些电话通话的内容。[25]由于拨打电话的人将电话号码提供给了电话公司，无论他们是否认为这些号码属其隐私，并无对隐私的合理期许。结果是笔式录音器不构成搜查，也不受到第四修正案的保护。[26]

(三)法院是如何将第四修正案应用于新技术的

以上就是警方和法院在将新型设备融入其实践过程中所必须遵循的法律背景，因为大批普通民众已经采用了这些新技术。其中的一些发展预示着法院和警务部门将不得不进行调整，以在执法活动中适应人工智能。让我们从开启本章的下列案件开始：基洛诉美国案、英联邦诉菲夫案、美国诉琼斯案。

在基洛案中，美国内政部的探员怀疑丹尼·基洛在自己家中种植大麻。他们知道在室内种植作物所需的灯会发出大量的热，于是使用一部热成像仪，将其安装在他们车辆的后座上，用来扫描基洛的家并持续了几分钟。扫描结果显示，基洛的车库附近区域的温度高于家里其他地方，且大大高于其邻居家的温度。这些探员得出的结论是，基洛正在家中种植大麻。基于热成像仪的扫描结果以及线人的消息，一位法官签发了对他进行逮捕的搜查令。基洛被控种植大麻，他试图驳回热成像仪提供的证据。[27]

美国联邦最高法院认为，除了少许例外，"没有搜查令而搜查住宅的情况通常是不合理且违宪的"。[28]在判决的多数意见中，安东宁·斯卡利亚(Antonin Scalia)法官指向了三个使用飞机进行侦查的案件：[29]

● 加利福尼亚州诉希洛罗案(California v. Ciraolo)，最高法院判决认为，从1 000英尺高度的公共航路上对由栅栏围起来的后院进行空中侦测，并不构成一次搜查，因为在一块可被商用航班很容易地观察到的区域中，并无关于隐私的合理期许；[30]

● 佛罗里达州诉里利案(Florida v. Riley)，最高法院判决认为，在直升机中从400英尺的高度对部分暴露的住宅的温室进行空中观察并不构成一项搜查，因为联邦航空管理局(FAA)允许直升机在此高度飞行；[31]以及

● 陶氏化学公司诉美国案(Dow Chemical Co. v. United States)，最高法院在该案中判决认为，对工厂拍下强化航空照片无需取得搜查令。[32]

斯卡利亚法官用这些案件来解释，从空中对住宅进行肉眼观察，正如希洛罗案和里利案那样，是允许的。然而，使用技术强化设备来检视私人的住宅——其住户在这里显然表达出了对隐私的期许——则"太过了"。[33]在这一背景下，法院确认，当"政府使用一件不属于为大众使

116

用的装置来探索住宅的细微之处,而这在以往非以通过物理性质的侵入则是不可获知的,此等监视便属于'搜查',没有搜查证,便推定为不合理"。[34]

菲夫案来自马萨诸塞最高上诉法院,即该州的最高法院,提出了一个美国联邦最高法院此前未曾考虑过的问题:手机所含的最近拨出的号码清单,是否可以作为一次合法的逮捕行动的一部分。[35]德米特里乌斯·菲夫被指控在一所学校和公园附近区域出售毒品并违反毒品管制。对于逮捕他的警员,在逮捕之后并未取得搜查令而从其手机中搜查得来的证据,他提出了异议。他辩称该项搜查违背了第四修正案,因为警员并未取得搜查令、可信的理由,或者他的同意。[36]该州法院部分地基于第四修正案的"逮捕附带之搜查"例外——允许作为武器、逃脱工具和犯罪证据之逮捕的一部分而搜查嫌疑人——判决此次搜查合宪,因为手机是在对该人进行合法逮捕之一部分的已获许可的搜查中正当取得的,且搜查仅限于最近拨出的号码清单。[37]尽管如此,该法院对其判决作了限定,使之不会不合理地将政府的宪法性搜查权扩张至新型技术之上。法院称,本项判决并不"涉及其他的侵入更为复杂的手机或者其他的信息存储设备。"[38]

琼斯案的判决审视的是警方没有适格的搜查令而使用全球定位系统。联邦调查局与哥伦比亚特区警方怀疑安托万·琼斯贩卖麻醉剂,欲追踪其行踪。哥伦比亚特区的美国地区法院颁发了一张搜查令,准许执法机关将全球定位系统安装在琼斯的车上。该搜查令规定,全球定位系统须于10天内在哥伦比亚特区辖区内安装完成。结果,执法机关第11天在马里兰州将全球定位系统装置安装了上去。[39]

全球定位系统装置被安装在琼斯的车上长达28天。在此期间,政府追踪了该车辆的行迹,能够在50英尺至100英尺的精度内确认其位置。全球定位系统通过手机将该车辆的位置传送至一台政府电脑。在四周之后,它已经生成了2000页不利于琼斯的数据和证据。琼斯最后被逮捕,控以阴谋销售和占有可卡因。检察官依赖的证据部分是由全球定位系统搜集的。[40]

琼斯的有罪判决在上诉审中被推翻。美国最高法院的多数意见认为："政府侵入性地植入了信息搜集设备"，而此等侵入行为违背了第四修正案的要求，即"使他们的住宅、文件及财产安全"。[41]

然而，索尼娅·索托马约尔(Sonia Sotomayor)和塞缪尔·阿利托(Samuel Alito)法官在其协同意见中更加直接地应对了全球定位系统的技术挑战。索托马约尔描绘了政府未经审查而使用全球定位系统装置的潜在危害："全球定位系统监控会生成关于一个人的公开行动的精准而广泛的记录，它们反映出关于个人的家庭、政治、职业、宗教和性行为的海量细节。[引用省略]政府能够储存这些记录，并且在未来的多年内迅速地从中进行挖掘。[引用省略]由于全球定位系统监控相较于传统的监控技术而言被刻意设计为十分廉价的，并且暗中开展活动，它避开了通常用来限制执法活动的审查手段：'警方资源的有限性和社会的敌意。'"[42]她考虑的是，什么是我们所认为的隐私，对这感到疑惑："基于一个人的公开活动的综合而存在一个合理的社会性的关于隐私的期许的存在。我想问的是，人们是否会合理地期许其活动将被记录并以这样的方式统合起来，以使得政府有能力确认他们的政治与宗教信仰、性习惯，等等，多多少少是任意的。"[43]

阿利托法官将新的信息搜集技术与以往的调查技术进行比较："在前计算机时代，对隐私的最强的保护既非宪法亦非制定法，而是实践。任何长时间的监控在传统上都极为困难且花费高昂，因此很少实施。本案中所涉及的监控——对一辆汽车位置的长达四周的持续监视——原本需要一大队的探员、多部车辆，或许还需要空中支援。只有重要性非同寻常的调查才能够证成此等对执法资源的大量消耗。但是，像在本案中所使用的设备(全球定位系统)，却将长期监视变得相对简单而廉价。"[44]他担心这样的技术"在多数不法行为的调查活动中侵犯对隐私的期许，"因为"社会的期许正是执法人员以及其他人不会——确实，基本上是因为没有能力——长时间偷偷摸摸地监视个人车辆的每一项行迹并

118

将其分门别类地记录下来"。[45]

在我们转向人工智能之时，从这些案件中学到的一课就是，那些使得高于裸眼的强化检测活动得以可行的新型技术，总体上是受质疑的。这在长期监控技术的场合尤甚，因为即使人们定期地进行公开活动——工作、访友、出差等——他们依然确信这些公开的活动属于隐私。即便法院愿意准允执法人员运用新的技术实施搜查，此等准许在一开始就是相当有限的，因为对于这些技术带来的滥用搜查的各种情况还没有彻底弄清楚。

循着这样一条理解新技术的思路，让我们来看看警方是如何努力将机器人和人工智能整合进来，让我们的社会更加安全。

二、 警方对机器人和人工智能的运用

尽管在警务工作中使用机器人还相对较新，但是，认真考虑在执法活动中使用它们的想法至少可以回溯至 20 世纪 50 年代，当时的学者已经开始猜测机器人将"承担简单的、半机械式的任务，起初速度缓慢，然后逐渐加速"，因此"采用这些令人惊叹的华丽裁断者，将把数以百万计的职员解脱出来以从事其他工作"。[46]

1972 年，英国副总警监皮特·米勒(Peter Miller)为英国陆军发明了一个遥控拆弹机器人，以应对爱尔兰共和军在北爱尔兰的简易爆炸装置。[47]在 20 世纪 90 年代之初，警务部门已经开始将这些大型遥控机器人(重约 1 000 磅)用于拆除炸弹。[48]在爆炸物一旦引爆即会对警察造成致命的危险场合，如今已由机器人介入。但是，它们的表现并不总是尽如人意。1993 年，一个名为 Snoopy 的大型遥控拆弹机器人发生故障，在拆除爆炸装置的引信的时候"发狂似地转圈"。幸运的是，Snoopy 还没有抓住土制炸弹，然后拆弹队的警员手工拆除了它，并在远处将其遥控引爆。[49]

119

　　拆弹仍然是警用机器人最普遍的用途。[50]近年来,执法界已经将其扩展用于调查活动[51]、街道监控[52]以及人质挟持谈判中。[53]2013年4月,机器人在波士顿警察搜寻马拉松爆炸案嫌疑人的时候出了一把力。[54]一些地方的警方试着在其特警部队中使用武装机器人。[55]当前,一切警用机器人均由人控制。[56]它们依然存在不少缺陷,其中的一些甚至十分可笑,就像电影《机械战警》中的ED-209不能上楼梯一样(对于安保无人机,这是一项严重缺陷)。[57]可ED-209至少是防水的。2007年,俄罗斯彼尔姆警方部署了名为R Bot 001的机器人来监控街头的犯罪活动。它上面有一个按键,市民可用来联系警察局,还能发出一些简单的指令,比如告诉露宿街头的俄国醉汉回家醒酒去(这是一个真实而典型的例子)。不幸的是,R Bot 001的设计者忽视了一些基本的户外条件。它巡逻期间来临的第一场暴雨就使得它电路短路。[58]

　　不过机器人还是有其合理的用处。2013年3月,一个持有武器的醉汉在其位于俄亥俄的家中筑起堡垒。在一名谈判专家铩羽而归之后,警方送进去两个调查机器人。该名男子向其中一个开枪射击——但未能摧毁它,随后警方进入并将其逮捕。[59]警务部门也热切地希望利用无人机监控技术。[60]在2006年,洛杉矶警察局开始放飞小型无人机以追踪嫌犯,可是联邦航空局却迫使其放弃这一做法,[61]惹恼了好几名高级官员,后者宣称联邦航空局的做法与政府探员已获允使用无人机的情况自相矛盾。[62]

　　联邦航空局被国会赋予管理美国空域之职,[63]因此,警察局、治安官办公室以及其他执法机构必须遵守其有关无人机之使用的规定。联邦航空局在1990年第一次核准了无人操作飞行器。[64]目前,联邦航空局将无人操作的飞行器划分为由公共部门使用的、由私人使用的,以及模型飞机。[65]对于公共部门和私人,联邦航空局开发了一套授权机制,公共部门(含执法部门)可据之申请一份豁免证书或者弃权证书(COA),而私人则可以申请一份特别飞行适航证书(SAC)。豁免证书和特别飞行适航证书的期限可长达一年。[66]公共部门被要求陈述其所申请使用的航空无

120

人机的目的,它们的类型以及将要用于的地理区域。[67]如果私人是开发商或者制造商,想要将航空无人机用于研究、开发、测试、人员训练和市场调查,那么通常只会取得特别飞行适航证书;[68]航空无人机的其他商业用途不由联邦航空局核准。[69]航空模型爱好者可以松口气了——他们不需要联邦航空局的核准,[70]然而被建议在距离地面 400 英尺的高度以下放飞,且须在机场 3 英里之外,否则就得通知机场管理人员以避免空中碰撞。[71]

联邦航空局称自己发布关于已签发的、中止的和过期的弃权证书以及特别飞行适航证书清单的法律权利受到限制,尽管它在 2013 年 2 月的通讯稿中称自己在 2009 年至 2012 年期间已经签发了 1 014 份弃权证书,其中的 327 份截至 2013 年 2 月 15 日依然有效。[72]联邦航空局已经接到了许多依据《信息自由法案》(Freedom of Information Act)而提出的申请,查询已经提交授权申请的主体,以及已经获得此等授权的主体,并要求就已经获得准许在美国操作航空无人机的主体提供更多更具体的信息。[73]

根据前述申请获得的信息,在 2006 年 11 月到 2011 年 6 月 30 日之间,有 13 个地方执法机构获得授权操作航空无人机。[74]到 2012 年 10 月,联邦航空局收到来自 17 个地方执法部门使用航空无人机的申请。[75]并不清楚美国目前到底有多少航空无人机获得了联邦航空局的授权。基于美国政府责任署的报告,[76]《洛杉矶时报》2013 年 2 月报导联邦航空局自 2007 年以来已经对美国国内无人机签发了 1 428 项许可。[77]尚不清楚这些数字是否与联邦航空局在该年同月发布的数字矛盾,但是它们与联邦航空局基于《信息自由法案》的申请而向美国国会提供的信息并不完全吻合。[78]

121　　　或许更大的混乱还在后头。联邦航空局于 2012 年 5 月开始向寻求无人机授权的警务部门和其他政府机关提供一套更加流畅的申请程序,尽管关于无人机的尺寸和可用空域的高度依然有限制。[79]当奥巴马总统签署《2012 年联邦航空局现代化与改革法案》之际,[80]对联邦航空局作出的要求是在 2015 年前开发出研究和测试用途以外的商业无人机的相关规范。[81]反对者担心，无人操作的航空无人机的大规模应用——联邦航空局预计至 2020 年，在美国的公共航空线路上将有 30 000 架——将严重破坏个人隐私，特别是在联邦航空局授权越来越多的执法部门使用无人机，却不透露相关信息的情况下。电子前线基金会的珍妮弗·林奇(Jennifer Lynch)说："我们需要一份名单，这样我们才能问[各家机构]，'你们使用无人机的政策是什么？你们如何保护隐私？你们如何确保遵守第四修正案？'"[82]尽管没有理由去认为联邦航空局对这些隐私问题漠不关心，该机构的首要关注必须更加符合实际才行：你如何确保如此多的飞行物不会相互碰撞，甚至一头栽到我们家里去？[83]这一关注已成为现实，商业航班的飞行员已经开始报告与无人机的近距离碰撞。[84]

反对的不仅仅是那些关心隐私的人。各州和地方市镇已经开始进行立法和制定条例来禁止无人机的使用。2013 年佛罗里达州颁布了一部法律，禁止在执法活动中使用无人机，除非涉及恐怖活动、直接的危险，例如人员失踪或者有生命危险，且必须有搜查令。[85]该法的发起人断然拒绝了佛罗里达州警方将例外情况扩展至大规模人群管控的努力。[86]至少有十三个州已经开始考虑类似提案，从而迫使警方先申请搜查令，才能将航空无人机用于侦察。[87]

2013 年 2 月，弗吉尼亚州的立法甚至走得更远，通过了一项为期两年的州和地方执法机构使用航空无人机的中止令，[88]就在此前一天，夏洛特维尔的市议会通过了一项类似的决议禁止在两年内使用无人机。[89]不久之后，西雅图市长麦克·麦克甘恩(Mike McGunn)在市民抗议之后，命令西雅图警方放弃使用无人机的计划。[90]印第安纳州在 2012 年和2013 年审议了一份取缔该州境内的**所有**公/私航空无人机的议案，只不过它最终未成为法律。[91]

人工智能无人机的引入

需要注意的是，前面令州政府、地方政府和反对团体惊慌失措的侦察无人机全是由人操作的。没有一架是自主飞行的，没有使用人工智

122

能。但这项技术即将来临。

国防高级研究计划局(DARPA)——资助且从事 Siri、自动驾驶汽车与机器人护理的创造性人工智能工作的联邦机构——正在对自动化无人机飞行的许多要素进行优化,包括空中加油[92]与载荷布置[93]。(我们将在下一章讨论在敌占区飞行并发起攻击或定点清除的自动驾驶无人机,但是就像拆弹机器人从军事用途慢慢流向警务部门一样,当前无人机技术的趋势表明,自主飞行的军用无人机将导向自主飞行的执法无人机。)联邦政府已经开始限制使用人工智能无人机。例如:2008 年,美国国家海洋与大气管理局测试了一架主要是自主飞行的航空无人机(仅在起飞和降落阶段需要人工操作),用来侦察海洋中的渔网漂流,这每年都会杀死数以千计的鸟类和海洋生物。这架无人机装备有视频传感器,可以探查出水中的异常情况,并且用全球定位系统传感器对异常情况的位置作出标记,供随后的船舶进行回收。[94]

我们大概在 2014 年就可以购买自主无人机了,届时名为麦卡姆(MeCam)的人工智能按计划将进入市场。[95]麦卡姆的开发商始终创新(Always Innovating)公司认为,人工智能"从手掌上发射并且持续地翱翔……麦卡姆无需遥控:用户可以通过声音控制它,或者开启'跟随我'模式。"[96]"跟随我"可以令麦卡姆自动地跟随所有者/操作者。麦卡姆装备有一部相机,用户可以很轻松地发射它,作出去何处盘旋以及何时进行拍摄的指示,并且将视频实时记录到自己的智能手机、电脑或者平板电脑里面。[97]

假如始终创新公司希望在 2015 年联邦航空局的新规发布之前将麦卡姆投入市场的话,他们还得直面联邦航空局现行对大多数私人、商用无人机的禁令。不过这家公司的困惑是可以理解的。联邦航空局在其于2009 年发布的一份报告中指出,仅自身发布之规则的 30% 可清晰地适用于航空无人机,其余 70% 要么无关紧要,要么对于是否可适用于无人机不够清楚。[98]因此,即便联邦航空局已经公开声明,自己不会对研究和开发以外其他目的的私人无人机进行授权,如果公司和企业对这一严厉而仓促的规则解释有所异议，也情有可原。事实上，美国法律对于无人操作的航空器所述甚少。自 2013 年初开始，美国国会并未通过任何法律或者联邦航空局并未发布任何有关无人操作飞机、无人操作航空器或航空无人机的不同规定。[99] 联邦航空局所指出的用来支撑其关于私人航空无人机政策的规定，其实原本是规范**载人**的实验性航空器的。[100] 他们根本就没有特别地提到无人航空器。

对于自主飞行的航空无人机，他们甚至规定更少。尽管联邦航空局在一个关于一般性的无人操作航空器的问答(FQA)中模糊地提到了无人操作的航空器的飞行"是通过使用机载计算机自主地进行"，联邦航空局并未特别地提到与人工操作航空器相对的自主飞行航空器。[101] 由于《2012 年联邦航空局现代化与改革法案》并未特别提到自主式航空无人机，[102] 目前仍不清楚 2015 年的新规是否会触及这一问题，或者会将其留白。

这种含糊意味着直至 2015 年，执法机关仍有较大余地去使用像麦卡姆那样的无人机。法院将如何依据第四修正案审视像麦卡姆那样的无人机实施的监视？ 警方在任何时候使用无人机都需要搜查令吗？ 还是说，对于诸如人员失踪的特定情形将存在一般性的豁免?

三、 第四修正案之下的人工智能无人侦察机

美国国会无法终局性地回答合宪性问题。我们依靠法院去审查政府的行为，以确保其不得侵犯宪法。在依据第四修正案思索人工智能无人侦察机的时候，法院将扮演这一角色。

(一) 已决案件将预示在将来如何审查人工智能条件

尽管不可能预测法院如何审判将来发生的案件，通过观察将第四修正案适用于其他警用新技术形式的近年来的案件，我们依然可以在法院或许会以何种方式分析人工智能无人侦察机上有所得。具言之，此前我

们已经讨论过的案件——基洛、菲夫、希洛罗与陶氏化学公司案——将
启发我们思考法院将如何看待人工智能无人侦察机。通过运用从这些案
件中析出的一般原则,我们可以有根据地预测第四修正案将如何对执法
活动中使用这些无人机施以限制。尽管我已经在前文中提到了这些原
则,在开始讨论人工智能与第四修正案的关系之前,依然有必要进行透
彻的回顾。

● **法院在决定是否将第四修正案适用于政府机关实施的人工智能活
动的时候,将继续查看是否存在一项主观上对隐私的期待,以及此等期待
是否合理。**前述所有案件均依赖其上的卡茨案的检测标准——明示的或
是默示的——将继续支配这些被告声称政府侵犯了他或她的第四修正案
权利的案件。也就是说,法院首先会判断,被告在该特定情形中是否对
隐私有所期待;假设被告确实有此等期待,法院接下来会判断,这样的
期待是否合理。因此,如果未获得搜查令的人工智能无人机偷偷潜进被
告家里,藏在他的衣柜里面,记录下他与其妻子的谈话,这就几乎毫无
疑义地侵犯了他依据第四修正案享有的免于无理搜查和扣押之自由的权
利。然而,如果人工智能无人机记录的是被告与其同谋在公园中走路时
的谈话,法院就不大可能认同被告基于第四修正案的主张。

● **法院将紧紧限缩其关于人工智能和第四修正案的初始判决的范
围。**在菲夫案中,马萨诸塞州最高法院强调,其批准对已被逮捕之嫌疑
人的手机的近期拨出电话号码的搜查的判决,不适用于其他场合、其他
电话、其他设备或者其他的信息。法院担心的是其判决将支配那些它自
己在该判决中并未预见到的技术进步,进而会造成不良后果。与此类
似,任何审查由人工智能无人机实施之搜查的法院,都会小心行事,以
免依靠早期的人工智能技术而作出不自量力的判决,阻碍未来人工智能
的发展。

● **在公共空域由未经强化的肉眼观察无需搜查令。**希洛罗与里利案
表明,未经强化的肉眼观察不构成一项第四修正案意义上的搜查。在这
两起案件中,最高法院审查的是肉眼观察者在空中的航空器(固定翼飞

机和直升机)中发现了定罪的证据。由于肉眼观察者身处公共航道，且未使用技术手段强化其肉眼的视野，最高法院认为并没有发生第四修正案意义上"搜查"，因此，无需搜查令，所取证据可用于法院审判。 125

● **如果被观察的是住宅，若从公共区域实施的观察没有技术性强化措施即无可能，那么需要搜查令。** 在基洛案，部分地依赖于对其住宅的观察，联邦探员取得了对嫌疑人的逮捕令和有罪判决，这之所以发生，要归功于热成像仪。在陶氏化学公司案中，联邦探员依赖的是从公共空域对一处工厂拍下的航空照片。最高法院判决认为，使用热成像仪搜集某人家宅的信息构成了搜查，由于没有搜查令，由此搜查获取的证据当被排除出去。最高法院判决认为，使用航空照片搜集的工厂信息不构成第四修正案所禁止的搜查。其间区别似乎在于，一个针对的是住宅——它被特别地列举在了第四修正案的保护范围之中，"住宅、文件及财产"——而另一个针对的是一处工厂，并未受到前一层面的宪法保护。

住宅在宪法上的特殊地位无疑是一个将各个案件区分开来的因素。通过审视第四修正案如何限制政府对于人工智能无人侦察机的使用，最高法院也可以在将来的案件中指出其他因素：

● **如果从公共区域实施的观察没有技术性强化措施即无可能，那么需要搜查令，只要该技术未为普通公众所用。** 法院在陶氏化学公司案中指出，航空照片已广为使用，在地产上空的公共空域飞行的任何人都有可能拍照。反之，基洛案中的热成像仪并非普遍可为消费者获得的，法院指出了这一点。

● **持续的公开行为可能属于隐私。** 尽管最高法院在琼斯案中的多数意见有几分令人费解地关注警方侵入嫌疑人的车辆安装全球定位系统装置，两份协同意见均指出了长时间监视的问题，这很可能使其在将来的案件中比斯卡利亚法官对 18 世纪的老旧颂歌具有更强的影响力。索托马约尔法官和阿利托法官注意到，长时间监视潜在地侵犯了第四修正案所保护的隐私利益，即使这种监视全部是在公开、未受保护的场所进行 126

的。这种监视可能揭示出某人的宗教、政治信仰、性取向，等等，而它们无疑是第四修正案所保护之"人"的传统问题。此外，鉴于长时间监视在历史上曾经耗费甚巨，只有那些最重要的调查才能采用，人工智能无人机时代的降临表明，廉价的、几乎不停息的监视很快将运用于一切案件中。

再次重申，我们无法确定地说法院将如何对将来的案件适用第四修正案，更别说某个关于人工智能的开创性判决了。但是，我们有理由相信，法院在思考人工智能时将考虑上述诸原则。

（二）法官关于人工智能无人机的特殊考虑

在前面这些原则之外，我还想向法院建议，至少应当考虑，假若实施行为的不是一台机器而是一名警员，该行为是否违背了第四修正案。麦卡姆这类人工智能无人机的核心优势之一，就是政府职员只需要给出一个简单的指令——"跟着我……跟着他……飞到这个地方去等着，不论谁先出来，跟着他"——因而无需手动操作这架无人机。将责任委派给人工智能模仿了将责任委派给另一名警员的情况。人工智能和另一名警员均在其收到的命令界限之内行使其自身的判断。两者均受到发出委任的警员的监督。两者都会带着可导致逮捕和定罪的证据返回。在审查人工智能之行为的时候，就像是在审查一名警员在同等情景下的行为，法院这样去做是有道理的。这也与琼斯案的协同意见吻合，它注意在审查新技术的发展是否遵守了第四修正案的时候，要考虑到新技术发展的属性。[103]

（三）警方使用实验性人工智能时可能发生的案件

将这些一般的原则和注意事项记在心中后，现在来考虑一些很有可能用到麦卡姆或者类似装置的警察调查活动，并且讨论法院大概会怎样评价麦卡姆是否符合第四修正案。为方便起见，按照它们与第四修正案的可能符合度从高到低的序列排列。这些情境预期，有朝一日麦卡姆在追随、观察嫌疑人的时候，有能力进行自由裁量和隐藏。尽管并无理由认为麦卡姆将具备这一能力，却也没有理由质疑有朝一日它会取得该能

127

力(如果执法机关后来获取了这一技术，法院或许会将其认定为普通公众无法获取的技术进步)。

1. **在与几名证人谈话之后，市警方认为他们指认出了一名嫌疑人，先买入大量可卡因，然后在自己家中储存、分割、销售。警方取得了一份司法令状(judicial warrant)，可使用麦卡姆跟踪嫌疑人至其家里，不间断地记录了超过两周时间。通过这一证据，警方取得了逮捕令，然后成功地将其定罪。**

虽然这毫无疑问是一次第四修正案意义上的搜查，由于警方正当地基于合理怀疑而取得了搜查令，法院不大可能视这一搜查为对嫌疑人第四修正案权利的侵犯。

2. **接到有人蓄意违反关于有毒废物处理的州环保法律(这也是一项刑事犯罪行为)的投诉之后，州警察指派一架麦卡姆去现场调查。麦卡姆飞到该处盘旋，进行记录。不过，麦卡姆决定不进入该地的建筑物中，也没有降落在那儿。麦卡姆记录下了该处雇员将有毒废弃物装在贴有欺骗性标签的容器中，然后悬置于卡车上，虽然还可以从该地点的周围其他方向看到它们，但飞机却无法观察到。这些卡车将有毒废弃物运至一处场地，而后者如果知道容器中的真实物质为何，是不会同意储存的。警方根据麦卡姆的记录，逮捕了这些雇员及其领导。**

基于既有的体现第四修正案与新型技术之间关联的案件，我怀疑法院会准许警方进行此类活动。这处地产并非住宅，麦卡姆也可为普通公众获得，麦卡姆甚至未曾在这处地产上落下或是进入楼内。装货区尽管遮蔽了从空中的观察，从地产周围观察却一目了然，这些都意味着生产者并无意期许隐私。

然而，如果法院去问，若是进入该处场地并在工厂外部进行观察并且记录下雇员活动的是一名警员，那么此等活动的合宪性问题会更大一些。一名警员若没有搜查令，是不能实施这类活动的。即便麦卡姆是一项已经可为普通大众获取的技术，法院还是应该留心最高法院从琼斯

128

案中提出的建议,将人工智能监控无人机的原理认作不同于既有警用技术的事物。这些原理,在某些方面,更多地像是一名警员而非一件警用工具的采取行为的能力。无需一名警员手工地对人工智能发出就位的指令。无需一名警员去告诉它何时开始何时结束记录。无需一名警员去主动控制它从而发挥其功能,在远程和在现场控制均无必要。法院在审查麦卡姆的这些活动的合宪性之后,权衡其行为的类人性,这将是谨慎的。假设法院愿意这样去做,它们就很可能会将本情景之下麦卡姆的调查活动认定为对第四修正案的违反。

3. 基于市井流言,市警方怀疑高中女子篮球队教练与他的一名队员有不正当关系。一名警探指派一架麦卡姆每天在放学后去追踪并记录他和他的汽车达两周之久。麦卡姆配备了先进录音技术,于是较之出厂配置,它具有更强的信息获取能力。麦卡姆仅在公共区域——马路、商店、咖啡店,等等——追踪这名教练。凭借这些信息,警方以与未成年人发生性接触的理由逮捕了他。

尽管麦卡姆仅仅在公共区域对嫌疑人实施了跟踪,法院还是很可能认为这是对第四修正案的违反。首先,这里涉及一名自然人而非一家公司,当然地归入第四修正案的明确规定之下。其次,警方升级改造了麦卡姆,使用了普通公众无法获取的技术。第三,麦卡姆记录的信息,在其获取的场景,人们对自己的累积的公开行为具有隐私的期许。一名自然人公开进行活动,但是他并不希望这些公开活动被链接在一起,记录成关于他或她的生活的数据。这类信息尽管基于公开活动,却保留了对隐私的期许,而这正是第四修正案所保护的,因此要求提供一份搜查令(而警方并未获得),或是有合理怀疑(而非仅仅基于市井流言)。

129　　虽然如此,还有其他的因素可被法院用来支持警方在这一情境中使用麦卡姆。普通公众可以购买麦卡姆。实施同样的调查活动的警员并不需要一纸搜查令。以及,尽管一架麦卡姆的花销低于一名警员——这除去了实施这类搜查的历史性障碍——还存在其他障碍。麦卡姆的电池周期有限。我们将在下一章看到,这类尺寸的无人机通常的电池周期是45

至 90 分钟。一次以麦卡姆为主力的调查活动大约耗时一小时,占用了前述时限的大部,也限制了侵入个人私生活的可能性。

4. 由于嫌疑人的怪异胡须、一身瘾君子装扮以及频繁说着电影《年少轻狂》里面的台词,梅博利警察局的一名探员派遣一架麦卡姆通过烟囱进入其家中,令其自行判断是否进行记录。这架麦卡姆配备有普通大众无法获得的特殊技术,使其具有更长的电池周期,强化的传感器可记录下更多的周边信息。这架麦卡姆通过其强化传感器阅读此人的日记并记录下其中一段,该人在这里承认从自己工作的"百思买"盗得价值一万美元的电子产品。梅博利警察局以此证据逮捕了他,并成功将其定罪。

法院会宣布这一搜查违背了第四修正案,因而违宪。它发生在嫌疑人的住宅内。没有搜查令。就算法院愿意将这次搜查视作是由一名警员实施的,依然是对第四修正案的明确违犯。

(四)其他将影响法院根据第四修正案对人工智能进行审查的因素

法院在一定程度上也会参考联邦航空局于 2015 年颁布的《指导规则》。例如,最高法院在希洛罗案和里利案中,在判决从空中实施的观察行为符合宪法时,就参考了联邦航空局有关固定翼飞机和直升机的许可飞行高度的规定。如果联邦航空局认为在该空域不大可能进行合理的商业行为,对无人机而言是可疑的、危险的,那么此等规定将影响法院的判决。由于联邦航空局在 2015 年颁布的规则中涉及人工智能无人机,法院在判决时将考虑其规定。

除此之外,开发制造人工智能无人机的公司应当就其产品的利用进行合宪性分析。这些公司可以自行决定是否将这些文件公之于众。前述分析所依赖的若干信息有可能披露敏感信息,泄露后者受保护的商业秘密,这无疑不利于其公开。然而,这些文件有可能令法院知晓无人机背后的思维过程,为人工智能对于第四修正案意味着什么这个问题给出一个先发制人的解释。即便这些公司试图对其保密,他们的对公用户——市警方于其他政府机关——也可以根据《信息自由法案》提出请求,强制其公开分析结果。无论如何,法院会参考这些文件,或许会基于它们

130

判断搜查行为的合宪性。

四、 人工智能与隐私

一旦人工智能无人机可为警方所用，它对于隐私和第四修正案意味着什么，将成为公众关心的问题。法院应当寻求一条道路，既可以保护人们第四修正案权利免遭侵犯，又可以向政府机关给出使用人工智能无人机的指导方针。人工智能无人机在公共安全方面将具有合理的用途，这是应当获得鼓励和保护的，然而这不能以政府违宪侵入我们的隐私为代价。

尽管本章尚未触及与人工智能监控无人机相关的其他隐私问题——个人可以将它们用作监视吗？ 个人可将其用于何处？ ——这些问题不属于宪法领域。国会与各州立法机关将不得不制定法律来面对这些隐私保护问题，如同他们已经立法禁止了尾行跟踪、公开暴露私处、侵入安宁生活，等等。这类法律也得遵守联邦航空局有关空中无人机的规定，因而州立法机关或许会考虑立法，禁止对航空无人机进行若干类型的使用(如监视)以及使用若干类型的技术(如照相机)，同时指出，此类禁令并无意改变联邦航空局颁布的与航空无人机的**飞行**有关的规则和规定。

如前所述，航空无人机还在国际军事行动中扮演着愈发重要的角色。与国内的人工智能无人机必须遵守美国宪法与法律一样，当美国军队在国外使用人工智能无人机时，也必须遵守国际法。这也是下一章将讨论的主题。

注释

1. 533 U.S.27(2001).
2. 463 Mass. 790(2012).

3. 132 S.Ct. 945(2012).

4. 在自动驾驶汽车上有关隐私与第四修正案的更多信息，see Dorothy J. Glancy, "Privacy in Autonomous Vehicles," *Santa Clara Law Review* 52: 4(2012): 1171—1239.

5. Osmond K.Fraenkel, "Concerning Search and Seizure," *Harvard Law Review* 34: 4(1921): 362—363.

6. Lord Cameda, *Entick v. Carrington*, 19 How. St. Tr. 1029, 1073(1756).

7. *Boyd v. United States*, 116 U.S.616, 624—625(1886).

8. Thomas Y.Davies, "Recovering the Original Fourth Amendment," *Michigan Law Review* 98: 3(December 1999): 566—567.

9. John Adams to William Tudor, March 29, 1817, in Charles Francis Adams, ed., *The Works of John Adams, Second President of the United States*, vol.10(Boston: Little, Brown, and Company 1856), 248.

10. Fraekel, 361—362.

11. 这一表述实际上是对 Akhil Reed Amar 与 Thomas Y.Davies 两人不可调和之立场的协调。Amar 认为农夫们想要确保的是"政府的一切搜查和扣押都是合理的。"Akhil Reed Amar, "Fourth Amendment and First Principles," *Harvard Law Review* 107: 4(February 1994): 759. 戴维斯则认为农夫们"将第四修正案的目标特定地瞄向禁止国会授权使用一般的搜查令；他们没有打算制定任何用来评判没有搜查令的搜查与扣押的宽泛的合理性标准。"Davies, 724.两人的观点均可自圆其说，具有说服力。由于他们的差异与本书无关，我们对两者各取若干方面。

12. David E.Steinberg, "The Original Understanding of Unreasonable Searches and Seizure," *Florida Law Review* 56: 5(December 2004): 1071—1072.

13. Fraekel, 361.

14. *Adams v. New York*, 192 U.S.594(1904).

15. *Mapp v. Ohio*, 367 U.S.643, 650, quoting *Wolf v. Colorado*, 338 U.S.25, 27—29 (1948).

16. *Mapp*, 367 U.S.at 655—657.

17. *Katz v. United States*, 389 U.S.347(1967).

18. *Katz*, 389 U.S.at 361(Harlan, J.,concurring).

19. Ibid.

20. *Skinner v. Railway Labor Executives Association*, 489 U.S.602, 619(1989).

21. Ibid. at 616—618.

22. Ibid. at 617.

23. Ibid. at 618—634.

24. *Smith v. Maryland*, 442 U.S.735, 737 & 742—742(1979).

25. Steinberg, 1056.

26. *Smith*, 442 U.S.at 743—746.

27. *Kyllo*, 533 U.S.at 743—746.

28. Ibid. at 31.

29. Ibid. at 33.

30. *California v. Ciraolo*, 476 U.S.207(1986).

31. *Florida v. Riley*, 488 U.S.455(1989).

32. *Dow Chemical Co. v. United States*, 476 U.S.227(1986).

33. *Kyllo*, U.S.at 33.

34. Ibid. at 40.

35. *Phifer*, 463 Mass. at 794—795.

36. Ibid. at 790—791.马萨诸塞州最高审判法院也指出，在宣布使用这一证据违背第四修正案的同时，菲夫还称它还违背了第十四修正案，于是这使得可针对各州强制执行第四修正案。

37. *Phifer*, 463 Mass. at 793—797.

38. Ibid. at 797.

39. *Jones*, 132 S.Ct. at 948.

40. Ibid. at 948—949.

41. Ibid. at 952.

42. *Jones*, 132 S.Ct. at 955—956(quoting *Illinois v. Lidster*, 540 U.S.419, 426 [2004]) (Sotomayor, J.,concurring).

43. *Jones*, 132 S.Ct. at 956(Sotomayor, J.,concurring).

44. *Jones*, 132 S.Ct. at 963—954(Alito, J.,concurring).

45. Ibid. at 964(Alito, J.,concurring).

46. R. Jones, "Science and the Policeman," *Police Journal* 32: 4 (October December 1959): 236.

47. Andrew Tarantola, "The Big Daddy of Big Boom Disposal," *Gizmodo*, July 4, 2011, http://gizmodo.com/5816663/the-big-daddy-of-big-boom-disposal.

48. "San Francisco Police Bomb Robot Goes Haywire on Its Last Mission," *Chicago Tribune*, August 27, 1993, http://articles.chicagotribune.com/1993-08-27/news/9308280017_1_bomb-squad-police-raid-squad-officers; "Robots Sent to Disarm Bomb Goes Wild in San Francisco," *New York Times*, August 28, 1993, http://www.nytimes.com/1993/08/28/us/robot-sent-to-disarm-bomb-goes-wild-in-san-francisco. html.

49. "Robots Sent to Disarm Bomb Goes Wild in San Francisco," *New York Times*.

50. Jonathan Strickland, "How Police Robots Work-Police Robots Tasks," *How Stuff Works*, http://science.howstuffworks.com/police-robot3. htm.

51. Erinn Cain, "Technological Advancements Give Law Enforcement Leg Up in Investigations," MPNNow, March 15, 2013, http://www.mpnnow.com/topstories/x766880878/Technological-advancements-give-law-enforcement-leg-up-in-investigations?zc_p=1.

52. Jonathan Strickland, "How Police Robots Work," How Stuff Works, http://science.howstuffworks.com/police-robot. htm.

53. "Robot Team," Washington Country, Oregon Sheriff Department, http://www.co.washington.or.us/Sheriff/FightingCrime/SpecialResponceTeam/robot-team.cfm.

54. Chelsea J.Carter & Greg Botelho, " 'CAPTURED!!!' Boston Police Announce Marathon Bombing Suspect in Custody," CNN.com, April 19, 2013, https://www.cnn.com/2013/04/19/us/boston-area-violence/index. html.

55. Noah Shachtman, "Armed Robots Pushed to Police", Weird, August 16, 2007, https://www.wired.com/2007/08/armed-robots-so/.

56. Jonathan Strickland, "How Police Robots Work-Police Robots Tasks," How Stuff Works, http://science.howstuffworks.com/police-robot1. htm.

57. 关于《机械战警》，尽管脑子快的读者可能认为，该影片在 1987 年便将威胁呈现出来，事实上，它在日期上要先于所有的警用机器人，尽管如此，有三点需要注意。首先，该片拍摄的时候，离底特律后来的财政破产很近；正如当前。其次，片中的机械战警并非人工智能，而是半机械人。最后，《机械战警》毕竟是当时的假想。

58. Jonathan Strickland, "How Police Robots Work."

59. J.D.Heyes, "Ohio Man Charged with Shooting Police Robot That Entered His Bedroom," Natural New, https://www.naturalnews.com/039402_police_robots_assault_Ohio.html.

60. 我在这部分已经谈论了国内的监控无人机——在美国国内使用的航空无人机，监测人、地点或物体。我在下一章将谈论军用无人机，既包括军方在国外使用的攻击无人机，也包括侦查无人机。

61. Noah Shachtman, "Cops Demand Drones", Weird, August 10, 2007, https://www.wired.com/dangerousroom/2007/08/cops-demand-dro/.

62. Anne Broache, "Police Agencies Push for Drone Sky Patrols," Cnet.com, August 9, 2007, https://www.cnet.com/news/police-agencies-push-for-drone-sky-patrols/2100-11397_3-6201789. html.

63. "History," Federal Aviation Administration, http://www.faa.gov/about/history/brief_history/.

64. "Fact Sheet-Unmanned Aircraft Systems(UAS)," Federal Aviation Administration, press release, February 19, 2013, https://www.faa.gov/news/fact_ sheet/news_ story. cfm?newsID=14153.

65. "Unmanned Aircraft Operations in the National Space; Clarification of FAA

Policy," Docket No. FAA-2006-25714(February 6, 2007) (hereinafter referred to as Unmanned Aircraft Operations in the National Space; Clarification of FAA Policy).

66. Aviation Safety Unmanned Aircraft Program Office (Federal Aviation Administration), *Interim Operational Approval Guidance 08-01—Unmanned Aircraft Systems Operations in the U. S. National Airspace System* (March 13, 2008), 5—6 (hereinafter referred to as *Interim Operational Approval Guidance 08-01*).

67. Federal Aviation Administration, Form 7711-7712, Application for Certificate of Waiver or Authorization, August 2008.

68. *Interim Operational Approval Guidance 08-01*, 6.

69. "Unmanned Aircraft(UAS)-Questions and Answers," Federal Aviation Administration, https://www. faa. gov/about/initiatives/uas/uas_faq/, last updated March 19, 2013.

70. "Unmanned Aircraft Operations in the National Airspace; Clarification of FAA Policy."

71. Federal Aviation Administration, "Model Aircraft Operating Standards," Department of Transportation Advisory Circular 91—157(June 9, 1981).

72. "Fact Sheet—Unmanned Aircraft Systems(UAS)," Federal Aviation Administration, press release, February 19, 2013, https://www.faa.gov/news/fact_sheets/news_story. cfm?newsId=14153.

73. "Unmanned Aircraft Systems(UAS)," Federal Aviation Administration, https://www.faa.gov/about/initiatives/uas/, last updated April 22, 2013.

74. "Unmanned Aircraft Systems(UAS)," Federal Aviation Administration; "List of Federal, State or Local Agencies That Currently Hold or Have Held a Certificate of Authorization to Operate an Unmanned Aircraft System between November 2006 and June 30, 2011," Federal Aviation Administration, https://www.faa.gov/about/initiatives/uas/media/COA_Sponsor_List_042412.pdf.

75. Jennifer Lynch, "FAA Releases New Drone List—Is Your Town on the Map?" *Electronic Frontier Foundation*, February 7, 2013, https://www.eff.org/deeplinks/2013/02/faa-releases-new-list-drone-authorizations-your-local-law-enforcement-agency-map; "List of FAA Drone Authorization List," *Electronic Frontier Foundation*, http://www.eff.org/sites/default/files/filenode/faa_coa_list-2012.pdf.(根据《信息自由法案》公开)

76. Gerald L. Dillingham, *Unmanned Aircraft Systems-Continued Coordination, Operational Data, and Performance Standards Needed to Guide Research and Development*, GAO-13-346T, http://www. gao. gov/assets/660/652223. pdf. (Washington, DC: U.S.Government Accountability Office, February 15, 2013)(在众议院监管分委员

会、科学、空间与技术委员会上的证词)

77. Brian Bennett and Joel Rubin, "Drones Are Taking to the Skies in the U.S.," *Los Angeles Times*, http://www. latimes. com/news/nationworld/nation/la-na-domestic-drones-20130216,0,3374671.story.

78. Jennifer Lynch, "Just How Many Drone Licenses Has the FAA Really Issued?" *Electronic Frontier Foundation*, February 21, 2013, http://www. eff. org/deeplinks/2013/02/just-how-many-drone-licenses-has-faa-really-issued.

79. "FAA Makes Progress with US Integration," Federal Aviation Administration, press release, May 14, 2012, https://www.faa.gov/news/updates/?newsId=68004.

80. "President Obama Signs FAA Reauthorization Bill into Law," *National Business Aviation Association*, February 15, 2012, https://www. nbaa. org/advocacy/issues/modernization/20120215-obama-signs-faa-reauthorization-bill-into-law.php.

81. Matthew L. Wald, "Current Laws May Office Little Shield against Drones, Senator Are Told," New York Times, March 20, 2013, http://www.nytimes.com/2013/03/21/us/politics/senate-panel-weighs-privacy-concerns-over-use-of-drones.html.

82. S. Smithson, "Drones over U.S. Get OK by Congress," *Washington Times*, February 7, 2012, https://www. washingtontimes. com/news/2012/feb/7/coming-to-a-sky-near-you/?page=all.

83. Catherine Crump and Jay Stanley, "Why Americans Are Saying No the Domestic Drones," *Slate*, February 11, 2013, http://www.slate.com/articles/technology/future_tense/2013/02/domestic_surveillance_drone_bans_are_sweeping_the_nation.html.

84. Aaron Cooper, "Drones Came within 200 Feet of Airliner Over New York," CNN.com, March 5 2014, https://edition.cnn.com/2013/03/04/us/new-york-drone-report.

85. Florida Senate Bill 92(Ch. 2013—2033).

86. "Florida Police Want to Use Drone for Crowd Control," *Clickorlando.com*, February 6, 2013, https://www.clickorlando.com/news/florida-police-want-to-use-drones-for-crowd-control/-/1637132/18433078/-/cfswl2/-/index.html.

87. Crump and Stanley, "Why Americans Are Saying No the Domestic Drones."

88. "Virginia House of Delegates and Senate Approve Two Years Moratorium on Drones," American Civil Liberties Union, press lease, February 6, 2013, https://www.aclu.org/news/virginia-house-delegates-and-senate-approve-two-year-moratorium-drones.
弗吉尼亚州州长鲍伯·麦克唐纳后来增添了若干例外情况，允许在特定情况下使用无人机。

89. W.J.Hennigan, "City in Virginia Passes Anti-Drone Resolution," *Los Angeles Times*, February 6, 2013, http://articles.latimes.com/2013/feb/06/business/la-fi-mo-drone-regulation-20130205.

90. "Seattle Mayor Ends Police Drone Efforts," Associated Press, February 7,

2013, https://www. usatoday. com/story/news/nation/2013/02/07/seattle-police-drone-efforts/1900785/.

91. Kara Kenney, "Bill to Crack Down Drone Use in Indiana Dies in Committee," *TheIndyChannel*.com, February 25, 2013, http://www.theindychannel.com/news/local-news/bill-to-crack-down-on-drone-use-in-indiana-dies-in-committee.

92. "Making Connections at 45 000 Feet: Future UAVs May Fuel Up in Flight," press release, Defense Advanced Research Projects Agency, October 5, 2012, http://www.darpa.mil/NewsEvents/Release/2012/10/05.aspx.

93. "What a UAV Can Do with Depth Perception," Press Release, Defense Advanced Research Projects Agency, December 6, 2012, http://www/darpa. mil/NewsEvents/Release/2012/12/06.aspx.

94. Douglas Gantenbein, "Unmanned Traffic Jam," *Air & Space*, July 2009, https://www. airspacemag. com/flight-today/Unmanned-Traffic-Jam. html? c = y&story = fullstory.

95. Ben Coxworth, "A US$ 49 Personal Autonomous Micro UAV?" *Gizmag*, January, 28, 2013, http://www.gizmag.com/mecam-tiny-autonomous-uva/26007/.

96. "MeCam: Self Video Nano Copter to Point-and-Strean Yourself," Always Innovating, http://www.alwaysinnovating.com/products/mecam.htm.

97. Coxworth, "A US$ 49 Personal Autonomous Micro UAV?"

98. Air Traffic Organization NextGen & Operations Planning Office of Research and Technology Development(Federal Aviation Administration), *Unmanned Aircraft Systems Regulations Review*, DOT/FAA/AR-09/7(Washington, DC: Federal Aviation Administration, September 2009), vii, 2—3.

99. See 49 USC § 40102, available at http://www.gpo.gov(accessed April 29, 2013); 14 CFR 1.1, available at http://www.gpo.gov(accessed April 29, 2013).

100. See U.S.Department of Transportation Federal Aviation Administration, Order 8130. 34A, re: Airworthiness Certification of Unmanned Aircraft Systems and Optional Piloted Aircraft(October 27, 2010); 14 CFR § § 21.191, 21.193, 21.195, and 91.319, available on http://www.gpo.gov(accessed April 29, 2013).

101. "Unmanned Aircraft Systems(UAS)," Federal Aviation Administration.

102. 2012 FAA Modernization and Reform Act, Pub. L. 112—195, February 12, 2012.

103. See Jones, 132 S.Ct. at 956(Sotomayor, J.,concurring)(指出，这为法官特别将 GPS 的技术属性纳入了她关于对隐私的合理期许的考量中)and at 962.(Alito. J., concurring)(指出，技术可能改变第四修正案意义上的隐私期许)

第七章

即将到来的联合国人工智能公约

到目前为止，我们基本上是在讨论美国法。如同其他的法律一样，美国法依赖于政府发布并执行法律。生活在具有代议制政府的国家的人民了解这些法律应当如何运作(暂时运作失灵的例外)。公民选举出他们的代表，由后者通过法律。公民选举出(直接或者间接地)总统或者首相，后者实施并执行法律。假若有足够多的公民讨厌这些法律或是其实施的方式，他们可以选出新的代表和执行者。即便是生活在集权国家的人也对其法律如何运作具有基本的了解——当权之人为所欲为——尽管他们没有一个正式的机制去改变那些为其所厌的法律。

无论如何，公民无法"出走"。一国政府总是有权去通过并执行效力及于该国所有人的法律，不管生活在该国的所有人是否同意受其统治。政府一旦建立起来，便有权进行统治。不满于此的公民最多能期待的，不过是推翻一个不受欢迎的政府。他们并不能简单地告知该政府："谢谢，不过我们要去找更好的法律。"

在本章中，我们将转向一个上述模式被颠倒过来的法域。国际法是一套由不同的概念和原则组成的法律体系，处理的是国家之间的相互交往与关系。[1]国际法依赖于习惯与条约，两者均非源于拥有绝对的颁布并执行法律效力及于各国主权下的政府。[2]反之，它们依赖各国自身来自愿地参与塑造国际法的过程，并且善意地在它们之间以及在各自边界之内贯彻这些法律。易言之，每个国家都必须同意受国际法的约束，即使其潜在的后果并非是它所期望的。

但是，如果这听起来不像是"真正的法律"的话，事实却并非如此。国际法并无强迫遵守之权，不像总统、政府和警察在美国拥有的权力那样，但它确实作为国家间的法律在运行。通常说来，它们尊重与努力遵守国际法。尽管它们并不总是如此，不过话说回来，人们也并非总是遵守国内法律：你上次超速驾驶是什么时候？

人工智能将对国际法产生影响。就像其他形式的法一样，国际法假定所有决定均由人所为，即使是以国家名义作出的决定。在过去的几十年中，机器人已经开始执行此前由人来执行的国际性任务：扫雷、国际空域/水域导航、攻击他国目标，等等。但是这些机器人是人工控制的。当某个人决定按下按钮，从无人机上对外国目标投射武器的时候，他可能实施了一项战争行为，无异于一个向外国目标开枪的士兵。

当人工智能作出攻击他国之决定的时候，事情就不一样了。人工智能是否可以发起战争？ 人工智能能否违反条约？ 来自两个国家的人工智能可以缔结条约吗？ 国际法对于人工智能以及非人类作出的决定之效力保持沉默。

本章将描绘一幅国际法以及技术在历史上如何改变它的鸟瞰图。随后我会讨论无人机技术，然后思考，如果目前已经出现的对无人机的使用与人工智能结合起来的话，国际法会不会以及是否应当改变。

一、 国际法，或法律上不可强制执行时会发生什么

国际法在法律圈中乃是独一无二的，因为它的不可强制执行是刻意为之的。联合国有时候被称为"世界政府"，它对一个美国小镇却无强

制执行权力。美国的一个小镇，在你不支付房产税的时候，可以给你的房子加上一个抵押权，于是在你售出该屋的时候可以收取这笔钱，甚至还可以将它拍卖。如果美国拒绝支付其应付的联合国会费，联合国可以中止其投票权，然而也仅及于此[3]。在一些特定的圈子里面，《星球大战》中的星际联邦的强制性权力要大过美国政府。类似地，尽管存在多个国际法庭——联合国国际法院、国际刑事法庭、海牙常设仲裁法院——它们均无法强制落实其管辖权。得由各国对它们的管辖权表示同意，然后就各机构的单个裁判表示同意。[4]

尽管如此，就国际法当前的存在状态而言，它在控制各国的行为并且提供和平解决争端的程序上做得相当不错。部分原因可归于避免与他国间发生尴尬以及避免名誉扫地。[5]但是各国也意识到，在某些时候，他们也需要其他国家认可国际法，即便后者并不见得认同处理结果。于是，这样的做法本身强化了联合国行为的权威性。

快速回顾国际法的历史发展将向我们阐明，国际法是如何作为一种行之有效的法律形式而产生的，即便它不具有强制各国遵循的权力。它也会向我们阐明，新的技术是如何改变国际法的，启发我们去思考人工智能将如何达到同样的效果。

（一）早期国际法

国际法的历史极为久远，尽管它通常被区分为 1648 年前和 1648 年后两个阶段，即以《威斯特伐利亚和约》创造了近代民族国家为分界线。[6]几乎与文明的发展同步而生，它们对与外部世界的交往发生兴趣。[7]早期的宗教和世俗的成文公约提到了不同独立民族之间的和平与结盟条约：犹太人、罗马人、叙利亚人、斯巴达人、迦太基人、日耳曼部落、阿拉伯部落，等等。[8]罗马帝国主导了与其邻国的大量条约，尽管罗马人往往将其作为帝国吞并其他国家的第一步，或者以此正式承认相对方为帝国的附庸。即连平等的伪装都没有，罗马人实力强大，这些条约往往也承认这一点。[9]

从亚、非、欧的古代文明发掘出来的条约表明，这几个大陆上的社会都同时关注许多同样的主题，尽管许多民族之间根本没有任何交往。使节、流放罪犯、对外国人提供保护、跨国契约，这些是许多早期社会通过条约处理的问题。规制这些事情的诸原则呈现出很大的相似性，不管这些文明位于地中海地区还是在太平洋上。[10]

134　　　罗马人创造了一个概念，试图用它把这些普遍的原则包容进来：即万民法(jus gentium)，通行于所有人的法的集合。在罗马帝国消亡许久之后，民族与国家的概念发展起来，万民法成为国际法的首要原则之一，指的是世界上的所有民族与国家均给予同意的普遍的法。[11]将万民法与帝国、部落和人民之间缔结的条约联系在一起，遂构成1648年之前的国际法的主要内容。[12]

（二）近代的国际法

1648年《威斯特伐利亚和约》终结了欧洲三十年的战争。战争的主要原因之一——在金钱和虚荣之外——便是天主教国家与其国内的少数新教徒之间的冲突，以及角色互换的冲突。该和约向宗教少数派提供安全保障，确立了新教国家和天主教国家之间的平等地位，并且终结了神圣罗马帝国，承认其下各邦国的主权地位。于是近代的国家观念被创造出来，对于其边界之内的法的创制与实施享有绝对控制。[13]从《威斯特伐利亚和约》开始演进的国际法面对的是这类独立国家之间的关系。[14]

国际法的基本渊源自1648年开始便没有大的改变，条约和被普遍接受的习惯构成了治理国家间行为之规则的基础。联合国国际法院(ICJ)——它仲裁国家之间的争端，是《联合国宪章》的产物，本身就是二战后50多个国家缔结的一项多边条约[15]——被视为深思熟虑国际法渊源的典型。[16]《联合国国际法院章程》第三十八条规定，联合国国际法院在裁决国家间争端之时，其决定必须符合下列国际法渊源，其优先序列如下：

1. 国际协议与国际条约；

2. 国际惯例；

3. 各国认可的一般法律原则；以及

4. 权威国际法学者的意见。[17]

尽管就其文意而言，第三十八条仅适用于联合国国际法院，其他国际法院——国际刑事法庭、美洲人权法院等等——时常也根据上述清单作出国际法方面的决定。不仅如此，各国还将上述清单看作关于国际法之渊源的权威陈述。[18]这份清单，与自文明产生之初便统辖了国家、部落与人民之间关系的法律是吻合的。条约最重要，因为它们代表性地包含了各国明确表示同意的书面规则，[19]然而支配各国的国际活动的习俗与法律原则(罗马万民法的当代体现)紧随在这些明示的同意之后(和国内法一样，国际法认为那些文人"像绣花枕头一样"为许多国际法学者的自尊送去致命一击)。

在此之外，若干基本原则构成国际法的根基，并且为规制各国的条约和习惯提供支撑。首先，不像罗马人的认可权力差异的条约那样，一切国家在国际法上是平等的。[20]这并不意味着一切国家在财富和权力上都是平等的，而是说，国际法平等地对待一切国家，就像美国人坚持认为正义是盲眼的，于是所有人在法律眼中都是平等的那般。其次，国际法体系的目标在于，各国尽最大努力与他国保持和平，尽最大努力不卷入战争。[21]

条约与国际习惯值得分别去谈，它们在 1648 年之后各自的发展将影响到国际法对待人工智能的态度。

(三) 条约

即便在过去的三百五十年间，在强国、弱国与中等国家之间缔结了无以计数的条约，其中的一些确实意义非凡。美国与英国于 1794 年缔结的《杰伊条约》被认为是第一个确立国际仲裁的条约。《杰伊条约》解决了一个历时已久的问题，出现在美国独立战争时期，然而在结束战争的 1783 年的《巴黎条约》中并未获得解决。这份条约创设了几个委员会，解决两国之间未能先通过谈判而解决的重大问题。[22]

与此类似，美国对英国在美国内战期间的干预提出抵制，认为后者的行为违背了其对美国内政的中立态度。根据 1781 年《华盛顿条约》，

135

美国与英国一致同意呈递前者对后者提出的诉求。当英国自 1792 年开始遵守仲裁决定之时,便开启了一条在国家间缔结仲裁协议的更宽广的道路,创设了在主权国家间执行国际法的运作机制。[23]在 1899 年的海牙和平大会上,若干欧亚国家缔结这项条约,后来又有许多国家参加,设立了海牙常设仲裁法院,为各国提供了一个正式的基于同意的国际法程序(而非战争手段),以之解决它们之间的纷争。今天依然存在的海牙常设仲裁法院正是联合国国际法院的先驱。[24]

20 世纪,终结了第一次世界大战的《凡尔赛条约》建立了国际联盟,一个真诚但最终是灾难性的尝试,它试图在一个国际组织中将各国约束起来,让它们共同致力于经济增长与人权保护,并且和平解决争端。然而国际联盟甚至在它成立之前就遭受重创,因为作为领导性国际领袖的美国,原本以为会成为一个积极的参与者,最终没有入盟。[25]由《联合国宪章》在 1945 年设立的联合国是国际联盟的更为成功的继任者,拥有 193 个成员国。[26]联合国运用一系列工具去鼓励其成员国采取行动,包括"制定规范的"条约,以及联合国安理会的决议。这些形式的联合国的行动使其得以快速回应技术的发展。[27]

例如,联合国大会在 1946 年作出的第 1 号决议回应的就是对原子武器的关注,它的首次使用发生在此前一年。这项决议创立了联合国原子能委员会以应对与核能相关的问题,只允许将其用于和平目的。[28]在此之后,许多国家签署了规范与禁止核武器的多边条约,包括 1970 年《核不扩散条约》[29]以及 1963 年《禁止在大气层、外层空间和水下进行核武器试验条约》。[30]

同样地,许多国家签署多项条约创设某一领域的技术机构,只不过这些机构对联合国负责。例如国际原子能机构[31]与国际电信联盟。[32]近年来,《关于禁止使用、储存、生产和转让杀伤人员地雷及销毁此种地雷的公约》(以下简称《渥太华禁雷公约》)于 1999 年生效,[33]回应的是地雷所造成的人员伤亡,尤其是在不稳定地区的情况。[34]依据该公约的条文,它本身在世界范围内获得接受与遵守要仰赖联合国之力。[35]

这些应对核武器与地雷的条约和协议具有非凡的意义，因为它们表达的是国际社会有意行动起来，去改变对各种武器的习惯性的国际使用。类似条约对于人工智能或许也有必要。

（四）国际习惯

习惯在历史上支配了大部分的国际法，包括海洋中的行动、对空域和外层空间的利用、外交豁免，以及战争规则。[36]尽管现在已经存在数以万计的条约和国际协议，但习惯在指导国际法上依然有其作用空间。首先，习惯指导条约的解释。其次，条约从未约束过一切国家。[37]以前述《渥太华禁止地雷公约》为例，至2013年初美国仍未加入。[38]即便美国自1991年起，就没有再使用过地雷，[39]它依然保有中止这一做法并恢复地雷的传统使用的自由。这包括，使用地雷去削减敌军人员的机动能力、将他们限制在特定区域、驱散到开阔地域。各国利用地雷来打乱敌军的阵形与部署行动。此外，雷区还被用来保护边界，因为它是一种费效比比较低的方案，可应对兵力不足。[40]

简而言之，传统国际法允许美国使用地雷的那条路子，正是许多人和许多国家确信《渥太华禁止地雷公约》之所以是必不可少的原因。[41]在20世纪的最后20年中，地雷夺去了一百万名牺牲者的生命。[42]其中75%—85%的受害者是平民。[43]其中有许多甚至是孩子。在一些为地雷侵扰的地区，人们对于危险麻木不仁，孩子们甚至用地雷来做玩具车的轮子。不仅如此，最易受此不利影响的国家是第三世界的发展中国家，他们的生存依赖于农业生产，而地雷却能够毁掉大片耕地。[44]

有关原子武器的类似关注导向了二战后联合国大会1号决议。紧随着广岛与长崎核爆，关于美国在实战中使用原子武器，国际社会中出现了不同意见。许多人认为，此等使用与规制武器与战争的传统国际法并无冲突；另外一些人则感到原子武器的出现使得既存的战争规则全然过时了。[45]

通过作出决议，创立规制原子武器与核武器的多边条约，国际社会的大多数成员认定，正在发展过程中的有关原子武器的习惯是不可接受

137

的,迥异于此的国际法不可或缺。与此类似,国际社会的大多数成员确信,对于地雷的习惯性使用日益变得无法令人接受,必须起草新的法律去规制它。各国很可能就人工智能无人机持类似看法,因为当前对有人操作的无人机的利用已经引发了关于其在国际法上(尤其是国际人道主义法)合法性的严肃问题的思考。

二、军用无人机

尽管在军事行动中使用高度复杂的无人机在 21 世纪呈爆炸性增长之势,实际上,军方操作无人机已有多年历史。

(一)早期无人机

战争中的遥控装置的历史之久远令人惊叹,大概可以追溯至古希腊时期的机械鸽子。[46]当代军用无人机的真正的先驱包括无人操作的投放爆炸物的侦察气球,[47]以及装备相机从而可以对敌军部署拍照的风筝,均出现于 19 世纪。[48]第二次世界大战期间,美国军队采用了多型无人机。生于英国的演员莱吉纳德·戴尼(Reginald Denny)成立了无线电飞机公司并开发出无线电飞机 OQ-2。美国陆军和海军购买了 15 000 架模型机用作防空火力靶标。[49]在战争中,美国政府还测试了战斗无人飞机,可以在升空之后进行远程操控,只不过需要一名飞行员将其飞离地面,然后跳伞下来。约翰·肯尼迪的哥哥约瑟夫就是这一项目的首批飞行员之一,后因无人机搭载的武器提前爆炸而丧生。[50]

(二)20 世纪晚期无人机的发展

在二战后的几十年里,技术进步十分显著。像诺斯罗普飞机以及赖安航空器公司(Ryan Aeronautical Company)这样的公司取得了重大突破,使得无人机有能力在北越、中国部分地区以及苏联执行侦察任务。不过这些无人机未被用于战斗任务。[51]

在 1973 年的赎罪日战争中,以色列空军利用无人机去探查并吸引叙利亚防空炮火，借此机会使用有人操作的飞机去攻击叙利亚军阵地。[52] 无人机的成功促使以色列人在 20 世纪末去发展尖端的信息搜集无人机。[53] 20 世纪 90 年代是军用无人机开发的活跃时期，计算程序能力与无线传输技术的进步使得无人操作的无人机具有更大的自主性。[54] 1994 年，美国空军开始测试"掠夺者"无人机，由位于圣迭戈的通用原子航空系统开发的一种多用途无人机。[55] 它是远程操作的，不过人工操作员位于另一处地点，往往是在另一块大陆上。[56] 掠夺者于 1995 年进行第一次战斗部署，在巴尔干地区遂行侦察任务。[57]

尽管掠夺者只是在这场冲突中发挥了很小作用，国防部的官员却对实时监控地面活动的能力印象深刻。相对于卫星照片，这可是一个相当大的进步。在北约 1999 年的科索沃行动期间，掠夺者作为一件战斗工具发挥了作用。比方说，在一架 B-52 轰炸机空袭科索沃南部一处目标时，一架掠夺者无人机绕着南联盟部队飞行，将 B-52 的攻击效果实时地传送给北约军事领导层。[58]

（三）现代军用无人机

美国国会 2000 年通过了一项法案，要求在 2010 年之前实现三分之一的远程攻击机为无人操作型，以及三分之一的地面军用车辆在 2015 年之前为无人操作型。[59] 与这项国会指令几乎同时发生的"9·11"恐怖袭击事件，推动这个世界上唯一的超级大国开启了一场利用无人驾驶军用飞机进行攻击与侦察的深远战争。

虽然中央情报局(CIA)自 2000 年以来已经利用无武装的无人机在阿富汗执行侦察任务，自"9·11"事件之后，中央情报局就开始给无人机加上武装，执行军事任务。2002 年 2 月 4 日，一架无人驾驶的掠夺者首次实施了定点清除。[60] 掠夺者成功地在向士兵提供实时信息的同时，还发起了定点清除的攻击，这促使美国军方大大增加了其保有的无人机数量。2001 年之前，美国国防部部署不多于 50 架无人机。至 2006 年，这个数字已经超过了 3 000。[61] 2012 年，五角大楼已使用近 7 000 架无人机。[62] 这时候，美国空军培训的无人机操作员的数量已经超过传统飞行员的数量。[63] 与此类似，无人地面车辆的数量从 2001 年的少于 100 辆增加到 2007 年的 4 400 辆，而后是 2011 年的 8 000 辆。[64]

　　时至今日，掠夺者无人机已是种类繁多的军用无人机中的一个，它们可大致分为三类：(1)微小型；(2)中等高度型；(3)高空久持型。[65] 微小型航空无人机可由手或弹弓放飞，通常拥有 3 到 10 英里的航程，电池工作时间为 45 到 90 分钟，虽然这一类型中最大的之一，扫描鹰无人机，可飞行超过 60 英里，电池工作时间超过 20 小时。它们的最高飞行高度为 14 000 到 16 500 英尺，不过通常在特定高度工作——50 到 2 500 英尺。这些型号配备有摄像头，地面上的士兵可操作它们获得附近敌军部署的实时情报。扫描鹰的自动化技术使其可以无需人的直接监督即可进行侦察。[66]

　　中等高度的航空无人机既能够进行侦察，也可实施实时攻击，取决于其机身搭载。掠夺者即属于这类。美国空军飞行员通过下列三种方式之一远程控制或监控它们：直接受控制的飞行、半自动受监控的飞行，以及预制程式飞行，[67] 中等高度型无人机的工作高度与传统商业飞机大致相同。[68]

　　高空持久类航空无人机被设计用来进行广区域长时间侦察，就像一颗"总是无处不在的近地轨道卫星"那样挂在行动区域上方。[69] 它们的飞行高度较中等高度无人机的更高(65 000 英尺而非 50 000 英尺)，对超过 60 000 平方英里的区域进行侦察。[70] 这意味着，只需要 5 架高空持久型无人机就可以对整个阿富汗进行高空侦察。[71]

（四）人工智能军用无人机

　　前面谈到的无人机仍然属于"有人回路"，也就是说，一个人对于诸如开火、脱离通常航路跟踪一名嫌疑人这类的关键决定具有否决权。[72] 许多型号有能力自主行动。在一个人向无人机发出指令之后(例如，在这个时间点飞到那个坐标，并记录下该处的活动)，它能够在这些指令的范围之内自行作出决定(速度、高度、航线等等)。军方人员依然在监控这架半自动化的无人机。[73]

然而，更多地在军用无人机中使用自动化技术才是大势。尽管多国宣称，人在作出致命性决定的时候会留在"回路当中"，联合国的一份报告却指出"自动化致命机器人系统正在路上，自动锁定目标在战场上的出现只是时间问题而已"。[74] 以色列正在谋划一个闭环式的边境防卫系统，在该系统中，人工智能机枪塔监控边境，确认目标并击毙他们，不存在任何人工干预。韩国正在开发一种无人机枪塔，可在其与朝鲜的边境上执行哨戒任务。尽管报道指出，人会决定机枪塔在什么时候才可以使用致命力量，不过这种塔确实具有自行开火的能力。[75]

美国军方已经公开宣布，在未来相当长的一段时间内，采取致命行动的决定依然将由人作出，然而高级官员的言论却指向另一方向。[76] 例如里克·林奇(Rick Lynch)上将在 2011 年 8 月宣称，他是"一名自动化技术的倡导者……我们必须继续倡导获取自动化技术。"[77] 自动化攻击无人机的测试已经在军事基地进行，比如佐治亚州的本宁堡。[78] 2012 年 11 月 21 日，美国国防部发布 3000.09 指令，它试图就该部的无人机自动系统的开发确立政策。[79]

这些迹象都表明，美国这个军用无人机的最大用户正在积极地为其军用无人机寻求更多的人工智能。尽管如此，由于现有的无人机已经引发了关于其在国际法下的合法使用的关注，可见，人工智能无人机需要对国际法进行彻底的改变，容纳非由人类作出的战斗决定。

三、国际法下的人工智能

正如前文所述，尽管军用无人机的投入使用已有时日，它们只是在最近才成为跨国战斗行动的直接而实际存在的一部分。但是它们确实催生了关于无人机利用的可接受性问题。在 2009 年与 2012 年 2 月之间，无人机杀死了 282 至 535 名平民，其中 60 人为儿童。[80] 据布鲁金斯研究所估测，无人机每摧毁一个战斗目标，就杀死 50 名平民。[81] 虽然，对于如此精确的数字确有怀疑的理由，但基于无人机的错误或者平民的运气不好在错误的时间出现在错误的地点而存在无人机杀死平民的可能性，催发了向联合国人权委员会这样的团体去提出疑问，使用无人机是否违反了国际人道主义法。[82]

无人机的跨国使用在各国与国际法学家之间催生出大量的分析、疑问乃至绝望的态度。尽管这一领域的专家们对于无人机违反还是符合国际法规范争论不休，在此将注意力聚焦在国际法的一个具体领域将有所助益：战争法，或曰国际人道主义法。许多书籍和文章已经指出，使用人工操作的无人机，在这一法律领域存在一些严重的问题。

但是那些设备依然在人的操控之下，因而有人为它们的行为直接负责。正如联合国司法外执行特别协调人菲利普·阿尔斯通(Philip Alston)所言，"从一架无人机上发射出去的导弹，无异于其他常用的武器，包括一支由士兵扣下扳机的枪"。[83]人工智能无人机则不同，因为没有哪个飞行员或士兵扣下扳机，一台机器将作决定。如果说国际法对于无人机有些含糊，它目前对于人工智能无人机可以说是未置一言。甚至在国际法虑及其他形式的人工智能时(如自动驾驶汽车和飞机)，它禁止其使用。

(一)人工智能无人机与国际人道主义法

国际人道主义法(有时也称为武装冲突法或战争法)适用于武装冲突的情形，规范几个敌对方的行为以及对身陷冲突之中的人的保护。[84]自其建立之初，国际人道主义法便立基于四项原则之上：

1. 冲突各方必须区别战斗人员与非战斗人员，仅对前者发起攻击；

2. 冲突各方必须努力将战争期间的附带伤亡降至最低，这意味着攻击敌人的手段和方法不是毫无限制的；

3. 武装人员有权使用为了使敌人完全且尽快屈服所不可或缺的一切手段，只要其未为战争法所禁；

4. 冲突各方必须努力尽可能地把痛苦降至最低。[85]

有两类武器在武装冲突中被禁：无差别攻击的武器[86]和造成过度痛

苦的武器。[87]

关于无差别攻击的武器，根据 1949 年 8 月 12 日的《日内瓦公约》附加议定书第 51 条第（4）款的规定以及关于保护国际武装冲突受害者（附加第一议定书），无差别攻击的武器为：(1)不针对一个具体的军事目标；(2)所使用的战斗方法或手段不可能针对一个具体的军事目标；或者 (3)所使用的战斗方法或手段所产生效果的限度无法满足附加第一议定书的要求。说得更直白些，无差别攻击的武器就是那些"不能区分平民和军事目标的武器"。[88]

关于造成过度痛苦的武器，联合国国际法院对此作过论述："禁止对战斗人员造成不必要的痛苦。相应地，也禁止使用武器给他们造成这类伤害或者毫无必要地加重其伤害……各国并不享有不加限制的选择武器之自由。"[89]这一国际法则背后的主旨是，强化痛苦却不强化其军事优势的武器，是不合法的。[90]

关于遥控无人机是否违反以上两项禁令中的一条或是另外一条，有争议。一些学者和军事领导人形容这些无人机为武装的机器人"杀手"[91]，从而将杀手与受害人区分开，这样显得更加残暴。[92]就此而论，无人机比其他武器系统造成了更大的破坏，变成了进行无差别攻击和施加过度痛苦的工具。[93]然而，其他人则认为，目前无人机用的就是有人驾驶战斗机上搭载的武器，并未为任何国际协定取缔。一些研究者突出这一点，注明因为无人机在发起攻击之前可以实施侦察，它们实际上降低了附加第一议定书所说的无差别攻击，有助于减少不必要的痛苦，因为它们能够用数小时追踪目标，在平民不在场的时候再发起攻击。[94]

无人机的拥趸者还将国际人道主义法的基本原则作为证据，来证成对使用远程控制航空无人机的许可。在提出第一项原则——即冲突各方必须区别战斗人员与非战斗人员，仅对前者发起攻击——的时候，附加第一议定书的第 48 条是这么说的："为了确保遵守以及保护平民的人身与其物品，冲突各方始终应当区分平民与战斗人员以及平民的物品与军

143

事目标,并且相应地仅对军事目标采取行动。"如果无人机让远程遥控的人可以实施强化的精细侦察,有可能他们比地面战斗人员,可以更好地将平民与战斗人员辨识开。[95]

与此类似,国际人道主义法并不全然禁止平民死伤,它并不要求一国在武装冲突中的目标限于削弱他方的军事力量而非其平民群体。[96]无人机侦察技术使得操作人员可以确认攻击区域周围的平民的存在,有可能使他们较之地面部队更好地把握敌军的存在。无人机能够更好地削弱敌人的军事力量,同时尽可能少地伤害平民,这也是对第二项原则的发扬,即冲突各方必须努力将战争期间的附带伤亡降至最低。[97]

关于当前对无人机的使用是否违反国际人道主义法尚存在争议。争论焦点在于由操作人员远程遥控的无人机是否构成一项全新的武器,还是说,只不过是现有的合法武器的一个精准版。如果无人机是新武器,它们可能表现为一项造成不必要痛苦的无差别攻击武器。如果无人机仅仅是现有合法武器的 2.0 版本,那么国际法已经认定,它们在国际人道主义法上是没有问题的。

一旦各国开始使用人工智能无人机,这个争论就不再有任何意义。即便一支由自动化士兵操控的步枪成了新型武器,因为一台机器可以勘测在其范围之内的人,区分平民和敌人,然后决定开火。许多学者采纳联合国司法外执行特别协调人菲利普·阿尔斯通的观点,将有人控制的无人机描述为"与其他常用的武器并无不同",因为"关键的法律问题对于二者是一样的,其具体的使用是否遵守了国际人道主义法。"[98]只要开火的决定是人类作出的,到底是战场上的一名扣动扳机的士兵,还是一名在地球另一边按下无人机导弹发射按钮的操作人员,都同样适用。

国际法就其内容而言,并未触及人工智能与机器所作之决定。回想一下前面谈过的附加第一议定书的第 48 条。它只是含糊不清地给人发出指令:"冲突**各方**始终应当区分平民与战斗人员。"所谓"各方"指的当然不是人,而是由人运作的各个国家,有人在战斗中执行各国的决定。这也是国际人道主义法的前提，正如附加第一议定书第 91 条所规定的："冲突一方……应当为**组成其武装部队之一分子的人**的任何行为承担责任。"由人类士兵所作出的决定是要承担国际人道主义法上的责任的。

但是当一国派遣人工智能无人机作战之时，不可进行归责，根据法律的文本是不可以如此的。如果一台人工智能无人机不成比例地攻击军事目标或是杀死平民，责任国**不**为此承担责任。该国领导人可以振振有词地说："当然我们承认这台人工智能无人机属于我们，我们也不容忍其行为。尽管我们的军人当时正在监督其行动，然而它被设计为自由地对目标作出决定。这些决定通常很好，只是今天的这些很糟糕。但是，我们并不对这些决定承担责任，因为它们不是由我们武装部队的人员作出的。"

一些非营利性政论团体如"人权观察"指出，基于发生致命错误的可能性，国际人道主义法应当取缔人工智能无人机，点明武装部队必须区分战斗人员与非战斗人员。[99] 然而根据附加第一议定书第 91 条，受国际法规范的武装力量的行为与决定，似乎仅限于由人而非机器实施的行为和决定。即便我们变通解释附加议定书以便将人工智能包纳进来，对各国的要求为何却并不明朗。人工智能无人机**永远**能够区别战斗人员与非战斗人员吗？　这一标准实在不切实际，因为人类士兵也达不到这一严苛标准。美国国防部在 3000.09 号指令中似乎假定，如果说有负担的话，也只不过是创立一些程序来测试/监管人工智能无人机的行动，以确保这项技术能够成功地对目标群进行区分，而不是说百分百做到。[100] 由于国际法对人工智能无人机的沉默，使得国际法上几乎所有的法律解释都适用于人工智能。

这就是所谓使用人工智能无人机者违反国际法因而应当承担责任的问题。保险起见，第 91 条并没有明说冲突一方**不**对人工智能的行为承担责任，事实上，国际人道主义法关于人的措辞十分明确，对于人工智能则差之远矣。它基本上什么也没说。国际人道主义法至多只是无意间

145

触及人工智能。比方说,它要各国采取"持续的注意"以及预防措施,以确保平民不会在攻击中受到伤害。[101]预防措施的标准是"一个合理地具有透彻了解的人,在实际**行凶者**所处的情境下,对他或她可获取的信息进行合理使用,是否会预见到这一工具将导致过度的平民伤亡"。[102]以上法律意义上的陈述由前南斯拉夫国际战犯法庭所作,清晰无疑地打算将该标准适用于一个自然人行凶者。但它也可以通过论证来适用于人工智能无人机。

146 　　然而,接下来的问题是,当时的人工智能可以获取怎样的信息。在同样的情况下,去鉴别人工智能可以获取怎样的信息,要难于鉴别一个自然人是怎样获收信息的。一个自然人身边当时很可能有其他人——可以是旁边的人群、下级、朋友或者上级,等等。一个自然人有自己的观点,他人可与之相关,并因之分析他作出的决定。然而,一架人工智能无人机很可能是独自行动的。人工智能无人机可能在杀戮现场上空一万英尺处监控它。一架人工智能无人机发生错误,可能是因为人工智能,也可能是因为操作它的人。[103]那些错误的结果可能是人工智能与操作者均采取了适当的预防措施以保护平民。这些因素组成了一个复杂的迷宫,以至于根据当前的国际人道主义法,根本不可能恰当地归责。[104]

　　与自动汽车以及"操作者"责任类似,一些人关于人工智能无人机提出这样的看法,即如果我们假定自然人总是在进行控制,那么自动化无人机就是符合国际人道主义法的,因为总是有一个人在对它们发号施令,这和其他武器是一样的。的确,如果一台人工智能无人机的程序被设置成在战场上自主地完成任务,同时亦处于自然人的持续监控下,这还是可以说成是在人类的控制之下。[105]然而,如前所述,根据现行国际人道主义法,这最多不过是一个模糊不清的观点。国际法并没有说,人类操作者要为他们"会思考"的武器承担责任,因为时至今日,思考型的武器尚未成为现实。

　　与我们就其他形式的人工智能已经谈过的问题类似,有证据显示,指望人类在人工智能无人机上,保有与既有的武器相同的控制水平,是不现实的。首先，控制无人机的人很可能长时间值班——长达 12 小时——观察可独立运作的设备所带来的无聊感，这将严重影响一个人成功监控一架无人机的能力。[106]

其次，无人机与其操作者之间的通讯依然存在相当大的问题。航空无人机的事故率远高于有人操作的飞机，至少有部分原因要归于无人机与地面控制之间的通讯中断。[107]此外，无人机记录视频与图像出现在操作者的屏幕上之间，有 2 秒至 5 秒钟的时间迟延，可能导致致命的事故，比如，从被监视的建筑后面走出来的是一名小女孩，而非预计中的敌方战斗人员。[108]

由于现在的无人机至多只是达到半自动的程度，发起攻击的决定为操作人员所作，以上通讯问题尚未导致未受监控的无人机攻击。然而对于人工智能无人机，通讯问题造成此等后果的可能性更大。目前，国际法假设总是有一个自然人控制着一架自动化无人机，这样的规范是扭曲的，与事实不符。

（二）联合国关于自动化无人机与人工智能的公约

法律的缺位不单单发生在国际人道主义法中。对国际法下几乎每一个会受到人工智能影响的领域审视一番——国家主权、海洋法、定点清除等——尚无一项规定直接调整人工智能。一切关于人工智能在国际法下得到规制的意见观点，都是建立在各国被预计将进行的习惯性利用以及将既存的国际法解释得与其原初意图相违这两点之上。显然，目前它还是一个不成其为问题的问题。人工智能尚未应用在无人机上，至少总的来说尚未发挥作用，从而迫使国际法进行变革。然而人工智能应用在无人机上只是一个时间问题，将作用于多个国际法领域。

消解各国之间对于人工智能的歧见、潜在的问题和冲突的最好方式，就是在多边条约中处理它们，或可由联合国来组织。与原子能相似，人工智能同时带来了巨大的利益与风险。原子能在二战之后潜力巨大，但也可能造成巨大的破坏。人工智能的前景与此相似。人工智能可以将人类从苦重的劳作中解脱出来并提升其生活品质，但它也可能使得发动战争如同电子游戏,将士兵与暴力隔绝,从而阻止他们认识到罗伯特·李(Robert E. Lee)的肺腑之语,"还好战争如此残酷,否则我们将会越来越沉迷于它"。

然而,如果国际社会关于人工智能的何种利用是可接受的还是不可接受的争议持续混乱下去的话,好处将会越来越少,而威胁会与日俱增。即便国际法没有其强制实施的机构,它已经为各国提供了一张路线图:"我们肯定可以这样做,然而我们应当认真思考去那样做。"这就像是 ATM 机前的队伍。尽管没有哪条具有强制执行力的法律告诉第二个排队的人应当与第一个人保持多大的距离,却有一个大概的共识,即你应当保持几英尺的距离。当这条规则得到遵守时,ATM 机前秩序井然,每个人都会感到舒适些。类似地,一旦国际社会有一个大概的共识,所有国家都会感到舒适些,冲突就更少了。

缔结一项关于人工智能的联合国公约的最大障碍在于,那些将开始使用并且依赖人工智能的国家的合作并接受它。已经大大依赖无人机的国家——尤其是美国——很可能最早采用人工智能无人机。那些后工业化国家——有研发节约劳动力技术的经济动力——也很有可能采用人工智能的其他形式,同样会对国际法造成影响:自导航飞机、自驾驶船舶,等等。一份人工智能公约的诱惑在于,对各方面制定明确的指导方针:人工智能不能够对任何人类开火,人工智能不能够进入他国,除非获得了该国的明确许可、各国为其人工智能的行为承担责任,等等。

然而,有一些界限测试是美国、以色列和其他一些已经开始使用人工智能的国家无法接受的。如果说它们对现有的无人机的使用是某种迹象的话,它们将以相似的方式利用人工智能无人机,从而与禁止此等利用的公约相违背。这些国家不会签署这样的公约,于是后者的效果也就存疑了。

我更建议规范人工智能的不同领域的多边条约,提供层次不同的具体操作,以此令美国来加入,批准其中的一些,尽管不是全部。这样虽然不够理想,却可以提供一些国际上广为接受的关于人工智能的规范,

148

并且为人工智能在国际法下的规范提出一些振奋人心的目标。在若干方面，今天的《渥太华禁止地雷公约》就服务于这样的鼓舞作用，虽然一些主要国家没有加入(例如美国)，但是它为反人员地雷创造出了理想的状态：各国均不使用、生产、储存反人员地雷。[109]这一理念已经切实地影响了对反人员地雷的使用。截至 2010 年，已有 39 个国家停止生产反人员地雷，其中 5 个并非《渥太华禁止地雷公约》的缔约国，此种武器的合法贸易已经不复存在。[110]

我们可以对人工智能公约提出多种框架，我在此提出下列建议：

● **关于人工智能及国家责任的公约**：本条约将确认各国要为其人工智能之行为承担责任，一如要为其军事人员的行为担责。它的条文应当指明要求各国在操作人工智能时须采取的安全措施。它的内容应当为各国提供开发利用人工智能的清晰的指南。条约的主旨是赋予人工智能在国际法下与人类的等同的为其所属国家创设责任的地位，与此同时，承认各国在操作人工智能时须采取的预防措施，与管理其传统的武装力量有所不同。比方说，人工智能的训练要求，以及对监控它们的人的训练要求，与对操控传统武器的士兵的训练要求是不一样的。

● **关于人工智能与国家主权的公约**：虽然这个问题会在各国之间造成许多争论，但是还是应该有一个条约来制定人工智能与国家主权的各项规则。就像关于一架进入他国领空执行定点清除任务的无人机出现了许多问题一样，进入他国领空的人工智能将引发更多的混乱。禁止人工智能侵犯他国主权的界限规则，将为那些已经部署了人工智能无人机的国家拒绝。但是一项将各个国家的自卫权[111]加以整合，并且承认在一些情况下对其侵犯是有必要(至少是很方便地超越)的条约，会受到更多的支持。这样的国际标准将更加精准地反映各国利用人工智能的现实。

● **关于人工智能与自导航行器的公约**：为了促进将人工智能驾驶员与飞行员融入国际贸易与交通中，拥有针对空中、地面与水上航行器的人工智能驾驶者的商定标准将有所助益。对在本国注册的人工智能海上船舶、在国际水域航行的军舰、救援遇险船只的人工智能船舶，在各种问题当中,各国应当知晓会对它们承担怎样的责任。希望利用自动化飞机与地面车辆的各国还面临其他挑战。

在创立新的规制人工智能飞机和汽车的国际法之外,意图拥抱无人驾驶飞机和无人驾驶汽车的各个国家还得修订甚至推翻现有的涉及自飞行和自驾驶的诸项条约。《国际民用航空公约》特别禁止"无驾驶员的飞行器"在未取得一国许可的情况下飞越该国。[112] 一项规定此等许可的条约,将整体地给予无飞行员的飞机取得国际法上的合法性推定,同时也为各国提供关于使用无飞行员飞机的规则。

同样,意图使用无人驾驶客车与货车的国家若要为其公民提供指导,需要的也不仅仅是国内立法。它们还需要国际条约,就像《日内瓦道路交通公约》那样要求每辆车都得有一名驾驶员,以合理而审慎的方式驾驶。[113] 只要各国想充分地拥抱自动化汽车,希望它们将车主送至工作地点,将孩子送往学校,就需要修订这方面的国际法规则。像美国这样的已经开始使用自动化汽车的国家,应当宜早不宜迟地考虑修订事宜。

● **关于人工智能与知识产权的公约**:由人工智能创造的知识产权将在下一章进行更彻底的探讨,不过,国际标准与机器、机器人的重要性是一样的,而程序已经开始创造越来越多的内容了。当人工智能写出一本畅销小说的时候,各国对于其著作权的期限与起始时间应当具有一致性。

● **关于用于监控的人工智能的公约**:如今已投入使用的无人机能够以仅仅在十年二十年前仍旧无法想象的方式监控我们的活动:采集实时视频、每次观察一个地点可达数小时之久、藏在隐蔽处观察地面上的人。监控技术将进一步发展,同时无人机会与人工智能整合起来,将使其监控任务更加灵活。无需人的直接指示,人工智能将能够对自己身上的传感器做出回应,自动地调整它们指向最具有观察价值的地点或人员。它们甚至有可能发展出某种自己的感觉。对这种技术印象深刻,各国就此等人工智能监控无人机应对一些基础的问题可谓十分重要。它们何时获得许可？ 其他国家在什么时候必须得到通知？ 这些无人机可以监控的人的类别有无限制？ 人工智能无人机能够在多大程度上接近被监控对象？ 一项多边条约可以一次应对所有这些问题，尽管说服那些已经在使用人工智能无人机的国家去限制此等利用，确有难度。

● **关于武装冲突中的人工智能的公约**：该条约将国际人道主义法扩大至人工智能在军事行动中实施的强制行为。它将规制利用人工智能针对敌人的行为，例如在平民受到威胁、定点清除以及其他类似情形。取决于商定的条款，它会为各国提供标准，以确定人工智能无人机的操作和发起攻击，是否获得了国际法上的许可，那些已经使用人工智能无人机的国家有可能决定签署它。但是，如果该条约禁止一切由人工智能无人机发起的攻击，就像人权观察这样的组织主张的那样，前述国家很可能完全拒绝它。如果像美国这样的国家决定不对其人工智能无人机的军事利用施加**任何**限制，那么以上任何条约都只是一个雄心勃勃却时运不济的具文。

151

以上建议的这些条约规制利用人工智能的广泛的内容和问题。我相信，大多数国家会同意这些条约中的大多数。有关责任、知识产权、自导航行器的那些条约，相较于有关国家主权、监控与武装冲突的，应该会更容易达成共识。人工智能无人机就像目前人控无人机那样，将拥有许多军事和侦测方面的用途。各国不大愿意放弃这种效用，尤其是当它们陷入囚徒困境，不确定其对手国家是否会放弃人工智能无人机时。当其他国家尚未自我限制之时，没有哪个国家会急着做出承诺从而绑住自己的手脚。

四、 人工智能的国际标准

即使所有有分量的国家都不愿意宣布放弃对人工智能的较具争议的利用方式，为人工智能在国际法中设立其标准也是有益的。它能够提供一个模板, 为那些不合作的国家在作出有关人工智能的决定时提出参照。举例而言, 即便美国目前还不是《反地雷公约》的缔约国, 但美国军方已经意识到了该条约的目标, 后者反过来影响到前者对反人员地雷的看法。有关人工智能于武装冲突、监控、主权的公约可以这样的方式发挥作用。此外, 有关人工智能争议较少的那些方面的公约将为人工智能在国家关系中的利用提供坚实的框架。

人工智能会改变我们的生活与经济的诸多基本因素。劳动力将被取代。交通运输会更加便捷。生产成本会更加低廉。重要的是, 世界上的大多数国家会行动起来, 通过一些共同的基本概念来处理人工智能。希望这样可以减轻人工智能较具危害的若干方面, 例如大规模失业, 并促进人工智能发挥积极作用, 例如让人有更大的自由去接受更好的教育, 创造新的工作、生意与技术。这将有利于将人工智能的好处扩展到更多的人与国家。

在发展人工智能可以创造的若干益处中, 就有人工智能可以写作、谱曲和绘画。这类人工智能大概是谈论得最少的, 但你们可以看到, 它们已经开始发生了。下一章将探讨当人工智能创造知识财产时将会发生什么。

注释

1. *The Paquete Habana*, 175 U.S.677(1900).

2. 国际法有国际公法与国际私法之分, 前者有关国家之间的相互关系, 后者则是个人与组织之间在国际上的相互关系。我在本章中提及的国际法指的是国际公法。

3. United Nations, *Charter of the United Nations*, October 24, 1945, 50 Stat. 1031, http://www.refworld.org/docid/3ae6b3930.html, Art. 19.

4. See Mark W.Janis and John E.Noyes, *International Law Cases and Commentary*, 3rd ed.(St. Paul, MN: Thomas/West, 2006), 263.

5. See Frederic L.Kirgis, "United States Dues Arrearages in the United Nations and Possible Loss of Vote in the UN General Assembly," *ASIL Insights*, July 1998,

http://www.asil.org/insigh21.cfm.

6. J.L.Bierly, *The Law of Nations*, 6th ed.(Oxford, UK: Clarendon Press, 1963), 5—6. 这谈不上是通说，然而在概括地观察国际法的时候很有用。See Stéphane Beaulac, "The Westphalian Legal Orthodoxy-Myth or Reality?" *Journal of History of International Law* 2: 2(February 2000): 148—177.

7. Baron S.A.Korff, "An Introduction to the History of International Law," *American Journal of International Law* 18: 2(1924): 246—237.

8. 1 Maccabees 8: 1—29(*Good News Bible*); Mark W.Janis, "An Introduction to International Law," in Mark W.Janis and John E.Noyes, eds., *International Law Cases and Commentary*, 3rd ed.(St. Paul, MN: Thomas/West, 2006), 1; Arthur Nussbaum, "The Significance of Roman Law in the History of International Law," *University of Pennsylvania Law Review* 100: 5(March 1952): 679—680; "History of the International Court of Justice," International Court of Justice, http://www/icj-cij.org/court/index.php?p1=1&p2=1.

9. Nussbaum, 680—681.

10. Korff, 247.

11. Edward D.Re, "International Law and the United Nations," *St. John's Law Review* 21: 1(November 1946): 147—148.

12. See Nussbaum, 680—683.

13. Bierly, 5; Leo Gross, "The Peace of Westphalia 1648—1948." *American Journal of International Law* 42: 1(January 1948): 21—22.

14. Janis, "An Introduction to International Law," 2.

15. "History of the International Court of Justice."

16. See Janis and Noyes, 27.

17. *Statute of International Court of Justice*, June 26, 1945, 59 Stat. 1055, http://www/icj-cij.org/documents/index.php?p1=4&p2=2&p3=0, Art. 38.

18. Janis and Noyes, 27—29.

19. Ibid., 29.

20. James Brown Scott, "The Codification of International Law," *American Journal of International Law* 18: 2(January 1924): 263—264.

21. Janis, "An Introduction to International Law," 2.

22. "History of the International Court of Justice."

23. Ibid.

24. David D.Caron, "War and International Adjudication: Reflections on the 1899 Peace Conference," *American Journal of International Law* 94: 1(January 2000): 15—22.

25. Janis, "An Introduction to International Law," 466—467.

26. "UN Welcomes South Sudan as 193 Member State," UN News Centre, https://news.un.org/app/news/story.asp?NewsID=39034.

27. Oscar Schacter, "United Nations Laws," *American Journal of International Law* 88: 1(January 1994): 2—4.

28. "Nuclear Weapons," United Nations Office for Disarmament Affairs, http://www.un.org/disarmament/WMD/Nuclear/.

29. *Treaty on the Non-Proliferation of Nuclear Weapons*, March 5, 1970, 729 U.N. T.S.161, http://disarmamente.un.org/treaties/t/npt/text.

30. *Treaty Banning Nuclear Weapon Tests in the Atmosphere, in Outer Space and Under Water*, October 10, 1963, 14 U.S.T.1313, http://www.un.org/disarmanent/WMD/Nuclear/pdf/Partial_Ban_treaty.pdf.

31. Statute of the International Atomic Energy Agency, July 29, 1957, 276 U.N.T.S. 3, http://www.iaea.org/About/statute.html, Arts I & III.

32. "History." International Telecommunications Union. http://www.itu.int/en/about/Pages/history.aspx.

33. *Convention on the Prohibition of the Use, Stockpiling, Production and Transfer of Anti-Personnel Mines and on Their Destruction*, March 1, 1999, 2056 U.N.T.S.241, http://www.icbl.org/index.php/icbl/treaty/MBT/treaty-text-in-Many-Languages/English (hereinafter referred to as the *Land Mine Convention*).

34. "Final report," Meeting of the State Parties to the Convention on the Prohibition of the Use, Stockpiling, Production and Transfer of Anti-Personnel Mines and on Their Destruction, APL/MSP.1/1999/1, Maputo, Mozambique (May 20, 1999), http://www.apminebanconvention.org/fileadmin/pdf/mbc/MSP/1MSP/1msp_final_report_en.pdf.

35. *Land Mine Convention*, Art. 6.

36. Anthony D'Amato, "The Concept of Special Custom in International Law," *American Journal of International Law* 63: 2(1969): 212.

37. Janis and Noyes, 92.

38. "State Parties to the Convention," *Land Mine Convention*, http://www.apminebanconvention.org/state-parties-to-the-convention.

39. Mark Landler, "White House Is Being Pressed to Reverse Course and Join Land Mine Ban," *New York Times*, May 7, 2010, http://www.nytimes.com/2010/05/08/world/americas/08mine.html?_r=0.

40. Andrew C. S. Efaw, "The United States Refusal to Ban Landmines: The Intersection between Tactics, Strategies, Policy and International Law," *Military Law Review* 159(1999): 100—101.

41. 也应当注意，美国是《若干传统武器公约》的缔约国，该条约对地雷有所涉及，但允许其使用。

42. Efaw, 94.

43. "Arguments for a Ban," *International Campaign to Ban Landmines*, http://www.icbl.org/index.php/icbl/problem/Landmines/Arguments-for-a-Ban.

44. Efaw, 94.

45. Jill M. Sheldon, "Nuclear Weapons and the Laws of War: Does Customary International Law Prohibit the Use of Nuclear Weapons in All Circumstances?" *Fordham International Law Journal* 20: 1(November 1996): 182.

46. Brendan Gogarty and Isabel Robinson, "Unmanned Vehicles: A(Rebooted) History Background and Current State of the Art," *Journal of Law, Information and Science* 21: 2(2011/2012): 3, n. 5.

47. Charles Perley, 1863, Improvement in Discharging Explosive Shells from Balloons, U.S.Patent 37, 771, issued February 24, 1863.

48. Gogarty and Robinson, 4, n. 7.

49. Ed Darack, "A Brief History of Unmanned Aircraft," *Air & Space*, May 18, 2011, http://www. airspacemag. com/multimedia/A-Brief-History-of-Unmanned-Aircraft. html?c=y&page=4&navigation=thumb# IMAGES.

50. John Sifton, "A Brief History of Drones," *The Nation*, February 27, 2012, http://www.thenation.com/article/166124/brief-history-drone# .

51. Darack, "A Brief History of Unmanned Aircraft," *Air & Space*, May 18, 2011, http://www. airspacemag. com/multimedia/A-Brief-History-of-Unmanned-Aircraft. html?c = y&page = 8&navigation = thumb# IMAGES and http://www. airsapcemag. com/multimedia/A-Brief-History-of-Unmanned-Aircraft. html? c = y&page = 9&navigation = thumb# IMAGES.

52. Darack, "A Brief History of Unmanned Aircraft," *Air & Space*, May 18, 2011, http://www. airspacemag. com/multimedia/A-Brief-History-of-Unmanned-Aircraft. html?c=y&page=9&navigation=thumb# IMAGES.

53. Gogarty and Robinson, 4, n. 9.

54. Ibid., 6—7.

55. Paul Joseph Springer, *Military Robots and Drones*(Santa Barbara, CA: ABC-Clio, 2013), 22; Richard J. Newman, "The Little Predator That Could," *Air Force* magazine 85: 3(March), http://www.airforce-magazine.com/MagazineArchive/Pages/2002/March% 202002/0302predator.aspx.

56. Gogarty and Robinson, 9.

57. Springer, 22.

58. Newman.

59. Springer, 22.

60. Sifton, "A Brief History of Drones."

61. United States Government Accountability Office, "Unmanned Aircraft Systems: Improved Planning and Acquisition Strategies Can Help Address Operational Challenges," testimony before the U.S.House, subcommittee on Tactical Air and Land Forces, April 6, 2006(Washington., DC: Government Accountability Office, 2006), 5.

62. Charles Levinson, "Israeli Robots Remake Battlefield; Nation Forges Ahead in Deploying Unmanned Military Vehicles by Air, Sea, and Land," Wall Street Journal, January 13, 2010; "Predator Drones and Unmanned Aerial Vehicles(UAVs)," New York Times, http://topics. nytimes. com/top/reference/timestopics/subjects/u/unmanned_ aerial_vehicles/index.html.

63. Gogarty and Robinson, 11—12.

64. Filip Alston, "Lethal Robotic Technologies: The Implications for Human Rights and International Humanitarian Law," Journal of Law, Information and Science 21: 2(2011/2012): 41.

65. Gogarty and Robinson, 12; see United States Airforce, United States Unmanned Aircraft Systems Flight Plan 2009—2047, May 18, 2009, http://www.fas.org/irp/program/ collect/uas_2009.odf, 25—27(hereinafter referred to as United States Unmanned Aircraft Systems Flight Plan).

66. United States Unmanned Aircraft Systems Flight Plan, 25—26.

67. Ibid., 26—27.

68. Gogarty and Robinson, 13.

69. Newman.

70. United States Unmanned Aircraft Systems Flight Plan, 26—27; Gogarty and Robinson, 14.

71. Gogarty and Robinson, 14, n. 72.

72. Ibid., 2.

73. Philip Alston, Interim Report of the Special Rapporteur of the Human Rights Council on Extrajudicial, Summary or Arbitrary Executions, U.N.Document A/65/321, August 23, 2010, http://daccess-ods.un.org/TMP/563504.472374916.html, 13.

74. Ibid., 14.

75. Ibid., 15.

76. Alston, "Lethal Robotic Technologies," 44.

77. Cheryl Pellerin, "Robots Could Save soldiers' Lives, Army General Says," American Forces Press Service, August 17, 2011, http://www. defense. gov/news/ newsarticle.aspx?id=65064.

78. Peter Finn, "A Future For Drones: Automated Killing," Washington Post, September 19, 2011, http://articles.washingtonpost.con/2011-09-19/national/35273383_1_

drone-human-target-military-base.

79. Department of Defense Directive 3000. 09, November 21, 2012, available at http://www/dtic.mil/whs/directives/corres/pdf/300009p.pdf.

80. Chris Woods and Christian Lamb, "Obama Terror Drones: CIA Tactics in Pakistan Include Targeting Rescuers and Funerals," *The Bureau of Investigative Journalism*. February 4, 2012, http://www.thebureauinvestigates.com/2012/02/04/ obama-terror-drones-cia-tactics-in-pakistan-nclude-targeting-rescuers-and-funerals/.

81. Peter W.Singer, "Attack of the Military Drones," Brookings, June 27, 2009, http://www.brookings.edu/research/opinions/2009/06/27-drone-singer.

82. Human Rights Council, *Interim Report of the Special Rapporteur of the Human Rights Council on Extrajudicial, Summary or Arbitrary Executions, Filip Alston—addendum*, U. N. Document A/HRC14//24Add. 6, May 28, 2010, http://unispal. un. org/ UNISPAL.NSF/0/.

83. Alston, *Interim Report*, 24.

84. Laurie R.Blank, "After 'Top Gun': How Drone Strikes Impact the Law of War," *University of Pennsylvania Law Review* 33: 3(Spring 2012): 681. 布莱克在这一页的第 27 个注释给出了一个详细的名单，列明规制武装冲突的国际法的关键法源，尤其是 1949 年 8 月 14 日的《日内瓦公约》及其各项附加议定书。

85. Blank, 681—683.

86. International Committee of Red Cross, *Protocol Additional to the Geneva Conventions of 12 August 1949, and Relating to the Protection of Victims of International Armed Conflicts*, June 8, 1977, 1125 U.N.T.S.3, Art. 51(4), http://www. refworld.org/docid/3ae6b36b4.html(hereinafter referred to as *Additional Protocol I*).

87. International Conferences(The Hague), *Hague Convention(IV) Respecting the Laws and Customs of War on Land and Its Annex: Regulation concerning the Laws and Customs of War on Land*, October 18, 1907, http://www.refworld.org/docid/4374cae64. html, Art. 23.

88. *Legality of the Threat or Use of Nuclear Weapons, Advisory Opinion*. 1996 I.C. J.226, 257(hereinafter referred to as *Nuclear Weapons*).

89. Nuclear Weapons, 275.

90. Blank, 686.

91. John Pike, "Coming to the Battlefield: Stone-Cold Robot Killers," *Washington Post*, January 4, 2009, http://articles.washingtonpost.con/2009-01-04/opinions/36913238_1_ robotics-aircraft-uvas-moore-s-law.

92. P.W.Singer, "Military Robots and the Laws of War," *The New Atlantis* 23 (Winter 2009), http://www.thenew atlantis.com/publications/military-robots-and-the-laws-of-war.

93. See Chris Jenks, "Law from Above: Unmanned Aerial Systems, Use of Force, and the Law of Armed Conflict," *Notre Dame Law Review* 85: 3(2009): 650—651.

94. Blank, 686—687.

95. Ibid., 689—690.

96. See *Declaration Renouncing the Use, in Times of War, of Explosive Projectiles Under 400 Grammes Weight*, December 11, 1868, http://www.icrc.org/applic/ihl/ihl.nsf/ Article.xsp? action = openDocument&documentID = 568842C2B90F4A29C12563CD0051-547C, Preamble.

97. Blank, 694—698.

98. Alston, *Interim Report*, 24. 以 Alston 的分析为基础而展开的文章有：Aaron M.Drake, "Current U.S.Air Force Drone Operations and Their Conducts in Compliance with International Humanitarian Law-an Overview." Denver Journal of International Law and Policy 39: 4(Fall 2011): 629—660; Laurie R. Blank, "After 'Top Gun'：How Drone Strikes Impact the Law of War," *University of Pennsylvania Law Review* 33: 3 (Spring 2012): 675—718; Michael N.Schmitt, "Unmanned Combat Aircraft Systems and International Humanitarian Law: Simplifying the Oft Benighted Debate," Boston University International Law Journal 30: 2(Summer 2012): 595—620;及其他。

99. Human Rights Watch, *Losing Humanity: The Case against Killer Robots* (Human Rights Watch, 2012): 30—32.

100. See Department of Defense Directive 3000.09, Enclosures 3 and 4.

101. *Additional Protocol I*, Art. 57(1).

102. *Prosecutor v. Garlic.* Case No. IT-98-29-T. Judgment and Opinion. International Criminal Tribunal For the Former Yugoslavia(December 5, 2003), Para. 58.

103. Brendan Gogarty and Meredith Hagger, "The Laws of Man over Vehicles Unmanned," *Journal of Law, Information and Science* 19: 1(2008): 123.

104. Filip Alston, "Lethal Robotic Technologies: The Implications for Human Rights and International Humanitarian Law," *Journal of Law, Information and Science* 21: 2(2011/2012): 51.

105. Drake, 652—653.

106. "Drone Pilots May Need Distractions," Discover TechNewDaily, December 12, 2012, http://new.discovery.com/tech/robotics/drone-pilots-distraction-121127.htm.

107. Bart Elias, Pilotless Drone: Background and Consolidations for Congress Regarding Unmanned Aircraft operations in the National Airspace System(Washington, DC: Congressional Research Service, September 10, 2012), http://www.fas.org/sgp/crs/ natsec/R42718.pdf, 9.

108. Nicola Abé: "Dreams in Infrared: The Woes of an American Drone Operator," *Spiegel Online*, December 14, 2012, http://www.spiegel.de/international/

world/pain-continues-after-war-for-american-drone-pilot-a-872726.html.

109. *Land Mine Convention*, Art. 1.

110. International Committee of Red Cross, *The Mine Ban Convention: Progress and Challenges in the Second Decade* (Geneva: International Committee of Red Cross, 2011), http://www.icrc.org/eng/assets/files/other/icrc-002-0846.pdf, 2—5.

111. *Charter of the United Nations*, Art. 51: "联合国任何会员国受武力攻击时，在安全理事会采取必要办法，以维持国际和平及安全以前，本宪章不得认为禁止行使单独或集体自卫之自然权利。会员国因行使此项自卫权而采取之办法，应立即向安全理事会报告，此项办法于任何方面不得影响该会按照本宪章随时采取其所认为必要行动之权责，以维持或恢复国际和平及安全。"

112. *Convention on International Civil Aviation*, December 7, 1944, 15 U.N.T.S.295, Art. 8, http://www.icao.int/publications/Documents/7300_cons.pdf.

113. *Geneva Convention on Road Traffic*, September 19, 1949, 125 U.N.T.S.3, Art. 8 & 10, http://treaties.un.org/doc/Treaties/1952/03/19520326% 2003-36% 20PM/Ch_XI_B_1_2_3.pdf.

第三部分

机器人会保护自己吗?

第八章

一台机器人拥有什么？

在本书谈及的所有关于人工智能的主题中，本章所探讨的是前景最光明，同时又是威胁性最大，且离我们最遥远的。具备创造力的人工智能可能会给这个世界带来革命性的变革……它也可能摧毁最后一份原本唯有人类才有能力去做的工作。答案仍在两者之间，希望它离前者而非后者更近一些吧。

具备创造力的人工智能，可以增进新发明的出现，加深我们对宇宙的理解，为那些长期困扰我们的世界性难题找到解决之道，并且提供无数书籍、电影和音乐供娱乐之用。至少有这种潜在的可能性。然而，假使人工智能可发挥其潜能，又可能对我们造成威胁，取代人类发明家、天体物理学家、科学家、作家、演员与音乐家，就像工业机器人在 20 世纪取代了产业工人一样。威胁，这并不夸张。

我们的知识产权体系在设立之初仅面向人类发明家与作者，并未虑及非人类的创造者。如果一台机器人创造出一个新的工序或一台新型引擎，它对这些发明享有专利权吗？ 如果一台机器人写出一本书，它会被承认为其作者并享有著作权吗？ 有能力创作的机器人催生出这些问题，甚或一个更加基本的问题：当一台机器人创造出智慧产品之时，它有权利拥有它吗，还是说，是创造这台机器的人类享有此等权利？ 目前，我们的法律对此完全没有涉及。

我们已在第一章讨论过广义上由人工智能创造的知识产权，特别是Siri 语音系统以及 Siri 成为盈利媒体的情形。本章将更详细地探讨这一主题，突出其他类型的人工智能创作者——程序、机器人，以及其他已经存在或者尚在开发中的，但预计能创作出新的盈利媒体内容的装置、新发明与新想法。在对这些形式的人工智能做一番回顾之后，我将回到拉尔夫·克利福德(Ralph D.Clifford)关于人工智能是否可以拥有知识产权的追问，然后为我们的知识产权法律体系得以将人工智能包含进来提出若干建议，以便尽可能多的人从中获益。

一、 知识产权简史

与其他章一样，先快速地对知识产权的历史作一番回顾，弄清楚它的渊源、我们为何需要它，以及它所保护的对象又是什么。

知识产权的分类、界定与正当性概述

知识产权指的是对工业、科学、文学和艺术领域的智力活动所具有的法律权利。一般来说，知识产权可分为两类：工业产权与著作权。工业产权包括专利(本质上是对生产、使用、销售，或进口一项发明的垄断[1])、工业设计(产品外观与包装的设计[2])与商标(将产品生产者与其他的生产者区分开的记号或标志[3])。著作权保护的是权利人复制原创作品的垄断，[4]包括文学、艺术与科学作品。我们主要基于两项理由保护知识产权。其一，保护创作者的道德与财产权利。其二，鼓励原创以促进经济发展。[5]

知识产权的早期发展

保护智力活动及其创作的观念由来已久。著名的知识产权史学者亚伯拉罕·格林伯格(Abraham S.Greenberg)曾戏谑地指出，连上帝都在《创世记》中给他的作品打上记号,给该隐标上一个记号,表明其为上帝所造。[6]古希腊使用一套奖励体系来确认设计方面的成就,它与现代专利体系在若干方面发挥着相同功能。[7]他们的陶器、雕塑与其他制造物之上印有记号,以标示创造它们的手艺人,[8]这就是耐克的旋风标记和其他的现代商标的雏形。在中国陶器上也发现了发挥商标功能的类似记号与象征,大概可追溯至公元前 2698 年,[9]还有其他古代文明也是如此,包括古埃及人、吠陀文明(兴盛于今日印度的北部地区)以及亚述人。[10]

157

知识产权的观念在古罗马时期继续得以发展。罗马帝国拥有丰富程度令人难以置信的商标。[11]光是罗马制陶工人就使用了超过六千种商标。[12]此外,罗马的作家已经意识到自己的知识创作是有价值的,因为他们抱怨其作品被过度使用的行为。[13]他们受到不公正对待的感受得到强化,因为彼时的法律和传统支持他们去认为,只有**他们**能够利用其作品。事实上,罗马的作家可以从其作品的复制、临摹与出版中赚钱,因为其智力成果的经济价值是受到认可的。[14]

中世纪时期以及英国的贡献

然而,这种著作权保护的意识在中世纪的欧洲似乎已经遗失了。在这一时期,大部分的艺术工作被看作公共领域的一部分,也就是说,无论谁都可以复制它们,而无须向作者支付报酬。[15]它们大多与当时最大的艺术赞助者基督教会相关,同时也是其所有人,音乐、绘画、雕塑、建筑,等等。[16]教会严格审查艺术的内容以强化信仰,允许大规模使用其艺术与文学——而非"亵渎的"艺术——来促进这一目标的实现。[17]

公平地说,活字印刷术的出现根本改变了西方文明对这一类智力成果的理解,以至于有人错误地认为,知识产权产生于那一时期。[18]借由这一技术进步,人们能够更容易地从教会以外的人那里印刷并取得书籍。盗版书籍因此也更加容易了,出售它们获取不劳而获的利润。但是,在约翰内斯·古滕堡(Johannes Gutenberg)将这项技术引入欧洲之后的几百年来,对于文字作品未做到普遍保护。[19]

相反,在这一时期存在一套"特许"制度,统治者向某些出版人颁

158　　发印刷书籍的特许状，最长 5 年。当时不存在保护作者的制度。[20]不过作者可在其作品被复制之后向统治者请愿，寄希望于统治者的同情心；不存在有保障的反盗版保护措施。[21]直至 1709 年英国议会通过《安娜法令》，著作权才第一次成为法律规定的智力成果形式，保护作者。根据《安娜法令》，作者享有 28 年的垄断权，自该作品首次印刷时起算。[22]

　　中世纪和文艺复兴时期的英国还在专利制度的发展中扮演了关键角色，这一时期之前的几届政府就尤为关注制造业部门。通过比较可以发现，古罗马并非一个工业化社会。他们更多关注的是贸易而非生产，于是他们的法律对于专利与发明的保护所言甚少[23]（相反，罗马法对专有信息和商业秘密的保护作了规定[24]）。

　　专利的观念似乎源于欧洲早期的贸易，当时君主们向一些企业颁发独家特许，以此向那些从事有人身与经济风险之事业的个人、行会和城市提供保护。[25]英国的几位国王早在 14 世纪和 15 世纪早期就这样做了，为购买新的技术和手法并将其带到英国的商人授予垄断权与专门的特许。[26]英王最开始确立这一政策的原因是英国工商业的发展落后于大多数的欧洲大陆国家。这一做法十分成功，迎来了英国纺织业的大发展，也是该国第一个规模可观的制造业，吸引来了造盐者、兵器匠人、造船工人与铁匠。伊丽莎白女王调整了这一政策以促进英国国内工业，创设保护发明的制度，后演化为现代的专利制度。[27]

保护知识产权的国际运动

　　19 世纪，国际方面开始努力尝试实现知识产权法的跨境统一。在 19 世纪下半叶，企业家与作者们开始共同努力以维护其利益。在此之前，欧洲和美国的许多人相信，一国的知识产权法恰当地令作者和发明者在该国得到保护，但是，无需令其他国家作者和发明者同样在这个国家获得保护。从他国取得好的想法有利于人类的进步以及知识的传播。[28]那么，举例来说，许多美国出版商没有感到任何法律或道德的障碍，阻止他们在美国出版狄更斯的作品：他是个英国人，将他的书分享给美国读者是对的（而且是有利可图的），不管他是否授权这些出版商这

159

样去做。可以想象,这一问题在讲同一门语言但是发展利益并不相同的国家之间尤为麻烦(正如 19 世纪的美国与英国、比利时与法国之间)。[29]这一局面随着 1883 年《保护工业产权巴黎公约》(简称《巴黎公约》)与1886 年《保护文学与艺术作品的伯尔尼公约》(简称《伯尔尼公约》)的颁布实施而开始发生变化。

《巴黎公约》给予工业知识产权(专利、商标等)的外籍申请者与本国申请此等工业知识产权的申请者以同等权利。[30]一名在德国申请专利的俄国发明者可取得的权利,必须与假如这是一名德国发明者正在申请此项专利时将取得的权利,完全相同。《巴黎公约》承认一系列广泛的知识产权,不仅有关工业与商业财产,而且同样有关农业与采掘业,以及制成品和自然产品行业(例如,葡萄酒、谷物、烟草、牲畜、矿物,等等)。[31]

《伯尔尼公约》要求各国授予外国作者与本国作者相同的著作权。[32]那么意大利著作权法便适用于在意大利出版的一切作品,无论作者国籍为何。这项保护及于一切形式的文学与科学创作、喜剧或音乐作品、舞蹈艺术、电影艺术作品、地图、三维再创作、插画、绘画、建筑、雕塑、照片和其他艺术形式。[33]

两项条约——与其他规制知识产权的其他领域的条约,如商标、[34]集成电路、[35]录音资料[36]等一道——至今有效。两者仅适用于人。《巴黎公约》不时提到"国人",显然系指来自某国的"人"。[37]类似地,《伯尔尼公约》使用的术语"作者",意味着他们只能是人。[38]

随着技术的进步,推动规制知识产权之法律的国际性努力在持续进行中。例如,随着电子计算机、互联网与数码媒体在 20 世纪 90 年代的运用愈加广泛,世界知识产权组织(WIPO)牵头发起了 1996 年《世界知识产权组织版权条约》,它明确地将著作权保护扩展至电脑程序与数据库。[39]它还宣布,作者保有授权向大众发布其作品的专有权利(如发表和发布),不论此等发表和发布是否已经"通过有线或无线方式"完成。[40]这样表述的目的是授权作者控制一切在互联网上发布其作品的行为。[41]

160

美国知识产权法

美国知识产权法大体上与前述国际性规定一致,因为美国也是许多规制跨境知识产权条约的缔约国。对于美国知识产权法,我想提请关注的是有关专利和著作权的法律,当人工智能开始创作原创内容的时候,它们大概是最重要的。

美国宪法授权国会保护知识产权,通过授权其"促进科学和实用技艺的进步,对作家和发明家的著作和发明,在一定期限内给予排他权利的保障。"[42]正像第一章所述,美国宪法的著作权保护"最初授予成果的作者/作者们。"[43]作者通常保有终生使用其作品的排他性权利,不过此等保护会在其死后 70 年结束。[44]匿名作品、笔名作品以及受雇作品的(试想迪士尼的角色清单)著作权保护在发表后持续 95 年,或自其创作起的 120 年(以先届满的那个为准)。[45]这表明,相较于过去的 220 年,著作权保护发生了重大的扩展。当美国国会通过 1790 年《著作权法》之时,只不过授予最长 28 年的著作权保护期。[46]该法案的用语与《安娜法令》的大体相同。[47]前述扩展是渐进式的,1831 年《著作权法》将其扩展至最长 42 年,1909 年的同名法案扩展至最长 56 年,[48]而 1976 年的同名法案则扩至作者终身加死亡后 50 年(署名作品)或者出版后 75 年(匿名作品、笔名作品以及受雇作品)。[49]

寻求获得美国专利的发明者或开发者可以向美国专利与商标局(PTO)提出专利申请,只要他或她"发现任何新的有用的步骤、机器、产品或者合成物质,或任何对它们的改进。"[50]申请专利的话,发明者**必须**向专利与商标局提出申请,它们不同于著作权,不会自动取得。因此向专利与商标局提出申请至关重要。如若两人开发出同一发明,专利权授予第一个提出申请的那个。[51]专利权为发明人或开发者取得 20 年的独占性权利。[52]

与《巴黎公约》和《伯尔尼公约》一样,美国知识产权法假想人会进行发明和创作活动。美国宪法就提到了"发明者"和"作者"。发明者通常被界定为"一个进行发明的人",[53]而作者通常是"一个撰写书

161

籍、文章或其他书面作品的人。"[54]美国的制定法与相关法典亦未尝试将这些词界定得更加宽泛。专利法提到的是"专利权所有人",不过注明该词也包括专利"对之发出"的人。[55]专利法还提到了发明者,不过将他们界定为发明了或者发现了发明对象的"个人"。[56]类似地,正如第一章中已简单谈及的那样,《著作权法》清楚无疑地仅仅打算保护由人创造的知识产权。尽管没有直白地说出这一点,但多条规定却将其表露无遗。比如,无论作者何时身故,著作权均移转至其在世的配偶或子女。唯一的例外是受雇作品,因为其权利人是雇主而非作者。[57]与此类似,虽然未就作者下定义,但"匿名作品"却被界定为"没有一名自然人"(也就是说,一名实实在在的人,而非一家公司)作为其作者。[58]尽管这也意味着任何由一位活生生的、可以呼吸的人以外的存在所创造的作品,在美国法中被视为匿名作品。保护匿名作品的原因,是使得真正的作者在被发现之后,可以在那个时候获得著作权的利益,这意味着人工智能创造的作品不具备匿名作品的资格。[59]

二、 进行创造的人工智能

尽管我已经在第一章提到了几种从事创造活动的人工智能,现在,我欲对其详加论述。重现人类的想象力,此乃弱的人工智能的一项表现,据称仅次于强人工智能,阿西莫夫和希维尔伯格的小说《正子人》(The Positronic Man)的主人公就具备这种能力。进行想象和创造,这是人之所以为人的基本要求。可进行创造的人工智能已经出现了,在过去几十年中静悄悄地发展起来。它目前尚不能全方位地从事人类技艺,但也离此越来越近。

音乐

名为艾米利·豪威尔(Emily Howell)的电脑程序于 2010 年发布的唱片《光,来自黑暗》(From Darkness, Light)是人工智能创作的瞩目成就,它可不是凭空出现的。艾米利是戴维·科普(David Cope)历时近 30 年的研究与开发的结果。他在 1980 年从事歌剧的创作时一时受阻,于是写了一个电脑程序"它可以制造一些乱言乱语为他提供灵感"以便继续创作。[60]当时,电脑还很新奇,只是在"你踢它或是输入错误"的时候才会发出声音,他只好使用不同的数字来发出高音、长音并调整音量,后来又将之转换为标记乐谱,这样他就可以弹奏出来。[61]他希望创造出虚拟戴维·科普的软件,能够以他的风格写出新的曲子。[62]

结果他发现,要让一台电脑像人一样作曲,是很困难的。他花了一年时间学习人工智能与编程,试图创造一个基于规则的程序,具有复制他的风格的能力。这实在是太困难了,于是他将自己的雄心壮志缩小,要创造一个能够写下巴赫风格的赞美诗歌、四部合唱诗歌的电脑程序。最终,他制造出一款能够谱写"C 级大二学生水平"曲子的软件,也就是说,一项技术上的奇迹暨音乐白痴自他之手诞生了。[63]这是一个基于规则的程序,没有能力创作充满生命力或是令人眼前一亮的作品。后来,他于 1983 年有所顿悟:作曲家先是追随规则,之后突破规则,这给了他们的音乐以生命和力量。科普开发出一套算法,为其基于规则的程序加入一些随机性。他还扩展了这个程序分析、权衡的各项因素以创作新的音乐,它们包括表达的张力、感染力和叙事性。也是在这个时刻,科普开始感觉到,这个他称之为"音乐智能实验"的程序似乎发展出了自己的人格。[64]他对此的回应是为它取名为"艾美"(Emmy,艾美与艾米利·豪威尔均表明他对人形化的偏好)。[65]

只要充分地输入特定的作曲家的作品,艾美就可以多种方式分析并重组这些作品。艾美于是成了一个多产的作曲家。科普有一天离开了艾美一阵子,后者即写下了 5 000 首巴赫风格的赞曲。[66]科普认为艾美最终以 36 位已故古典作曲家的风格创造出了数以千计的作品。[67]科普在 1993 年发售了艾美的专辑《设计的巴赫》,随之而来的是《虚拟莫扎特》和《虚拟拉赫曼尼霍夫》等音乐专辑。[68]

科普在 2004 年让艾美"退休"了。他已经收到太多的来自音乐家的电话，表达他们对艾美作品的喜爱，考虑演奏它们，只是最终因为它们"不够特别"而作罢。艾美的高产使得其作品平凡普通。艾米利·豪威尔则替代了"她"，或者像科普称呼的那样，是"她"的女儿。艾米利拥有一个巨大的音乐库来获取素材并创造规则。[69]它的素材从 16 世纪的意大利宫廷音乐到艾美的作曲。它的规则就是音乐的规则，艾米利则对之展开解读。[70]

尽管艾米利作品的合作性质较之艾美要强一些——科普向艾米利提问，然后对它回达的音乐方面的陈述回之以是或否[71]——科普坚持认为是艾米利自己掌控其音乐。"你可不能带着它走。我只能笼统地收拾一下，然后给它指出我想让它走的方向。"[72]就这样，科普就像一名导师一样对待一位前程远大的学生，指导艾米利去帮助人工智能发挥其潜能。科普确实认为艾米利是在其音乐当中表达自己，创造出他自己——作为艾米利的创造者和编程人——永远不会创造出来的音乐理念。[73]

艾米利 2010 年的唱片可谓这一理念的一大胜利，此外，某些取得了商业化的流行音乐家对此表达出来的兴趣也是明证。一个主流流行音乐团体在《光，来自黑暗》发布的那一阵子曾与科普接触，探讨与艾米利合作的可能(科普不愿透露其名字)。科普相信，艾米利将继续演化、发展出成熟的风格。他在艾米利的首张 CD 发布时说，"五年后，她应该会有所成就。"[74]

视觉艺术

同科普使用规则将音乐创作编程进艾米利一样，哈罗德·科恩(Harold Cohen)也使用规则将绘画技术编程创造了亚伦(Aaron)，"世界上第一个计算机控制艺术家"。[75]科恩是一位视觉艺术家，他在 20 世纪 60 年代于史雷德艺术学院完成学业后搬迁至圣迭戈。他在那里开始对计算机编程和人工智能产生兴趣。斯坦福大学的人工智能实验室当时正在进行包括自动汽车驾驶在内的多项人工智能项目，邀请他作为访问学者前去工作。于是他与人工智能实验室合作，并在接下来的几年里专注于制造一部能够创作人类视觉艺术的机器。这台机器就是亚伦。[76]

亚伦是科恩在几十年的时间里逐渐开发出来的。最开始，亚伦只能做一些粗糙的"随手"画作。慢慢地，科恩将一些具体的图像编入亚伦的程序中。1985 年，它画出了代表自由女神像的图案，并在一个关于这座塑像历史的展会上展出。90 年代初，科恩将颜色加入了亚伦的存储库中，使之得以画画而非单纯地素描。[77] 现如今的亚伦从许多方面来看，已经是一名全能型的艺术家了。在自己创作之外，它还混合颜料，擦除自己的笔触(就像我们饭后擦净自己的餐盘)。[78]

正如艾米利与艾美那样，基于科普编程的规则来作曲，科恩借由难以计数的复杂规则来规制、告知亚伦如何去绘画，方取得这一里程碑式的成就。科恩坚持认为，这也是人类艺术家进行创作的方式。"我们当中的绝大多数"，科恩说过，"还在我们学习成长、去上艺术学校的时候，遵循其他人教给我们的规则……计算机原则上可采纳一切规则，只要你能教给它。"[79] 这对于亚伦而言尤其重要，因为它只能够依赖于告诉它的那些东西(易言之，编成程序的东西)，不具备进行知识联想的能力。换句话说，如果要亚伦去画一只袋鼠，科恩必须描述出袋鼠的明确的细节。他不能只说一句"它就像是一只腹部有袋子的巨型老鼠"。[80] 不过，在输入(偶尔为了方便告诉亚伦**不要去做什么**)之外，科恩就不对亚伦发出其他指示。"我不告诉它去做什么，我告诉它的是它已经知道的，然后人工智能决定去做什么。"[81]

科恩对那些认为亚伦没有进行艺术创作的人发起了挑战。他反问道:"如果亚伦正在做的事情不是艺术，那艺术到底是什么呢，除了在其最初的时候，又是以何种方式区别于'真实的事物'的呢?"[82] 不过亚伦确实引发了艺术批评，这实实在在地表明它是一名艺术家。

抛开这些批评意见，作为艺术家的亚伦已经取得了一些创作和经济上的成功。它的画作被挂在世界一些主要的博物馆中，顾客还买下了由亚伦创作的作品。[83] "我不认为亚伦的存在，是机器的思考、创造、自我意识能力的明证，"科恩曾说，"它所代表的是，机器有能力去做一些我们曾经以为必须思考的事情的明证，我们目前依旧认为它们以人类的思考、创造性和自我意识为存在的前提。"[84]

写作与文学

我已在第一章提到过计算机创作的诗歌，重新编程过的麦金托什(Macintosh，苹果公司生产的一种电脑)合作完成的效果，以及人工智能撰写的体育报道。虽然在这几种情形中，发表的内容都是电脑创作的，却只有最后一种是真正的人工智能写作。其他的则是由人类提示产生并由其编辑。它们均仰赖规则去进行创作。

威廉·张伯伦(William Chamberlain)在1984年出版了一部名为《警察的胡子蓄了一半》的诗集，据他所称，完全(导言除外)由瑞克特(Racter)取自"讲故事的人"(raconteur)所作，瑞克特是一个用培基(Baisic)语言写在拥有64千字节存储器的中央处理器(Z80)上的程序。[85]但是，只是在瑞克特创作了组成这部诗集的词与句的意义上，这番话才是正确的，而这些词、句是由张伯伦创造的模板而产生的。[86]瑞克特将基于编程结构与规则的词句联系在一起，可是其结果大多为乱言乱语，张伯伦不得不对之进行重大修订，才使得瑞克特的输出成为诗。[87]

近十年之后，斯科特·弗伦奇(Scott French)出版了一本杰奎琳·苏珊风格的小说《仅此一次》。弗伦奇花费了八年时间与五万美元来对一台魅可(Mac)电脑重新编程，分析苏珊的两部小说，创作出基于她的文风的小说。他将这台改进过的机器称为哈尔(Hal)，并将《仅此一次》的作者头衔归于其名下。他解释说，这本书就是哈尔"诉说"给弗伦奇的。[88]实际上，弗伦奇对哈尔的提示和编辑不逊于张伯伦对瑞克特所做的，为哈尔提供基本情节、场景和人物。"我写下了数千条规则来描述我的人物"，弗伦奇曾如此解释道。"然后，随着情节的展开，电脑告诉我，假若在这里写故事的是苏珊本人，她会怎么去写。"[89]哈尔会依据从苏珊的小说里面提取出来的公式对弗伦奇提出一些具体的问题，然后使用其回答，每次创作几个句子。然后哈尔接着提问。"每次它不会写下整段的话"，弗伦奇说，"你没法站起身来走开，回来的时候就发现完整的一章。它可没那么先进。"[90]这与戴维·科普对艾美的使用不一

165

样，后者能够自动地创作出整曲的——而且数以千计的——音乐。

最近，勇于创新的程序员将统计分析与写作程序结合起来创造了有能力书写许多完整文章的人工智能，而人类作家在同样的时间内只能写出一篇。特别值得一提的是，两家公司正在引领这一领域的人工智能发展，它们是叙事科学和自动化观察。两者均向主要的体育机构供稿。叙事科学与"十大网络"合作(它是十家大型联赛与福克斯网络的合资企业)，为各家联赛提供赛事简报——包括排球、垒球、足球、篮球——在比赛结束后的几分钟后便交稿。[91]自动化观察于 2012 年同雅虎体育达成协议，为后者提供五万多份自动生成梦幻足球简报，基本上是为雅虎体育赞助的所有梦幻足球赛提供美联社风格的报道。在每个全国橄榄球联赛周结束之后，自动化观察以大概每秒三百份的速度为雅虎体育撰写梦幻足球的报道。这些报道读起来就像是由人类记者书写的一样，覆盖了每一场梦幻足球赛事，并提供本周全国橄榄球联赛的统计数据、每支队伍的统计历史，以及每支队伍的个性化信息。[92]

166   这类公司大体上都开发出了复杂的人工智能写作程序来搜索海量数据以辨识走向、洞见与模式。程序如此运作，进行数据分析，用平实的英语写出报道，读起来跟人写的一样。[93]体育运动的数据庞大、受欢迎程度又高，是这类人工智能的好去处。它有能力分析海量数据，而对于人而言，在一个赛季中分析它们的同时形成供大量粉丝阅读的几乎无数的原创报道，几乎是不可能的。不过，人工智能写手还可以在其他领域大展宏图：财经新闻、公司盈利预测、手机用户的个人总结、[94]不动产行情表，[95]等等。叙事科学已经为比如**福布斯**这样的出版物提供这类材料了。[96]克里斯蒂安·哈蒙德(Kristian Hammond)，叙事科学的首席技术官相信，这类人工智能技术可以为任何地方的人提供一份报纸的 20%—90%的内容，含财经、体育和不动产信息，以及基于票房数字的娱乐信息。[97]

显然，当有大量数据可供利用的时候，以其作为自己写作的基础，人工智能写手即大行其道。人工智能写手在分析完这些数据之后，根据预设的视角定下文章的基调。[98]比方说，自动化观察运作美国国家足球联盟 NFL、美国职业棒球联赛(MLB)、美国职业篮球联盟(NBA)、全国大学体育协会(NCAA)是篮球的粉丝页面。[99]人工智能写手就仿佛"自动导航"般，语调在球队失利时垂头丧气，如果赢了就气宇轩昂。接下来，这个程序探寻语句的海量数据库，寻找与数字所透露的信息匹配的用语。如果出现不平衡的比分，人工智能很可能写下这么一个标题"红袜队大胜洋基队"。为自动化观察工作的少数几位人类作者不停地为数据库添加新的词句，供人工智能之用。[100]

我很想知道由人工智能写手撰写的文章与报道的错误率有多高，结果它们很少出错，如果确实出现过的话。哈蒙德说："有人问起过有趣的、令人捧腹的失态的例子，我们一个都没有。"类似地，福布斯媒体主打产品负责人刘易斯·德沃尔金(Lewis Dvorkin)报告说，关于自动化观察的人工智能写手写下的报道的错误或投诉的记录为零，这样的准确率优于大多数人类作家。尽管这些公司的领导层并不希望将人类从新闻写作这一行业中完全排除出去，他们确实希望产出的文章的复杂度上取得重大进展。[101]哈蒙德说："五年之内，电脑程序就会获得普利策新闻奖，如果这项技术不是我们的，那我就完了。"[102]

此时此刻，人工智能写手大体上还限于非小说的写作与新闻报道。但是，人工智能创作出优秀的小说、史诗、犯罪小说以及令人感动落泪的浪漫作品的时候总会到来。戴维·科普对此十分确定。"我认为，电脑程序毫无疑问将创作小说，甚至是伟大的小说。在我看来，如果不相信这一点，就是低估人类的创造力。程序的创造力与作家的同样旺盛。"[103]

167

三、 人工智能创作的知识产权属于谁?

以上描绘的人工智能论证的是这样的情形：最终的作品并非为一位人类作家创作出的。戴维·科普指导艾米利·豪威尔，然而是艾米利创作的音乐。亚伦所知的一切都是哈罗德·科恩教会的，然而画却是亚伦所作。自动化观察与叙事科学将词句库通过编程设置进它们的人工智能写手，可是，文章与报道却是由这些人工智能写手在进行数据分析之后写出来的。

正如我们在本章开头谈到过的，著作权(以及专利权)不可能由非人类的存在创造出来。"作者""发明者"与"专利权人"这些词指的是人，而非机器或程序。对于由人工智能创作的潜在的知识产权权利，这些意味着什么? 大致有两种选择。要么，我们扭曲知识产权法，让人类编程者取得著作权或者专利权，就仿佛就是他们创造的那样；要么，我们对知识产权法进行修订，使之相应地将有创造力的人工智能包纳进来。

由人使用人工智能制造的部件而创造的知识财产

无可否认，我对于这些不同的选择是有所偏向的。那些认为有创造能力的人工智能的编程者，应当取得全部的知识产权权利。他们有自己的理由(对稻草人理论的援引并不成功，因此，我依靠威廉·罗尔斯顿(William T. Ralston)的《计算机作曲的著作权：哈尔与汉德尔的相遇》，这是一篇于2005年发表在《美国版权协会杂志》上的文章，对本章所余部分主张之观点进行了精致的论辩)。那些理由在某些人工智能的场景中并无不适，正如第一章所述。然而，正是这些理由使得自己的结论无法适用于前述技术中的许多个，比如一个人只不过是将人工智能开机，随后5 000首作品在午饭后便出现了，或者300篇体育报道在一秒之后自己就跳出来了。

168　　　　罗尔斯顿的论证的进步之处在于，人的任何影响最终的创造性产品的输入，均足以使得此产品被认为具有著作权法意义上的原创性，而这对于一项具有强执行力的著作权而言是必不可少的。[104]无论是谁，只要他向有创造能力的人工智能程序进行了输入，然后产生了"某种独特的东西"，那么该人便为其作者。[105]罗尔斯顿引用了美国最高法院的几个案件已达到这一结论。具言之，两个案件为他的观点增加了说服力。在布莱斯坦诉唐纳森公司案(Bleistein v. Donaldson Lithographing Co.)中，最高法院宣称："人格总是包含某种独特的东西。它表现其特殊性，即便是在手稿中，一定程度的艺术存于其中，无法忽视的是一个人的独特性自己的。对此他可取得著作权。"[106]在布罗吉尔斯印刷公司诉沙乐尼案(Burrow-Giles Lithographic C. v. Sarony)中，最高法院称，"一名作者……是拥有原创性事物的人。"[107]换句话说，作者就是创造独特事物的人，从与它原先的样子相比有所不同之时，即有了其原创性。

在解析这些(以及其他相关的)案件的时候，罗尔斯顿解释道，有两类人主张前述著作权：一是创造人工智能的程序员(对于 Siri 而言就是苹果公司的工程师)；二是使用人工智能去创造新的媒体内容的用户(装载有 Siri 的苹果手机的所有人和使用人)。他的结论是，我们应当依靠"若非……，则不……"规则来将知识产权的权利归属给使用人工智能程序——它创造了新的产品或媒体内容——的人，哪怕他只是开个机而已。若非这名用户的开机，则这个可取的著作权的新事物永远都不会出现，罗尔斯顿如此论辩。他认为，这替代了人工智能的程序员/开发者对著作权提出的主张，因为人工智能的用户可以辩称，他或她依然可以使用另一个人工智能来创作这个可取得著作权的新事物。[108]于是，在他看来，戴维·科普将取得艾米利·豪威尔或艾美作品的著作权，哈罗德·科恩将取得亚伦一切作品的著作权，而自动化观察与叙事科学将获得它们的人工智能写手之作品的著作权。戴维·科普赞同这一对艾米利·豪威尔与艾美作品展开的分析。"我会主张，既然是我创造了作曲的程序，(认真仔细地)为其数据库选择音乐，并且从最终的输出物当中选取作品，那么我便取得著作权。"[109]

他的结论的问题在于,无视这些人工智能程序的开发者自己所承认的事情，也就是说，是人工智能而非他们自己才是原创作品的源头。戴维·科普认为："程序像是猫而非狗。它自行其是，你没法带着它走。"[110]哈罗德·科恩承认："我并不告诉它去做什么。我告诉它的是它知道的东西，然后它自己决定去做什么。"[111]泰德·苏利文(Ted Sullivan)的软件公司游戏变革者媒体聘请叙事科学公司撰写比赛简报,

169 雇这家公司的原因是没有人类作者。"我们每年要负责数百万场比赛,因此需要一支具有大规模写作技艺的大军……我不知道如果请体育记者来写如此巨量的体育报道要花多少钱,不过,我们肯定付不起。"[112]根据罗尔斯顿的分析,当一名人类作者加入"一些独特东西"的时候,他或她即成为一个新的媒体内容或发明的作者或发明者。然而,前述人工智能相关人员承认,**他们**并没有加入任何独特的东西,是程序自己在创造"独特的东西"。

罗尔斯顿的分析其实对于第一章讨论过的 Siri 辅助生成的媒体内容比较合适。如果一台苹果手机的所有人试着通过 Siri 获得一些特别搞笑或好玩的回应,然后被他或她用来创作出一组有价值的知识产品——后被整合进了广告旋律并大获成功——该用户可取得著作权。尽管 Siri 的回应组成最终产品的一部分,然而,是用户这个人与 Siri 一起游戏,并创作出整合了 Siri 的话语片段的最终产品。即便 Siri 软件是由苹果工程师编程完成的,但实际上是用户通过尝试 Siri 创作出该媒介。罗尔斯顿认为,争辩说苹果公司相较于用户,对有价值的媒体内容贡献更大,因为是它发明的 Siri,就如同说刀具厂相较于挥刀杀戮的人,对其受害者的责任更大。[113]

我认为他说的有些道理。著作权与专利权在美国宪法上的真正目的是"促进科学和实用技艺的进步。"[114]如果人工智能最初的程序员能够对后来由人工智能的用户创造出来的著作权与专利权提出申请,这些后来的用户便不再有经济上的动机去进行创造。科学和实用技艺的进步是通过向那些使用人工智能且用得好的人提供经济上的回报而得以促进的,而非通过将回报集聚在开发者那里来实现的。

人工智能独自创造的知识产权

Siri 的情况与艾米利·豪威尔、亚伦以及人工智能写手的完全不同。对后者而言,与它们的产品有联系的人,以这样那样的方式,都承认最终的产品是由有创造能力的人工智能创作的。没有人在指导这些人工智能工作。连戴维·科普也承认,艾米利·豪威尔是在自我表达,尽管是他通过写入程序而对它进行指导。[115]当不存在直接的人类作者时，罗尔斯顿的论点便土崩瓦解，因为并不存在一个人类使用者加上了"某种独特的东西"。即便罗尔斯顿走得如此之远，甚至称给机器开机的人为作者，可是，很难说奖励按下开始键的那个人可以"促进科学和实用技艺的进步"。

我认为拉尔夫·克利福德——已在第一章谈过他对人工智能创作的艺术的分析——的观点更具说服力。克利福德将人工智能创造的知识产权——著作权与专利权——与艾米利·豪威尔、亚伦以及叙事科学和自动化观察麾下人工智能写手所创造的音乐、艺术和其他内容，本质上等同视之。他的结论是，不能接受用户提出的著作权主张。[116]有创造能力的人工智能的使用者不能提出专利权或著作权的要求，因为"他或她并未构思这项发明"或媒体内容。[117]而且，已如前述，人工智能也不能提出专利权或著作权的要求，因为根据现行法，它不可能作为作者或发明者。既然没人可对知识产权的权属提出要求，它就进入公域，任何人都可以使用。

但是，假若人工智能创作出一些高价值的东西——一首热曲、一项价值数百万的发明、一部热门小说且被拍成电影，等等——**有人**会主张其权利。有人会意图取得此等创作带来的利益。问题在于，当法院试图将此等权利在相互争执的几个人之间进行裁决的时候，很可能将我们的知识产权法弄得一团糟：用户、程序员，以及其他想从人工智能的能力中分润的人。

四、人工智能的规范

现行知识产权法为规范有创造能力的人工智能带来了困惑，因为它们没有规范人工智能。有人会尝试利用这样的混乱以谋取利益，这又会阻碍人工智能的发展，以及人工智能开发新的知识产品。我们应当修正相关的公/私法律来解决这个问题。

知识产权法的修订

由谁来取得人工智能创作的知识产权，其结果将具有十分深远的影响，塑造开发并使用人工智能的动机，分配人工智能创造的财富。法院相互矛盾的判决只会使得这一问题更加恶化。美国国会应当修正现行知识产权法，规范有创造能力的人工智能，将作者与发明者扩张至足以容纳由人工智能创作的音乐、艺术、其他内容以及专利等。我的建议是一个二元系统。

1. 如果人工智能的创作仰赖人类的介入，用户被认定为作者或发明者，就好似人工智能不存在于一般的知识产品创作中；

2. 如果一个人打开机器，然后它无需进一步的人类介入即开始创作，人工智能是作者或发明者，但是人工智能的创作者享有为期10年的著作权或专利权，过期后进入公域。

171

第一条规定鼓励人们继续与 Siri 及类似装置游戏，承认用户为最终产品贡献了某种独特的东西，并以传统的著作权保护来奖励他们。

与此同时，第二条规定鼓励程序员继续开发可以持久且自动地创作新内容的人工智能，同时通过将这类创作以远远快于纯粹由人类创作的作品的速度进入公域，最大地令大众受惠。一名程序员创出人工智能，后者创造出新的《哈利·波特》《暮光之城》《饥饿游戏》，此人可得到令人难以理解的巨额金钱，因为它们可以被做成电影、电视、玩具、海报、餐盒等周边产品。如果这名程序员可以就其创造出来的机器获得传统的著作权保护，他与其家庭将在许多代之后依然富裕无比，即便这些令人暴富的小说不是由哪个人写出来的。坚持传统的保护对于"促进科学和实用技艺的进步"意义不大。如果人工智能的作品在10年后进入公域——规定一个合适的期间，让这名程序员从其创作的作品那里获益——然后所有人在10年后即可毫无限制地免费使用人工智能的作品。这将是作品的解放之日，或许对其货币化亦是如此。有了经济上的刺激，人们便更有可能利用人工智能的创作来进行进一步的创造，从而实现宪法规定知识产权制度的目的。

总之，这套二元制度将前述通过人工智能创造的或由人工智能创造的知识产品的权利予以分配。唯一的例外是戴维·科普的艾米利·豪威尔。它可以完全自动地创作音乐，尽管是艾米利写下音乐，它在作曲时还是需要有人与之互动。[118]然而，科普与埃米利的互动极耗时间，[119]并随着他们音乐关系的发展而越来越长，[120]这就提出了我对有创造能力的人工智能的主要关注点之一：短时间内创作知识产品，需要人类的创造力。

开发创造型人工智能的公司的相关政策

基于现行知识产权法的不确定状态，像叙事科学和自动化观察这样的公司应当制订各自公司的政策，为其所使用的人工智能提出一个框架(只要不泄露商业秘密和专有信息)，并且对知识产权法如何适用于其内容进行清晰的分析。直到美国国会修正美国知识产权法，这样的分析可能会为那些公司提供更好的保护，令其著作权和专利权免于潜在的威胁。它应当述明这些公司希望自己与其程序员/雇员、其用户之间的关系，以及它们认为知识产权法应以何种方式适用于其产生的材料及其归属。先见之明十分重要，因此，每一份雇佣合同以及每一份用户协议都应当含有前述分析，通知前述材料的每一参与方，让这些公司在可能发生的诉讼中获得保护。

即便在国会通过新的将人工智能容纳进来的知识产权法之后，开发具有创造能力的人工智能的公司应当继续前述分析，将其升级以跟上新法的步伐。

人力完成的作品 vs 像拧开水龙头后涌出的作品

我建议将著作权与专利权的保护期间缩短，因为传统上规定较长保护期的理由已不复存在。一名音乐家为了一份专辑可能得奋力工作数年之久，类似地，一位发明家可能得将他或她的生命的一大部分用在一项突破性的专利上面。有创造能力的人工智能只需要一点时间就可以做成同样的事情。正如戴维·科普所言，艾美"能够像拧开水龙头一样创作

172

213

音乐。"[121]正因为如此，我们没有必要将赋予那些花费数年时间来创造和研究的人的回报，一模一样地赋予那些制造出有能力在一个早晨完成同样成果机器的人，甚至是一个小时、一分钟，乃至更短的时间。对于投入数年时间在一件知识产权的创造上的人而言，在数十年间拥有一项著作权或专利权十分重要。然而，如果它只是在一顿早餐的时间内创造出来的数百甚至数千件作品中的一个，这样做就没那么重要了。

与此同时，我们还打算鼓励程序员和开发者，是他们在控制、改进有创造能力的人工智能。前述两条规则创造了一套易于操作的系统，可以通过公平地对与人工智能一起工作或者开发人工智能的人给予回报，促进科学和实用技艺的进步。像 Siri 这样的人工智能的开发者就会有动力继续开发这类人工智能装置并将其出售给用户。像 Siri 这样的人工智能的用户就会有经济动机，利用人工智能进行创作，因为他们有可能从此等活动中产生的知识产权上取得利益。本章中已经提到过的那些更精妙的具有创造能力的人工智能的开发者，可从其机器或程序中得到回报，而大众也可从中获益，因为他们的工作成果将以比传统的知识产权快得多的速度进入公共领域。

这套系统的目标在于，确保可以通过让才华横溢的程序员得到回报的方式来促进人工智能的进步，同时努力将人工智能的好处传递给尽可能多的人。下一章会概述本书提出的若干理念，我们在那里将更为宏观地探讨这个观念。

注释

1. 世界知识产权组织（WIPO），*WIPO Intellectual Property Handbook*, 2nd ed. (Geneva: WIPO Publication 2008)。尽管 WIPO 目前正试图将专利权不再继续解释为垄断权，实际上，将其作如此解释是相当精准的。

2. See WIPO, 112.

3. See WIPO, 68.

4. WIPO, 40.

5. Ibid., 3.

6. Abraham S. Greenberg, "The Ancient Lineage of Trade-Marks," *Journal of the Patent Office Society* 33: 12(December 1951): 876.

7. Mladen Vukmir, "The Roots of Anglo-American Intellectual Property Law in Roman law," *Journal of technology* 32(1991—1992): 127.

8. Greenberg, 879; Edward S. Rogers, "Some Historical Matters Concerning Trade Marks," *Michigan Law Review* 9: 1(November 1910): 30.

9. Ke Shao, "Look at My Sign!—Trade Mark in China from Antiquity to the Early Modern Times," *Journal of the Patent and Trademark Office Society* 87: 8(August 2005): 654.

10. Greenberg, 877.

11. Vukmir, 131.

12. Greenberg, 879.

13. Vukmir, 130.

14. Harold C.Streibich, "The Moral Right of Ownership to Intellectual Property: Part I—From the Beginning to the Age of Printing," *Memphis State University Law Review* 6: 1(Fall 1975): 4—5(hereinafter referred to as Streibich I); Vukmir, 132—133.

15. Streibich I, 24—29.

16. Ibid., 17&24—29.

17. See Streibich I, 17—18.

18. Streibich I, 35.

19. Harold C.Streibich, "The Moral Right of Ownership to Intellectual Property: Part II—From the Age of Printing to the Future," *Memphis State University Law Review* 7: 1(Fall 1976): 52—55(hereinafter referred to as Streibich II).

20. Orit Fishchman-Afori, "The Evolution of Copyright Law and Inductive Speculation as to Its Future," *Journal of Intellectual Property Law* 19: 2(Spring 2012): 242—245.

21. See Streibich II, 55.

22. Fishchman-Afori, 245—247.

23. Vukmir, 130—131; see Streibich I, 4—10.

24. Vukmir, 134.

25. P.J.Federico, "Origin and Early History of Patents," *Journal of the Patent Office Society* 11: 7(July 1929): 292.

26. Susan Sell, "Intellectual Property and Public Policy in Historical Perspective: Contestation and Settlement," *Loyola of Los Angeles Law Review*, 38: 1(Fall 2004): 273; Federico, 293.

27. Federico, 293—294.

28. Fishchman-Afori, 249—250.

29. Ibid., 250.

30. *Paris Convention for the Protection of Industrial Property*, March 20, 1883, Arts. 2&3, http://www.wipo.int/treaties/en/ip/paris/trtdocs_wo020.html.

31. *Paris Convention*, Art. 1.

32. *Berne Convention for the Protection of Literary and Artistic Works*, September 9, 1886, Art. 5, http://www.wipo.int/treaties/en/ip/paris/trtdocs_wo001.html.

33. *Berne Convention*, Art. 2.

34. WIPO, *Trademark Law Treaty*, October 27, 1994, 2037 U.N.T.S.35, http://www.wipo.int/treaties/en/ ip/tlt/trtdocs_wo027.html; WIPO, *Singapore Treaty on the Law of Trademarks*, March 27, 2006, Singapore Treaty on the Law of Trademarks, http://www.wipo.int/treaties/en/ip/singapore/singapore_treaty.html.

35. *Treaty on Intellectual Property in Respect of Integrated Circuits*, March 26, 1989, 28 I.L.M.447(1989), http://www.wipo.int/treaties/en/ip/washington/trtdocs_wo011.html.

36. *International Convention for the Protection of Performers, Producers of Phonograms and Broadcasting Organizations*, October 26, 1961, 496 U.N.T.S.43, http://treaties. un. org/doc/Treaties/1964/05/19640518% 2002-04% 20AM/Ch _ XIV _ 3p. pdf; *Convention for the Protection of Producers of Phonograms against Unauthorized Duplication of Their Phonograms*, October 26, 1971, 866 U.N.T.S.67, http://www.wipo.int/treaties/en/ip/phonograms_wo023.html.

37. *See Paris Convention*, Art. 3.

38. *See Berne Convention*, Art. 6bis(指称一位作者的死亡) and Appendix, Art. IV(用的是代词"他"来指称一位作者，而非"它")。

39. WIPO, *WIPO Copyright Treaty*, December 20, 1996, 36 I.L.M.65(1997), Arts. 4&5, http://www.wipo.int/treaties/en/ip/wct/ trtdocs_wo033.html.

40. *Copyright Treaty*, Art. 8.

41. "Summary of WIPO Copyright treaty(WCT)(1996)," WIPO, http://www.wipo.int/treaties/en/ip/wct/summary_wct.html.

42. U.S.Constitution Art. I, Sec. 8, Cl. 8.

43. 17 USC § 201(a), available at http://www.gpo.gov(accessed April 29, 2013).

44. 17 USC § 302(a), available at http://www.gpo.gov(accessed April 29, 2013).

45. 17 USC § 302(b), available at http://www.gpo.gov(accessed April 29, 2013).

46. *Copyright Act of 1790*, 1 Statute At Large 124, available at http://www.copyright.gov/history/1790act.pdf.

47. Peter K. Yu, *Intellectual Property and Information Wealth: Copyright and Related Rights*(Westport: CT: Greenwood Publishing Group 2007): 143.

48. "United States Copyright Office—A Brief Introduction and History," U. S. Copyright Office, http://www.copyright.gov/circs/circ1a.html.

49. Copyright Act of 1976, Pub. L.94-553, October 19, 1976.

50. 35 USC § 101, available at http://www.gpo.gov(accessed April 29, 2013).

51. Leahy-Smith America Invents Act, Pub. L.112—129, September 16, 2011.当它于 2012 年生效时,《莱希—史密斯美国发明法》改变了美国专利法自建国时起便支配它的支柱性原则。在该法之前,美国实行的是"发明在先"制度,也就是说,即便不享有专利权,已经使用该发明的发明者可以继续使用这项专利。截至 2013 年 3 月 16 日,尚未有人在未先向美国专利商标局申请的情况下享有一项专利。

52. 35 USC § 154(a)(2), available at http://www.gpo.gov(accessed April 29, 2013).

53. Random House Dictionary, s. v. "inventor."

54. Ibid., s.v. "author."

55. 35 USC § 100(d), available at http://www.gpo.gov(accessed April 29, 2013).

56. 35 USC § 100(f), available at http://www.gpo.gov(accessed April 29, 2013).

57. 17 USC § 203(a), available at http://www.gpo.gov(accessed April 29, 2013).

58. 17 USC § 101, available at http://www.gpo.gov(accessed April 29, 2013).

59. See 17 USC § 302(c), available at http://www.gpo.gov(accessed April 29, 2013).

60. David Cope, Tinman Too: A Life Explored (Bloomington, IN: iUniverse, 2012), 297.

61. Cope, 297—298.

62. Ryan Blitstein: "Triumph of the Cyborg Composer," Pacific Standard, February 22, 2010, https://psmag. com/social-justice/triumph-of-the-cyborg-composer-8507.

63. See Blitstein: "Triumph of the Cyborg Composer."

64. Tim Adams, "David Cope: 'You Pushed the Button and Out Came Hundreds and Thousands of Sonatas,'" The Guardian, July 10, 2010, https://www.theguardian. com/technology/2010/jul/11/david-cope-computer-composer.

65. Blitstein: "Triumph of the Cyborg Composer."

66. Adams, "David Cope: 'You Pushed the Button and Out Came Hundreds and Thousands of Sonatas.'"

67. Cope, 299.

68. Adams, "David Cope: 'You Pushed the Button and Out Came Hundreds and Thousands of Sonatas.'"

69. Blitstein: "Triumph of the Cyborg Composer."

70. David Cope, an e-mail interview with author, April 7, 2013.

71. Blitstein: "Triumph of the Cyborg Composer."

72. Adams, "David Cope: 'You Pushed the Button and Out Came Hundreds and Thousands of Sonatas.' "

73. Blitstein: "Triumph of the Cyborg Composer."

74. Adams, "David Cope: 'You Pushed the Button and Out Came Hundreds and Thousands of Sonatas.' "

75. "Robopainter," Studio 360, December 16, 2011, http://www. studio360. org/2011/dec/16/robopainter/.

76. "Biography of Harold Cohen, Creator of AARON," Kurzweil Cyber Art Technologies, http://www.kurzweilcuberart/aaron/hi_cohenbio.html.

77. Harold Cohen, "The Further Exploits of Aaron, Painter," Stanford Humanities Review 4: 2(July 1995): 148—158(hereinafter referred as Cohen I).

78. "Ask the Scientists—Aaron the Artist—Harold Cohen," PBS.com, http://www. pbs.org/safarchive/3_ask/archive/qna/3284_cohen.html.

79. "Robopainter," Studio360.

80. Harold Cohen, "How to Draw Three People in a Botanical Garden," AAAI-88—Proceedings of the Seventh National Conference on Artificial Intelligence(St. Paul, MN: AAAI, 1989), 847.

81. "Ask the Scientists—Aaron the Artist—Harold Cohen."

82. Cohen I, 158.

83. Mark K. Anderson, " 'Aaron' : Art from the Machine," Wired, May 12, 2001, https://www.wired.com/2001/05/aaron-art-from-the-machine/.

84. Cohen I, 158.

85. " 'The Policeman's Beard' Was Largely Prefab!" Robot Wisdom, last updated September 1997, http://www.robotwidom.com/ai/racterfaq.html.

86. " 'The Policeman's Beard'Was Largely Prefab!" Robot Wisdom.

87. See "Racter," Futility Closet, August 15, 2012, http://www.futilitycloset.com/2012/08/15/racter/.

88. Joyce R. Slater, " 'Just This One' May Prove to Be an Ironic Prophesy," Chicago Tribune, http://articles. chicagotribune. com/1993-07-29/feature/9307290377_1_jacquline-susann-dead-heat-french.

89. Peter Laufer, "Hack in the Valley of the Dolls," Mother Jones, May-June 1993, 15.

90. "Hal Is Back, and Writing Best-Sellers," Baltimore Sun, July 29, 1993, http://articles.baltimoresun.com/1993-07-08/news/1993189090_1_scott-french-computer-susann.

91. Steve Lohr, "In Case You Wondered, a Real Human Wrote This Column," New York Times, September 10, http://www.nytimes.com/2011/09/11/business/computer-generated-articles-are-gaining-traction.html?pagewanted=all&_r=0.

92. Taylor Bloom, "Automated Insights Using Big Data to Change How Fans Consume Sports," *Sport Techie*, March 6, 2013, https://www. sporttechie. com/ automated-insights-using-big-data-to-change-way-fans-consume-sports/.

93. Bloom, "Automated Insights Using Big Data to Change How Fans Consume Sports."

94. Patrick Seitz, "Narrative Science Turning Big Data into Plain English," *Investor.com*, August 21, 2012, https://www. investors. com/news/technology/narrative-science-takes-data-analytics-to-next-level.html?p=full.

95. Buster Brown, "Robo-Journos Put Jobs in Jeopardy," *Huffington Post*, July 19, 2012, https://www. huffingtonpost. com/buster-brown/robo-journalism _ b _ 1683564. html.

96. Steve Levy, "Can an Algorithm Write a Better News Story Than a Human Reporter?" *Wired*, April 24, 2012, https://www. wired. com/2012/04/can-an-algorithm-write-a-better-news-story-than-a-human-reporter/all/1.

97. Brown, "Robo-Journos Put Jobs in Jeopardy;" Levy, "Can an Algorithm Write a Better News Story Than a Human Reporter?"

98. Farhad Manjoo, "Will Robots Steal Your Job? Part III Robottke," *Salte*, September 21, 2011, http://www. slate. com/articles/technology/robot _ invasion/2011/09/ will_robots_steal_your_job_4.html.

99. Bloom, "Automated Insights Using Big Data to Change How Fans Consume Sports."

100. Manjoo, "Will Robots Steal Your Job? Part III Robottke"; Levy, "Can an Algorithm Write a Better News Story Than a Human Reporter?"

101. Levy, "Can an Algorithm Write a Better News Story Than a Human Reporter?"

102. Lohr, "In Case You Wondered, a Real Human Wrote This Column."

103. David Cope, an e-mail interview with author, April 10, 2013.

104. William T. Ralston, "Copyright in Computer-Composed Music: Hal Meets Handel," *Journal of the Copyright Society of the U.S.A.* 52:3 (Spring 2005):294.

105. Ralston, 294, 300—301.

106. *Bleistein v. Donaldson Lithographing Co.*, 188 U.S. 239, 250 (1903).

107. *Burrow-Giles Lithographic Co, v, Sarony*, 111 U.S. 53, 57—58 (1884).

108. Ralston, 303.

109. David Cope, an e-mail interview with author, April 7, 2013.

110. Adams, "David Cope: 'You Pushed the Button and Out Came Hundreds and Thousands of Sonatas.' "

111. "Ask the Scientists—Aaron the Artist—Harold Cohen."

112. Brown, "Robo-Journos Put Jobs in Jeopardy."

113. Ralston, 303.

114. U.S. Constitution Art. I, Sec. 8, Cl. 8.

115. Blitstein: "Triumph of the Cyborg Composer."

116. Ralph D. Clifford, "Intellectual Property in the Era of the Creative Computer Program: Will the True Creator Please Stand Up?" *Tulane Law Review* 71 (June 1997): 1695.

117. Ibid., 1698.

118. David Cope, an e-mail interview with author, April 7, 2013.

119. Adams, "David Cope: 'You Pushed the Button and Out Came Hundreds and Thousands of Sonatas.' "

120. David Cope, an e-mail interview with author, April 7, 2013.

121. Adams, "David Cope: 'You Pushed the Button and Out Came Hundreds and Thousands of Sonatas.' "

第九章

人工智能对我们有利吗?

有时候,我们的朋友或家人会反对自动驾驶汽车的想法,因为那样人们就只会坐车而忘记如何开车。他们会认为这是一种不健康的依赖。在另一方面,同样是这些朋友和家人,他们在全食超市购买奶酪,而他们却不因自己不会挤牛奶而认为自己处于无助状态。对于技术进步而言,无论是汽车上的人工智能还是商店里的奶酪,它们都可以使得我们的生活更加美好。某些个体的独立性会是其中的成本,但收益却是拥有更多的时间去实现人类的潜能。 1850 年,约有 64% 的美国人在农场工作。[1] 而到 2008 年则只有不到 2% 的美国人在农场工作。[2] 技术的变化使得数百万美国人得以离开这个领域,并成为了作家、医生、工程师和企业家。这才使得现代生活成为可能。人工智能就是下一个技术变革。

前面的每一章都讨论了一种已经或者可能在不久的将来可行的人工智能的形式。这其中的很多都是会彻底改变现代生活某些方面的革命性的技术。像无人驾驶汽车和机器人保姆这样的创新可能会为人类创造大量的空闲时间。在汽车和机器人手术系统的人工智能通过消除人为的错误,实现了挽救数百万人生命的承诺。人工智能行业的工人可以通过仅以现行成本的一小部分来提供劳动力,从而使更多的企业家有能力从事制造业。在不久的将来，当我们在享受不包含任何人类输入的人工智能撰写的文章时，人工智能无人机会在任何地方监视我们，无论是美国还是其他国家。

我有时不得不提醒自己，这些技术发展本身并不存在好坏。我们根据我们的反应来判断它们的好坏，但这并不仅仅意味着我们如何个别地使用人工智能，即不仅仅意味着是我们自己开车还是让车子来载我们。我们通过公共决策、法规和法律来决定如何分享人工智能的收益。为了应对19世纪的工业革命，我们花费了20世纪的大部分时间，通过改变法律并规定最低工资，限制工时不加班，禁止使用童工、保护环境健康和工作场所安全，确保了一个繁荣昌盛的中产阶级的诞生。

我们现在就需要这样做，以确保人工智能帮助创建一个复兴的21世纪中产阶级，就像工业革命时期的法律创造了20世纪的中产阶级那样。但考虑到技术进步的速度，我们需要更快地回应人工智能技术。我们需要说明有关人工智能有效和无效法律之间的区别。下一节将在概述公共政策目标和修改法律，并最终引领我们至最好的情况之前，(借助来自报告的细节、分析和可能的虚拟账户)展望最好和最坏的情况。

一、 最坏的情况

从历史上看，技术进步和经济增长之间存在相关性。农业技术的进步生产了更多的粮食，制造业的进步则扩大了例如家具和衣服的制造品的供应。然而，技术进步和收益增加的关联并不是一个规则。经济学家研究了近期和即将发生的技术进步，例如人工智能和互联网，并质疑这种相关性是否会继续。乔治梅森大学经济学家泰勒·考恩(Tyler Cowen)在《大停滞》中写道："我们有一段共同的历史记忆，即技术进步会在大多数经济领域带来一个巨大并可预测的收入增长。但当它涉及网络时，这些假定被证明是错误或具有误导性的。" [3]

认为同样的事情也会发生在人工智能上是一个合理的认知。"没有任何一部经济法规定每个人都必须从生产率的提高中受益",麻省理工学院教授埃里克·布莱克恩约弗森(Erik Brynjolfsson)说道:"一些人会比另一些人受益更多,甚至一些人处境变得更糟,都是完全有可能的。"[4]将这句话记在心中,人工智能可能导致的最糟的情况可能是:

● 因人工智能[5]而失去的专业工作岗位将达 5 000 万个(相比而言大衰退时期仅失去 750 万个),[6]占劳动力的 40%,[7]这包括律师、医生、作家和科学家;[8]

● 不会再产生新的工作岗位来替代消失的岗位;[9]

● 从人工智能技术获得的财富积累在拥有和设计人工智能程序和机器人的极少数人手中,导致财富分配比现在更加不平等;[10]

● 人际交往的价值严重贬值,意识到你离开的人更少了,因为人工智能会在你死后继续帮你发送信息;[11]

● 一些邪恶的人工智能会统治世界,因为它会进化得比人类更聪明。这会危及我们子孙后代的生命;[12]

● 人工智能会与人类开战,杀害绝大多数人类,并迫使反抗的人类近乎无助地通过游击战挽救人这个物种;[13]以及

● 人类被精密的人工智能机器人困在可轻易利用人类心灵的监狱中,这样机器就能靠我们的脑电活动存活。[14]

无可否认,最后几种情况都是半开玩笑的。但前面的几种情况都是有潜在可能和毁灭性的。失业情况比大衰退时期还要严重六倍以上,而由于人工智能本身就可以工作又使得没有新的岗位被创造出来。财富只集中在少数几个创造和拥有人工智能程序和机器人的手中。不会惠及每个人,因为新技术不会创造新的就业机会,也不会使中产阶级受益并成长。而随着我们与人工智能技术交流互动越来越频繁,甚至到了我们死后人工智能也可以代替我们与他人沟通,人类的温情会随着人工智能技术的发展越来越淡薄。我们没有必要珍惜我们的亲人,因为他们会一直跟我们发信息。

177

二、最好的情况

但如果我们将人工智能技术用在好的方面，它带来的益处会远远大于弊处。最坏的情况源于对人工智能技术的发展不做出回应：没有公共政策的修改、没有修订的法律、也没有新的规定。最坏的情况也忽略了许多种类的人工智能几乎肯定会带来的好处，例如自动驾驶汽车。

麻省理工学院的布莱恩约弗森质疑技术进步和广泛的繁荣之间的历史联系，指出并没有任何经济法则强制规定随着技术进步，每个人都要受益。他是对的。并没有经济法则强迫技术进步去提高我们的生活质量。但人造法实现了这一点。

正如我们讨论过的，工业革命在创造了数百万个工作岗位的同时也因为危险的工作条件、环境污染和童工问题伤害了在工厂工作的人们。与此同时，工厂的所有者尽管给工人带来了危险，给环境带来了污染，他们还是变得极度富有。在法律被颁布强制要求安全的工作场所、保护环境和禁止童工等之前，这个时代技术进步的全部好处并未被大多数工人和美国人所感受。同样的，其他的技术进步带来的好处也因其危险之处而削减，并最终由后来的立法处理。例如，汽车使得我们相比于之前的火车时期可以更加自由的旅行，但其每年也会造成数以万计的人员死亡。[15]但由于法律要求汽车需配备安全带，与汽车有关的死亡人数大大减少。[16]

假设我们对我们的法律进行了必要的调整，下面便是人工智能技术普及后的最佳情况：

● 因为目前的汽车在任何时候至多只能使用 8% 的道路，自动驾驶汽车的道路使用率将至少翻一番，因为它可以比人类驾驶者更为充分地使用道路，并完全消除道路阻塞；[17]

● 自动驾驶汽车会减少 90% 的车祸；[18]

● 军方会使用具有先进监视和瞄准能力的人工智能无人机,这会净减少战争中军人和平民的伤亡;[19]

● 人工智能医生为人们和人类医生并不能充分发挥作用的场所提供医疗帮助,例如事故现场、航班、战争区域和发展中国家;[20]

● 通过与人工智能进行整合,城市被重新设计。这使得我们的生活更轻松、更愉快、更干净、更绿色并且更加安全。因为对人类的一时怪念(whim)和错误的信赖更少了;[21]

● 人工智能减轻了大部分人对固定雇佣的需求、自动提供物资产品并使得他们可以更自由地进行阅读和自我提升;[22]

● 不再需要维持工作,人类关注的是他人。"友谊可能再次成为一项生活艺术"。[23]

179

很明显,最好情况下的某些情况看起来几乎和最坏情况下的那些情况一样不太可能。而人工智能把每个人的生活都变成了《杰森一家》(The Jetsons)那样则是一个错误的指望。但上述提到的可能的好处确实是真实的:人工智能可以改善我们生活的质量,使我们有更多的时间给家人和朋友,并且发挥我们的潜力。这实际上是工业革命之后发生的事情,正如技术发展解放了数百万人,使他们能够上学,产生了对新时代有用的工程师和科学家。为了充分利用人工智能,我们必须修改我们的法律和公共政策,以反映人工智能程序和机器人的法律地位。

三、 公共政策的改变

在讨论修改法律来解决人工智能问题之前,我们先来谈谈变化背后的公共政策问题。虽然法律在某些情况下需要把人工智能当作法律主体,但其只能鼓励人工智能朝着壮大发展中产阶级的方向发展。人工智能技术本身的发展则不应成为目标。

这意味着要给人工智能开发者以激励,保护使用人工智能技术或被应用人工智能技术的消费者，规制消费者和专业人士使用人工智能的方式，并鼓励专业人员使用人工智能。因此，建立一个强制性的，由每次人工智能购买行为的部分份额所组成的人工智能储备基金的法律是不可取的，因为它防止了消费者上当受骗。它又是可取的，因为它既能保护消费者(在人工智能出现问题时赔偿担保的金额)，又可以为开发者提供激励，因为他们将知道其责任风险受限的程度。虽然最终的结果是一样的，但逻辑推理很重要。 这将有助于立法机构和监管机构制定适当和真正有用的法律法规。

同样，人工智能有时应被视作法律主体，因为这种处理能推动上述目标，或者有助于执行技术的合法使用。当法院根据第四修正案考虑警务人员使用人工智能无人机时，如果有人进行操控，法院应当审查无人机活动是否符合宪法。并不是因为这给予了警方更大的侦查权力(并非总是如此)，而是因为这有助于法院牢记第四条修正案保护的合理隐私是一项重要的人权，像人类一样行事的技术至少应该保持同样的隐私标准。

180

为了壮大发展中产阶级，我们需要记住人工智能对工作的影响。在设计上人工智能会破坏工作岗位。这并不一定是坏事，但从社会角度出发，我们必须有解决大量无业人员和那些即将成年但找不到工作人员问题的预案。虽然我确定会有许多办法帮助流离失所的工人，但我应该从根本上重新审视我们如何看待工作的人。我们的教育体系：从公立中小学到大学、成人学习和培训项目，都是为了创造员工。我们的学生学习雇主想要的技能，和我们鼓励下岗职工接受培训，都是为了使他们更能满足受雇条件。如果在设计上人工智能就破坏了就业，我们需要修改教育制度，停止培养受雇者(从他人处寻求工作的人)，并且开始培养企业家(为自己创造就业机会的人)。这就需要在公立中小学学校和大学引入新的关于创业和商业构成的核心课程。这将需要对成年人在其工作生活中可以接受的风险进行集体评估。 这将需要政府采取重大行动，以及通过借助人工智能实现与现有业务的合作。但当我们改变法律去合理规制人工智能之后，我相信强调创业精神和小企业创业是确保中产阶层受益于人工智能被广泛使用和欢迎的经济和法律环境的最佳公共政策。

四、我们应该如何修订法律来应对人工智能的出现

就像工业革命的技术进步一样，人工智能技术即将到来。我们不能阻止它，而且在合理应对的情况下我们也不会去阻止它。相反，我们应该努力确保我们正确地指导了它的适用。你不必仔细阅读最后八个章节就可以得出一些关于法律变化的具体观点，这些观点将会适用于人工智能，并使人们广为受益。

181

(一) 涉及人工智能的责任

● 对于与整个世界(汽车、建筑工人、外科医生等)进行人体交流互动的特定种类的人工智能，只有在不存在有过错的第三方时才应该将责任分配给人工智能。为了使人工智能在侵权时进行赔付，各国应该规定：(1)用保险覆盖所有相关的人工智能；(2) 建立一个从人工智能的每次购买中抽取的一小部分费用组成的储备基金，以用来赔付相关人工智能造成的损失。

● 为了避免代价高昂的诉讼和高标准的证据要求不当阻止受害人因人工智能造成损害赔偿而获得赔偿金，各国应考虑实施类似于工人赔偿制度的赔偿责任赔偿制度。在此制度下需要对人工智能交付的证据标准较低：受害者只需要证明实际的伤害或损失，并拥有合理的证据证明人工智能造成了该损害。然而，为了获得更容易也更快的款项，赔付金将低于法庭可能判处的罚金。这使得受害人可以更快且更容易地获得赔偿，也使得人工智能开发者和制造商能够为潜在的损失建立预案。

● 使用和制造人工智能的公司应该制定书面政策，规定如何使用

人工智能，谁有资格使用人工智能，以及经营者和其他人能期待从人工智能获得什么。这将有助于给操作人员和受益人一个能从人工智能获得什么的准确信念，同时也在未来的诉讼中保护制造人工智能的公司。

● 各国不应将责任自动分配给开启人工智能的人。如果将责任分配给涉及人工智能操作的人员是合适的，则最应担责的应是在操作人工智能时监督或管理的人员，而不一定是开启它的人。

(二) 人工智能规章

● 人为的监督应该只有当人工智能的主要目的是改善人的表现或者消除人为错误时才是必要的。当人工智能的主要目的是为人类提供方便时，例如自动驾驶汽车，这种情况下要求人类的监督便违背了开发人工智能的本意。

● 人工智能应该被要求有一个易于使用的关闭开关。同样，具有物理功能人工智能产品应该有一个警告系统，让附近的人知道人工智能存在故障并获知其应当使用关闭开关。如果附近没有人，该产品应该能够在发生故障时自动关闭。

● 只要对于人工智能的操作的确需要专业知识(例如手术、飞机驾驶等)和人的生命处于极度脆弱的状态时，各国才应该规定许可证为使用人工智能的前置条件。对于其他形式的人工智能而言，许可证要求则是不必要的，特别是已经以其他形式要求使用设备的许可证时，例如汽车。

● 人工智能的制造商和开发商必须向购买者披露人工智能在使用过程中收集的信息。各国可能要考虑要求规定协议条款，从而使买方可以选择不收集任何数据，但收取制造商收集数据的使用费。

(三) 代理权

● 任何拥有持久授权书的人都可能想要重新审视该文件的条款，以确保其准确地反映出他对于人工智能护理人员的感受。如果在你晚年时一个机器人帮助你或照顾你的孩子的想法会困扰你，你应该确保授权书有涉及这方面的内容。

(四) 市政及区划条例

● 当自动驾驶汽车不再停于公共停车区域时,为了弥补停车费的损失,城镇应考虑收取进入市区或商业区的费用,这些费用会根据时间长短而增加或减少。工作日收费会更高,周末收费则会较低。这些费用可以通过易通行(EZ-Pass)自动收取,同时实际居住在新收费区的居民应免缴费用。

● 如果城镇担心自己的生态系统和自然风光遭到破坏,应该修改区域法规以审慎考虑在农场和农村地区使用哪种形式的人工智能。

● 当人工智能对一个区域是合适的时候,区域法规应当被修改,以使其可以在商业区或市区内进行生产。在这些地方,不会产生噪音、气味、过度停车或通行的安静的人工智能应该是可被接受的,这也可以帮助保持或增加在市区的经济活动。

(五) 第四修正案

● 在判断警方或其他政府机构使用的无人侦察机是否合宪的时候,法院应该考虑一下,如果人类警察执行这种无人侦察机器人的行为,那么这种行为是否合宪。

● 开发和制造人工智能无人侦察机的公司应当起草对其产品使用合宪性的分析。同样,将人工智能无人侦察机纳入其实践的警察部门也应该对无人侦察机的合宪性进行类似的分析。这在任何诉称无人机违反了第四修正案的诉讼中有助于法院,因为这已预先解释了负责无人驾驶飞机的各方为什么相信其使用是合宪的。

(六) 国际法

● 国际社会应该组织起草一项条约,以确定各国对其人工智能活动应像军事行动一样负责。

● 条约应该肯定地允许人工智能汽车、船舶和飞机。同一条约应该为维修这些交通工具及其驾驶者制定标准。

● 国家间应起草多边协议,以确定人工智能如何影响国家主权、何种程度的人工智能无人机监视是被许可的,以及在武装冲突期间允许人

183

工智能做什么。

(七) 知识产权

● 当一个人工智能产品依赖于人类互动来创造新的内容或发明时，人类使用者就是作者或发明者，并与其在没有人工智能帮助的情况下创造了该内容或发明享受相同的知识产权保护。

● 当人工智能可以自主生产新的知识成果而没有任何有意义的人际互动(除了开/关按钮之外)参与其中时，人工智能是作者或发明者，但仅拥有该版权或专利 10 年。之后该知识产权进入公有领域。

● 人工智能创作者的开发商和制造商应该准备明确的分析以说明知识产权法如何适用于由人工智能创造的知识产权。同样，每个就业合同和用户协议都应该包含这种分析，以便开发商和制造商对于人工智能知识产权的地位不感到困惑。如果涉及人工智能创造的知识产权诉讼，这将在法庭上帮助他们。

值得注意的是，这些法律修改建议并不是排他性的。存在着本书不涉及，或只是顺便解决的法律领域。前者包括使用人工智能来分析数据集，以协助警方确定何人应在何时被捕。后者包括个人而非国家使用的无人侦察机，并需要修改州的隐私法律对这些无人机进行管理。虽然美国联邦航空局即将出台的规定将取代任何州或地方的管理无人驾驶飞机的尝试，各州可以限制无人机安装什么设备以及如何使用无人飞机。州议员应该考虑处理这些议题的议案。

即便在理想的环境中，有些立法和监管变革也是漫长而困难的。甚至在现在或不久的将来都是不可能的。即使是应该避免政治争议的相当合理的想法在华盛顿特区也无法通过。通过预算来维持政府的运转？不行。改革当前没有人满意的移民系统？ 不行。尝试新的想法来改善公共教育？ 不行。尽快解决人工智能问题并确保中产阶级从中受益？可能不行。适当调整法律以使有关人工智能的规定可以灵活地跟上技术的发展？ 绝对不行。

制定将工业革命的益处广泛传给繁荣的中产阶级的法律花费了 100

年。在此重复一个本书的主要观点:我们不再有 100 年的时间了。在下一个大的技术变革来临之前,我们最多只有 20 年到 30 年了。如果我们有能力但未充分规范人工智能,它的益处可能永远不会充分落实到中产阶级身上。与此同时,我也认识到立法过于追求新而忽视了适当性的危险。[24]我相信,在太慢太少和太快太多之间合理的妥协是通过修订《行政程序法》的方式。

国会在 1946 年通过了《行政程序法》(APA)。其中规定联邦机构应当在《联邦年鉴》上公布拟议的规则、[25]举行听证会以审议规则,[26]以及允许任何在提议规则生效之前发表的意见和回应。[27]虽然这个严格地规定听起来不是很严苛,但实际上这些规定非常耗时耗力,从而可能会拖慢规制人工智能规章的发展。例如,当美国食品及药物管理局(FDA)研究建立一个管理花生百分比的规则时: 美国食品及药品管理局审查提供了七千七百页的评论,来比较实际上由花生组成的黄油 87.5% 相对于 90% 的区别。[28]

我的观点并不是说《行政程序法》是浪费时间。《行政程序法》确保法规在生效之前得到充分的考虑和公开。 一般而言这是一件好事。但如果需要快速而有针对性的行动,《行政程序法》可能会适得其反。为了加快监管改革以解决人工智能问题,值得考虑修订《行政程序法》,以允许联邦机构(可能是消费者保护局)快速修改影响人工智能的法规。随着技术的发展,此法规也可以做进一步的修改,以确保现行规定不会过时或不利于人工智能的发展。

《行政程序法》仍然会在《联邦年鉴》中公布关于影响人工智能的规章,但是这些通知会说新规则是有效的,而非处于提案状态。虽然这不会为过分监管提供相同的保障措施,但不适当的规则将会被公开,并且能够像其快速通过那样被推翻。

显然,上面提出的许多立法改革需要国会采取行动。但也不是全部。一个有能力迅速颁布和修改法规的机构能够响应中产阶级的需求,因为人工智能出现在更多的产品中了,它的使用范围也更广了。

五、 无需是师傅的学徒，也无需是主人的奴隶

过分吹嘘人工智能的潜力是容易的，毕竟我们的科幻故事就这样的事情已经干了几十年了。阿西莫夫、罗登贝里(Roddenberrys)和迪克斯(Dicks)向我们保证，机器人将为我们做所有我们不想做的事情，这包括从体力劳动到我们想要回避的人际关系。而这一次，毕竟我们所要表现的是大一些的期望。但是这本书中讨论的机器人、程序和其他人工智能表明，这一次的潜力可能是可以实现的，因为如此多的研究和进步已经使我们到达了广泛应用人工智能技术的风口浪尖。人工智能，而非 C-3PO 或者《机器人管家》(the Bicentennial Man)，才是那个较为谦逊的人。我们不会看到拥有自我意识的机器人载我们环绕城镇，但汽车本身就可以做到这一点。

具有讽刺意味的是，机器人不仅仅是为了我们不想做的工作而来，也为了我们所要做的工作而来。人工智能作家、律师、医生等正在到来的路上。这可能会使大批在专业上不适应的工人流离失所。共同寻找新的方法使这些人有意义地度过人生最终可能会成为人工智能制造的最大挑战，因为弱人工智能有潜力提供必要劳力来为我们提供食物、衣物和庇护之所，供我们娱乐。我们将拥有生命中的一切，但人生意义并不包含在内。

但是我相信，将我们的教育目标从培养员工转移到培养创业者是防止这种情况发生的有效途径。这同时也让人工智能使所有人受益，无论他贫穷还是富有，住在城市还是农村。我也支持玛格丽特·博德(Margaret Bode)女士的观点，她认为人工智能可以"再造人性(rehumanizing)"而不是"去除人性(dehumanizing)"。[29]她写道：

"人工智能对我们的食物、住所和制成品以及行政管理机构的运作的贡献，使得我们不仅可以从单调沉闷的工作中解放，也解放了人性。这将导致产生更多关注职业、教育、手工、运动和娱乐的'服务'工

232

作：这种工作是人性化的而不是非人的。它使得服务享有者和提供者都满意。因为甚至这些工作很可能是非全职的，今天对工作不喜欢的人们不论上班还是下班，都有时间花在彼此身上。"[30]

这就是理想。修改我们的法律以便让机器人也成为人绝不仅仅是让中产阶级壮大的方法，尽管我们适当修改法律的话，这种效果会发生的。如果我们把机器人当成人类一样对待，它们也会使我们更具人性。

注释

1. "Farm Population Lowest Since 1850's," Associated Press, July 20, 1988, http://www.nytimes.com/1988/07/20/us/farm-population-lowest-since-1850-s.html.

2. "About Us," National Institute of Food and Agriculture, http://www.csrees.usda.gov/qlinks/extension.html.

3. Tyler Cowen, *The Great Stagnation* (New York: Dutton, 2011).

4. Seth Fletcher, "Yes, Robots Are · Coming for Our Jobs—Now What?" *Scientific American*, March 8, 2013, http://www.scientificamerican.com/article.cfm?id=yes-robots-are-coming-for-our-jobs-now-what&page=1.

5. Gus Lubin, "Artificial Intelligence Took America's Jobs and It's Going to Take a Lot More," *Business Insider*, November 6, 2011, http://www.business insider.com/economist-luddites-robots-unemployment-2011-11.

6. Bernard Condon and Paul Wiseman, "millions of Middle-Class Jobs Killed by Machines in Great Recession's Wake," *Huffington Post*, January 23, 2013, http://www.huffingtonpostecom/2013/01/23/middle-class-jobs-machine _n_2532639.html.

7. "Difference Engine: Luddite Legacy," *Science and Technology* (blog), *The Economist*, November 4, 2011, http://www.economist.com/blogs/babbage/2011/11/artificial-intelligence? fsrc = scn/tw/te/bl/ludditelegacy. Martin Ford 在 *The Lights in the Tunnel* 中指出，人工智能可能会消除 60% 的"普通工作"。

8. Farhad Manjoo, "Will Robots Steal Your Job?" series of articles, *Slate*, September 26—30, 2011, http://www.slate.com/articles/technology/robot _invasion/2011/09/will_ro ob. single.html.

9. "Difference Engine: Luddite Legacy."

10. See Fletcher, "Yes, Robots Are Coming for Our Jobs—Now What?"

11. Shaunacy Ferro, "Artificial Intelligence App Will Keep Tweeting as You after You Die," *PopSci*, March 11, 2013, http://www.popsci.com/technology/article/2013-03/

app-lets-you-tweet-great-beyond.

12. Anthony Berglas, *Artific; al Intelltgence Will Kill Our Grandchildren*, Draft 9, http://berglas.org/Artieles/AIKillGrandchildren/AIKillGrandchildren.html# mozTocldS18011.也参见每一部 *Terminator* 电影里的情节。

13. 具有《终结者》授权(Franchise), 听起来很像 Keanu Reeves 的三部曲。

14. 《黑客帝国》(*The Matrix*), 我知道这是在这里的某个地方。

15. U. S. Department of Transportation National Highway Traffic Safety Administration, "Traffic Safety Facts 2010 Data," DOT HS 811 630 (Washington, DC: U.S. Department of Transportation, June 2012), http://www. nhtsa. gov/staticfiles/nti/pdf/811630.pdf.

16. Matthew L. Wald, "Tougher Seat Belt Laws Save Lives, Study Finds," *New York Times*, November 17, 2003, http://www.nytimes.com/2003/11/17/ us/tougher-seat-belt-laws-save-lives-studyefinds.html.

17. Martin DiCaro, "As Gov't Considers Regulations, Autonomous Car Boosters Show Off Plans," *Transportation Nation*, October 23, 2012, http://transportationnation. org/2012/10/23/as-govt-considers-regulations-autonomous-cars-boosters-show-off-plans/.

18. "Look, No Hands," *The Economist*, September 1, 2012, http://www.economist. com/node/21560989.

19. William Saletan, "In Defense of Drones," *Slate*, February 19, 2013, http:// www.slate. com/articles/health_and_science/human_nature/2013/02/drones_war_and_ civilian_casualties_how_unmanned_aircraft_reduce_collateral.html.

20. Noel Sharkey, "Don't Dismiss Robot Surgeons," *The Guardian*, August 26, 2008, http://www.guardian.co.uk/commentisfree/2008/aug/26/health.robertwinston.

21. Tracey Schelmetic, "The Rise of the First Smart Cities," ThomasNet. com *Industry Market Trends Green & Clean Journal*, September 20, 2011, http:///09/20/the-rise-of-the-first-smart-cities/.

22. Nils J. Nilsson, "Artificial Intelligence, Employment and Income," *Al*, Summer 1984, 5—14.

23. Margaret A. Boden, "Artificial Intelligence as a Humanizing Force," *International Joint Conference on Artificial Intelligence* (Los Altos, CA: William Kaufman, 1983): 1197—1198.

24. See Yvette Joy Liebesman, "The Wisdom of Legislating for Anticipated Technological Advancements," *John Marshall Review of Intellectual Property Law* 10:1 (2010):154—181.

25. 5 USC § 553(b), available at http://www.gpo.gov (accessed April 29, 2013).

26. 5 USC § 556, available at http://www.gpo.gov (accessed April 29, 2013).

27. 5 USC § 553(c), available at http://www.gpo.gov (accessed April 29, 2013).

28. Martin Shapiro, "A Golden Anniversary? The Administrative Procedures Act of 1946," Regulation 19:3 (1996):3.

29. Nillson, "Artificial Intelligence, Employment and Income," 12.

30. Boden, 1197—1198.

Aaron, 亚伦(《圣经》故事人物),163—
164, 167—170

ABB (Asea Brown Boveri Ltd.),艾波比
集团公司,100—101

Acrobot 骨科手术机器人助手, 33,
35—36

Adams, John,约翰·亚当斯,113

Adams v. New York, 亚当斯诉纽约
案,113

Additional Protocol I, 附加议定,
142—145

Aerial drones, 无人机, 120 —123, 130,
138—140, 143, 146

Aerial military drones,军用无人机,140

Aesop,伊索机器人系统,34

Afghanistan,阿富汗,139—140

Agriculture,农业,102, 104, 137, 176

A.I.,人工智能,105

AI agricultural worker, 人工智能农业工
人,107

AI babysitter, 人工智能保姆, 15, 21,
84, 88

AI caregiver, 人工智能护理者,78, 81,
84—86, 88—89, 182

AI construction worker, 人工智能建筑
工人,21, 48, 67

AI doctor,人工智能医生,48, 64, 178

AI drones: development of,人工智能无
人机, 122—124; generally, 普遍, 15,

68—69, 175, 178 potential FAA
regulation,潜在的联邦航空局法规,
129; privacy and, 私人及, 130; under
International law,根据国际法, 132,
137—138

AI farmworkers,人工智能农业工人,14,
104, 107

AI forklift operator,人工智能叉车操作
员,64—65

AI industrial worker, 人工智能产业工
人,92, 101—107, 175

AI nanny,人工智能保姆,78, 81, 112

AI pharmacist,人工智能药剂师,49

AI pilot,人工智能飞行员,64, 150

AI sea vessel,人工智能海船,149

AI sexual worker, 人工智能性工作者,
105—106

AI ship,人工智能船,149

AI surgeon: generally,人工智能外科医
生:通常, 18; history, 历史, 35—38;
liability involving,责任涉及,21—22;
medical malpractice, 不当医疗, 15;
potential regulation of,潜在规律,61,
63, 65—66, 68—69

AI surveillance: generally, 人工智能监
视:通常, 109, 112; public policy
concerns,公共政策涉及, 179; under
the Fourth Amendment,根据第四修
正案,123

---

* 索引中页码为原书页码。

AI warship,人工智能军舰,149

AI worker,人工智能工人,48, 91, 92, 102—103

AI writer,人工智能作者,166—171, 186

AirBus,空客,69

Alston, Philip,菲利普·阿尔斯通,142, 144, 144n98

Always Innovating,始终创新,122

Amazon,亚马逊,86, 103

APA (Administrative Procedures Act),行政程序法,184—185

Apple, Inc.,苹果股份有限公司,3, 5—6, 10, 13, 168—169

Aristotle,亚里士多德,98

Arizona,亚利桑那州(美国州名),55, 56, 58

Asea Group,阿西亚集团,100

Asimo,阿西莫,85

Asimov, Isaac,艾萨克·阿西莫夫,4—5; Three Laws of Robots,机器人三大定律,99, 161, 185

Author: AI as,作者:人工智能作为,9, 11, 15; generally,通常地,155, 157—161; human assisted by AI,人类在人工智能的帮助下,167—170; international law consideration of international law books and articles as crippling blow to authors' egos,国际法对国际法律书籍和文章的审议是对作者自尊的沉重打击,135; modifications to law to accommodate AI,修改法律以适应人工智能,183

Autobot City,汽车人城堡,91

Automated highway system,自动高速公路系统,51—53

Automated Insight,自动化洞察力,165—168, 170—171

Autonomous car: collection of information using,自动驾驶汽车:收集信息使用,112, 112n4; generally,通常地,13—15, 17—18, 175; Impact on municipalities,对城市的影响,91—92,

104, 106, 182; liability issues,责任问题, 25, 26n23, 28—29; regulation of,……的规则,41, 45, 49—51, 55—69, 73—74, 181; Safety of,……的安全, 22; as transportation for developmentally disabled adult,作为发育性残疾成人的交通工具,87; under international law,根据国际法的规定,142, 146, 150

Autonomous lethal robotics systems,自主致命机器人系统,140—141

Autonomous surgeon,自主外科医生,31, 33, 35

Autonomous technology: In autonomous vehicles,自动化技术:自动驾驶汽车,45, 51, 53—60, 66—68; displacement of jobs,取代的人类工作,49, 103; generally,普遍的,7; in drones,在无人机中,140—141; impact on zoning ordinances,区划条例的影响,95—109; liability issues,责任问题,25; regulation of,关于……的规则,70; in surgical devices,外科手术设备,36

Autonomous vehicles: as transportation for incapacitated adults,自动驾驶汽车:作为欠缺行为能力成年人的交通工具,86; best-case scenario,最好的情况,177—178; regulation of,关于……的规则,45, 50, 52—61, 63, 66, 73; Stanford Artificial Intelligence Laboratory,斯坦福人工智能实验室,163

Bargar, William,威廉·巴加,32

Battlestar Galactica,太空堡垒卡拉狄加,83

Baxter,巴克斯特,103, 105

Berne Convention (Berne Convention for the Protection of Literary and Artistic Works),《伯尔尼公约》(《保护文学和艺术作品伯尔尼公约》),159, 160

Bicentennial Man《机器人管家》,185

Big Bang Theory,生活大爆炸,106

Bill of Rights,人权法案,113

Bleistein v. Donaldson Litbograpbing Co., 布莱斯坦诉唐纳森公司, 168

Bloomberg, Michael,迈克尔·布隆伯格,106

Boden, Margaret,玛格丽特·博登,186

Boeing 波音,69

Boyd v. United States, 博伊德诉美国, 113

Bradbury, Ray,布莱伯利·雷,5

Brookings Institution, 布鲁金斯学会, 141

Bryniolfsson, Erik,布林约尔松·埃里克,176—177

Bryson, Joanna,乔安娜·布赖森,84

Burrow-Giles Litbograpbic Co.v. Sarony, Burrow-Giles Litbograpbic 布罗吉尔斯印刷公司诉沙乐尼,168

California 加利福尼亚州 55—60, 62—63, 66—67, 73

California v. Ciraolo,加利福尼亚诉希洛罗案,116, 123, 124, 129

Calrissian, Lando,卡瑞辛·兰多,7

Camden, Lord,卡姆登公爵,113

Capek, Karel,恰佩克·卡雷尔,98

Carnegie Mellon University,卡内基梅隆大学,54, 82

Chamberlain, William, 威廉·张伯伦, 164—165

CIA,中央情报局,139

Cincinnati Milacron, Inc.,辛辛那提米拉克龙公司,99, 101

Clarke, Roger,克拉克·罗杰,4

Clay, Henry,克莱·亨利,14, 46

Clifford, Ralph D., 克利福德·D.拉尔夫, 9n34

COA (Certificate of Waiver or Authentication),弃权证书, 120 Cobb, Justin, 科布·贾斯廷,33 Cohen, Harold,哈罗德·科恩,163—164, 167—168

Commonwealth v. Phifer, 英联邦诉菲夫, 111, 115—116, 123—124

Computer Motion, Inc., 计算机运动公司,34

Consumer Protection Agency,消费者保护局,62, 185; Council of,理事会,74

Contractual violation,违反合同, 19, 24, 30, 40

Convention on International Civil Aviation,国际民用航空公约,149

Cope, David,戴维·科普,10—11, 161—163, 165, 167—169, 171—172

Copyright: AI creation of and ownership of, 版权：人工智能的创造和所有权, 49, 150, 155—161, 167—172; proposed changes to accommodate AI, 为适应人工智能而提出的变更,183; related to works created with Siri, 与 Siri 相关的工作,8—11, 9n34

Copyright Act,版权法案,9; of 1790,在 1790 年,160; of 1831,在 1831 年,160; of 1909,在 1909 年,160; of 1976,在 1976 年,160

Copyright law,版权法,8, 11, 159, 161, 168

Cowen, Tyler,科文·泰勒,176

Creative AI,创新人工智能, 161, 167, 169—172, 184

CyberKnife Robotic Radiosurgery System,射波刀机器人放射外科手术系统,35

Cylons,赛隆,83

da Vinci (robotic surgical system)达芬奇(机器人手术系统),33—39, 100

da Vinci, Leonardo,列奥纳多·达·芬奇,51, 98

The Daily Show,《每日秀》,74

DARPA（Defense Advanced Research Project Agency),国防高级研究计划局,6, 53—54, 82, 122; DARPA Grand Challenge,国防高级研究计划局大挑

战赛,54

Data, Lt. Commander,戴塔，中将指挥官,3, 5, 18

Data mine, 数据挖掘,72—73

Davies, Brian, 戴维斯·布赖恩,31—33, 36

The Day the Earth Stood Still,地球静止的那一天,112

DC (District of Columbia), 哥伦比亚特区,55—57, 59, 65, 117

Defective product liability, 缺陷产品责任,19—20, 23—24, 30, 40

Denny, Reginald, 莱吉纳德·戴尼,138

Devol, George, Jr.,小迪沃尔·乔治,99

Dickmanns, Ernst,恩斯特·迪克曼斯,53—54

Directive 3000.09, 3000.09 指令,141, 145

Distributed Robotic Garden,分布式机器人花园,102

Dow Chemical Co. v. United States, 陶氏化学公司诉美国, 116, 125

Driverless car, 无人驾驶汽车,52, 149, 175

Drone pilot,无人机驾驶员,139

Electronic Frontier Foundation,电子前线基金会,121

Emily Howell,艾米丽·豪威尔,10—11, 161—162, 167—171

Emmy, 艾美, 11, 162—163, 165, 168, 171—172

Engelberger, Joseph,恩格伯格·约瑟夫,99

Epoch,艾泊科(医疗机器人模型),35

Europe, 欧洲, 101, 133—134, 136, 157—158

European Union,欧盟,54

FAA (Federal Aviation Administration), 联邦航空局, 116, 120—123, 129—130, 184

FAA Modernization and Reform Act of 2012,联邦航空管理局的现代化与改革法案,121, 123

Fair Labor Standards Act,公平劳动基准法,47

Fan fiction,同人小说,171

Feist Publications v. Rural Telephone Service, Co.,费斯出版物诉农村电话服务公司,9

Fourth Amend, ment,第四修正案,78, 96, 113—114

Fisher, Scott,费希尔·斯科特,34

Florida, 佛罗里达州,55—59, 62—63, 66—67, 121

Florida v. Riley, 佛罗里达州诉里利, 116, 123—124, 129

Fourteenth Amendment,第十四修正案, 78, 96, 113—114

Fourth Amendment, 第四修正案, 109, 111—112; AI surveillance drones under,人工智能侦察机在……,123—130; history of,……的历史,112—115; impact of new technologies,新技术的影响,115—118

Foxconn 富士康科技集团,103

Freedom of Information Act,信息自由法,120—121, 130

French, Scott, 弗伦奇·斯科特, 10, 113, 165

Futurama,《飞出个未来》(美国动画), 51

Gagliano v. Kaouk, 加利亚诺诉考伍克, 38

General Atomics Aeronautical Systems, 通用原子航空系统,139

Geneva Convention on Road Traffic, 日内瓦道路交通公约,149

Georgia Institute of Technology,乔治亚理工学院,83

Global Hawk,全球鹰,140

GM (General Motors), 通用汽车公司, 51—52, 100—101

Google,谷歌,3, 6, 13, 17—18, 23, 45, 49, 54—57, 60, 72, 73, 82, 91

Gort,戈特,112

GPS (global positioning system),全球定位系统, 3, 12, 54, 102, 122, 125; in Jones decision,在 Jones 的决定中, 111, 117

The Great Stagnation,大滞胀,176

Green, Phil,菲尔·格林,34

Green berg, Abraham S.格林伯格·亚伯拉罕·S,156

Guardian,守护者,78, 80n17, 80—81, 84, 87, 88—89

Hager, Gregory,格雷戈里·黑格,35

Hague Peace Conference,海牙和平会议,135

HAL,哈尔(科幻小说《2001:太空漫游》的虚构超级电脑),3, 5

Hal(Scott French's revamped Macintosh),哈尔(斯科特·弗莱彻的麦金塔电脑),165

Hammond, Kristian,克里斯蒂安·哈蒙德,166

Hawaii,夏威夷,55—56

Healthcare Robotics Laboratory,医疗机器人实验室,83

Hollinger-Smith, Linda,琳达·霍林格-史密斯,83

Home rule,地方自治,94—95

Howard, Ebenezer, 埃比尼泽·霍华德,95

Human convenience, AI intended to increase,人类的便利, 人工智能是为了增加,22, 181

Human error: AI thateliminates,人为错误: 人工智能消除了,67, 68, 175, 181; as source of car accidents,作为交通事故的来源, 22

Human Rights Watch,人权监察站,145, 149

ICJ (International Court of Justice),联合国国际法院,134, 136, 143

Imperial College,帝国理工学院,32—33

Improve human performance, AI intended to,改善人类表现, 人工智能计划去,22, 65, 181

Industrial Revolution,工业革命,14, 45—48, 95, 98, 176, 178—180, 184

Insurance,保险,15, 19, 23, 28—30, 40, 47, 51, 58, 63, 88, 181

Integrated Surgical Systems, Inc.集成外科手术系统公司,32, 36

Intentional tort,故意侵权行为,18—19, 79, 88—89

Inter-American Court of Human Rights, 美洲人权法院,134

International Atomic Energy Agency,国际原子能机构,136

International Criminal Court, 国际刑事法院,133—134

International Criminal Tribunal forthe Former Yugoslavia, 前南斯拉夫国际刑事法庭,145

International humanitarian law,国际人道主义法,138, 141—147, 150

International law, 国际法, 131—133; AI under,人工智能在……, 141—147; custom as source of,习惯作为……的来源,137—138; history of,……的历史, 133—135; treaties as source of,条约作为……的来源,135—137

Internet,互联网,3, 6, 7, 12, 14, 53, 60, 72, 111, 159, 160, 176

Intuitive Surgical, Inc.,直觉外科公司, 34, 37

Inventor,发明家,51, 155, 158—161, 167, 169—170, 172, 183

iPhone,苹果手机,6, 103, 168, 169

Japan,日本,53, 84, 89, 100—102; Japanese National Agricultural Research Centre, 日本国家农业研究中心,102

Jay Treaty,杰伊条约,135

The Jetsons,《杰森一家》(动画片), 77, 179

Jobs,工作, 14—15, 49, 64, 67, 99, 103, 129, 151, 155, 176—178, 180, 186

Jochem, Todd,托德·约赫姆,54

Just This Once,仅此一次,165

Katz v. United States,卡茨诉美国,114, 124

Kazakoff, Elizabeth,伊丽莎白·卡萨克夫,85

Kazanzides, Peter,彼得·卡赞泽德,32, 36

KITT《霹雳游侠》,3, 45

Kiva Systems,基瓦系统,103

Korea Institute of Science and Technology,韩国科技研究中心,85

Kyllo v. United States, Kyllo 基洛诉美国,111, 115—116, 123, 125

Kyoto University,京都大学,102

Liability,责任,4, 8, 12—13, 17—18, 40—41; assigned to "operator" of autonomous vehicle,被分配到操作自主汽车,57—58; associated with AI,与人工智能相关,21—27, 48—49, 62—64, 67—68, 88—89, 145—146, 148—149, 181; associated with children,与儿童有关, 79; associated with impaired adults,与有障碍的成年人相关,81; liability shield for original manufacturer of autonomous vehicle,为车辆的原始制造商创造了责任保护盾,56; revising laws governing liability to accommodate AI,修改法律责任以应对人工智能,30—40; robot doctors,机器人医生,36—39; theories of,关于……的学说,18—21; what happens when AI is liable,当人工智能承担责任时,什么会发生,27—29

License endorsement,执照许可背书制度,56—57

Local ordinance,地方条例,91—92; how to amend local ordinances to accommodate AI,如何修改当地法令以适应人工智能,106—109; impact of AI workers,人工智能的影响,104—106

Lynch, Jennifer,林奇·珍妮弗,121

Lynch, Rick,林奇·里克,141

Magic Shelf,魔术架,103, 105

Magnussons,马格努森,100

Malpractice,不法行为, 15, 20—22, 39—40

Man in the loop,人在回路,140

Mapp v. Ohio,马普诉俄亥俄州,144

Massachusetts,马萨诸塞州,55, 113

Massachusetts Institute of Technology,麻省理工学院,102

Maja, Matarié,马加·马塔里埃,84

McFadden, Benjamin,麦克法登·本杰明,86

MeCam,麦卡姆,122—123, 126—129

Metroplex,大都会区,92

Michigan,密歇根州(美国州名) ,55

Middle class,中产阶级, 14, 47—48, 61, 176—177, 179—180, 184—186

Military drone,军用无人机, 122; AI military drones,人工智能军用无人机,140—141; history of,……的历史,138—139; modern drones,现代无人机,139—140

Millennium Falcon,千年隼号,7

Miller, Peter,彼得·米勒,119

Mining, AI used in,采矿、人工智能用于,102—103

Minnesota,明尼苏达州(美国州名) ,55

Mittelstadt, Brent, 米特尔施泰特·布伦特,32

Miyazaki University,宫崎大学

Morave, Has,莫拉夫·汉斯,53

Mracek v. Bryn Mawr Hospital,姆拉克诉布林茅尔医院,36—38

Municipal ordinance, 城市条例, 92—95, 104, 108

Narrative Science, 叙事科学, 165—168, 170—171
Nass, Clifford, 纳斯·克利福德, 6
National Labor Relations Act, 国家劳动关系法, 47
NATO, 北大西洋公约组织, 139
Navlab, 卡耐基梅隆大学改装的自动驾驶汽车, 5, 54
NEC Corporation, 日本电气公司, 84
Negligence, 过失, 13; general discussion, 一般性的讨论, 19—21; in context of AI, 就人工智能而言, 23—24, 27, 30, 40, 87—88; in Mracek, 在马拉克案中, 37; parents, 父母, 79
Nevada, 内华达(美国州名), 55—60, 63, 66—67
New Hampshire, 新罕布什尔州(美国州名), 55; lax seat belt requirements, 宽松的安全带的要求, 57
New Jersey, 新泽西州(美国州名), 55, 56, 58
New York, 纽约, 55
NHTSA (National Highway Traffic Safety Administration), 美国国家道路交通安全管理局, 50
Northrop Aircraft Incorporated, 诺航空合并, 138
Nursebot Project, Nursebot 机器人保姆项目, 82—83

Obama, Barack, 奥巴马·巴拉克, 121
Oklahoma, 俄克拉荷马州(美国州名), 55—56, 58
Oregon, 俄勒冈州(美国州名), 55

PaPeRo, 宝贝罗, 84
Paris Convention (Paris Convention for the Protection of Industrial Properties), 巴黎公约(保护工业产权巴黎公约), 159
Parking, 停车, 91—92, 97, 104—107, 182
Patent, 专利, 11, 48; first patent for industrial robot, 工业机器人的第一项专利, 99; generally, 普遍地, 115—156, 158—161, 160n51; held by AI, 由人工智能, 167, 169, 170, 171, 172, 183
Patentee, 专利权所有人, 161, 167
Paul, Howard, 保罗·霍华德, 32
Pearl, 珀尔, 83
Pedersen, Jessica, 杰西卡·彼得森, 83
Permanent Court of Arbitration, 海牙常设仲裁法院, 133, 136
Pilotless aircraft, 无人机, 149
Police, 警察, 4, 14, 15; generally, 通常地, 113—118; impact of AI, 人工智能的影响, 112, 122—130, 183—184; working with robots, 与机器人一起工作, 118—121
The Policeman's Beard Is Half Constructed, 《警察的胡子蓄了一半》, 164
Pomerleau, Dean, 波默洛·迪安, 54
The Positronic Man, 正子人, 161
Power of attorney, 委托书, 78—81, 87—89, 182
Predator, 掠夺者, 139—140
Probot, 机器人名字, 32, 35
Public domain, 公有土地, 9—11, 157, 170—171, 173, 183
Public policy, 公共政策, 11, 14, 27—28, 69, 176—177, 179—180
Puma, 全称: 可编程通用装配机, 31—32, 100

Racter, 瑞克特, 人工智能电商程序名, 164—165
Radio Corporation of America, 美国无线电公司, 52
Radioplane Company, Radioplane 公司, 138
Radioplane OQ-2, 无人机名字, 138

Ralston, William T.,威廉·T.罗尔斯顿,
167—169

Ransome, Sims, and Jeffries,兰塞姆、西
姆斯和杰弗里斯,100

Raven,渡鸦,35—36

RE2, Inc.,阿依兔公司,83

Republic of Korea 韩国,141

Reserve fund,准备基金,29—30, 63—64,
88, 179, 181

Rethink Robotics,再思考机器人,103

Rio Tinto 力拓矿业集团,103

RNA (robotic nursing assistant),机器人
护理助理,83, 84, 122

Robocop, 铁甲威龙,119, 119n57

Robodoc,髋关节置换手术机器人,32,
35, 36

Robopocalypse,《机器人启示录》,18

Robot babysitter,机器人保姆,14, 17, 86

Robot caregiver,机器人照料者,84

Robotic surgical system,机器人手术系
统,31, 33—34, 37—39, 175

Rosen, Joseph,罗森·约瑟夫,34

Ryan Aeronautical Company, 赖安航空
器公司,138

SAC (Special Airworthiness Certificate),
特别飞行适航证书,120

Sampsel, Debi,德比·桑普塞尔,83

Satava, Richard M,斯达瓦·理查德·
M, 34

Scan Eagle,扫描鹰无人机,140

Sensei X,森斯 X, 医疗机器人模型,35

Shakey,沙基,53

Sharkey, Noel,夏基·诺埃尔,84

Short Circuit,短路

Siasun Robot & Automation Co. Ltd.,
Siasun 机器人自动化有限公司,83

Silvfrberg, Robert,罗伯特·西尔弗伯
格,161

Sim City,模拟城市, 95

Siri: creation of intellectual property using,
Siri：知识产权应用创造,167—169;
generally,通常地,34, 49, 53, 55, 63, 70,
100; as overview of weak AI, 作为弱
人工智能的概述,3—15

Skinner v. Railway Labor Executives
Association,斯金纳诉铁路劳工管理
协会,115

Smith v. Maryland, 史密斯诉马里兰
州,115

South Carolina,南卡罗来纳州,55

SRI International,斯坦福国际研究院, 6,
34, 100

Standard State Enabling Act,州授权法
案标准,96

Stanford Artificial Intelligence Laboratory,
斯坦福大学人工智能实验室,53,
54, 163

Stanford Cart,斯坦福推车,53

Stanford Research Institute,斯坦福大学
研究所,34, 100

Stanford University,斯坦福大学,6, 34,
53, 82

Star Trek,《星际迷航》,3, 5

Star Wars,《星际战争》,3

Statute of Anne,安娜法令,158, 160

Strickland, David,戴维·斯特里克兰,50

Targeted killing,定点清除,122, 139, 147

Taub, Alan,陶布·艾伦,13

Telecommunications industry, laws chan-
ged early in development of telecom-
munications industry, 电信业，电信
业发展初期法律发生了变化, 61

Telemanipulator,遥控机器人,33, 34, 35

Texas,得克萨斯州(美国州名),55

Thrun, Sebastian, 特龙·塞巴斯蒂安,
54—55, 82—83

The Tomorrow Tool,明日工具,100

Tomorrow：A Peaceful Path To Real
Reform《明天：一个真正改革的和
平之路》,95

Tort law,侵权法,13, 20

Trallfa,特拉发公司,99—101

Treaty Banning Nuclear Weapons Tests in the Atmosphere, in Outer Space, and Under Water,禁止在大气层、外层空间和水下进行核武器试验的条约,136

Treaty of Versailles,《凡尔赛条约》,136

Treaty of Washington,《华盛顿条约》,135

Treaty of Westphalia,《威斯特伐利亚和约》,133—134

Treaty on the Non-Proliferation of Nuclear Weapons,《不扩散核武器条约》,136

Trypticon,铁甲龙,91

Tsugawa, S.,津川·S, 53

Tsukuba Mechanical Engineering Laboratory, Tsukub 机械工程实验室,5

2001 Space Odyssey,《2001：太空漫游》,5

United States,美国,15, 18, 62, 97; aerial drones in,无人机在,120, 132; Fourth Amendment of the Constitution,宪法第四修正案,111, 113, 114, 115, 116; in intellectual property in,知识产权,158—160; Industrial Revolution in,工业革命时期, 46; international community,国际社会,135, 136; policy regarding land mines,关于地雷的政策,137; Robotics industry in,机器人产业在,151; use of AI,运用人工智能,85, 141, 148, 150, 176

U.S. Air Force,美国空军,139, 140

U.S. Army,美国军队,34, 138

U.S. Commerce Department,美国商务部,96; Congress,国会,9n34, 11, 14, 46, 51, 113n11, 120—121, 123, 130, 139, 160, 170, 172, 184—185

U.S. Constitution: ability of Congress to protect intellectual property under,美国宪法：国会保护知识产权的能力, 160—161, 169; AI surveillance drones as potential violation of,人工智能监视无人机有可能违反,123, 125, 130; Fourth Amendment of,第四修正案, 111, 113; relationship to municipal ordinances,市政条例的关系,93

U.S. Department of Defense,美国国防部,83—84, 139, 141, 145

U. S. military,美国军方, 130, 138—139, 141

U.S. Navy, 美国海军,138

U.S. Supreme Court: Fourth Amendment Jurisprudence,美国最高法院:第四修正案, 111—118; how Court may review police use of AI as violation of Fourth Amendment,法院如何审查警方对人工智能的使用违反第四修正案,123—126, 129—130; intellectual property,知识产权,9, 168; municipal matters,市政事务,92, 108

UGV (unmanned ground vehicle),地面自主无人车辆,52—53, 139

UN Charter, 《联合国宪章》,136

UN General Assembly, Resolution,联合国大会决议,1, 136—137

UN Human Rights Council,联合国人权理事会,141

UN Security Council,联合国安全理事会,141

UN Special Rapporteur on Extrajudicial Executions. See Alston, Philip Uniform Artificial Intelligence Act,联合国关于法外处决的特别报告员，参见 Alston, Philip Uniform Artificial Intelligence Act, 50, 61—67, 74, 89

Unimation, Inc.尤尼梅公司,31, 99—101

United Federation of Planets, 星际联邦,132

United Nations, 联合国, 132, 134, 136, 147

United Nations Atomic Energy Commission,联合国原子能委员会,136

United Nations Conventions on Artificial Intelligence,联合国人工智能公约, 147—151

United States v. Jones, 美国诉琼斯案, 111, 115, 117, 123, 125—126, 128

University of Michigan,密歇根大学,82

University of Pittsburgh,匹兹堡大学,82

Unmanned drones, 无人驾驶飞机, 123, 138—139

Unmanned military drones, 无人驾驶军用无人机,139

Vale,Justin,韦尔·贾斯汀,32

Village of Euclid v. Ambler Realty Co., 欧几里得诉安布勒房地产公司, 96—97

Vulcan,伏尔甘(火和锻冶之神),50

Washington (state),华盛顿特区,55

Williams v. Desperito,威廉姆斯诉德斯

潘瑞,39

WIPO (World Intellectual Property Organization),世界知识产权组织,159

WIPO Copyright Treaty,世界知识产权组织版权条约,159

Wisconsin 威斯康星州,55

Wolowitz, Howard,沃洛维茨·霍华德, 105—106

Yom Kippur War,赎罪日战争,138—139

Zoning: amending to address AI,分区:修改以应对人工智能,182—183; history of zoning ordinances, 区划条例的历史,95—98; impact of AI on,人工智能对……的影响,104—109; ordinances generally, 法令通常, 91—92; telecommunications industry struggling with burdensome ordinances, 电信行业艰难应对繁琐的法令,61

译后记

　　人工智能对人类生活的巨大变革已经到来，而且一切才刚刚开始。人工智能技术的发展和人工智能产品的涌现不仅影响着人类的行为方式，也影响着人类面临的风险与利益，必然会对规范人类行为、风险与利益的法律制度产生深刻的影响，甚至是颠覆性的影响。以本书作者约翰·弗兰克·韦弗博士为代表的中外有识之士已经开始意识到，人工智能相关法律的研究并非乌托邦式的理论游戏，而是扎根现实需求，其现实性近在咫尺，伸手可摘。

　　本书是一本较早研究人工智能法律问题的专著，对人工智能引发的知识产权、事故责任、监护制度等很多法律问题都进行了颇有启发的讨论。作者提出的问题有趣而深刻，提出的观点专业而独到。译者对于能够翻译本书倍感荣幸！

　　本书是"独角兽法学精品·人工智能"丛书中的一本。在丛书主编上海交通大学凯原法学院教授彭诚信老师的统筹下，在上海人民出版社的安排下，译者于2017年10月着手准备翻译，并于同年12月初取得出版许可之后正式投入翻译工作。酷暑换了寒冬，译文从初稿到终稿，经过了多次修改校订，终于要付梓了，译者深感欣慰。这里说明的是，本书译者为刘海安、徐铁英和向秦。具体分工如下：刘海安：第一章，第四章，第五章，第九章，附录；徐铁英：第六章，第七章，第八章；向秦：中文版序，第二章，第三章。本书由刘海安统稿。

　　在这里，首先要感谢彭诚信教授。有了彭老师的独到眼光和敏锐洞察，才有了包括本书在内的"独角兽法学精品·人工智能"丛书的选定和翻译。彭老师在百忙之中，数次对翻译细节进行指导，对本书的翻译质量作出了贡献。当然，这不影响翻译责任全部由译者来承担。

感谢上海人民出版社的编辑秦堃老师和冯静老师。秦堃老师对丛书的统筹，以及联系版权，促成了本书的翻译出版。冯静老师不辞辛劳，从专有名词的翻译建议，到译稿的数次审校；从书名的确认，到联系封面设计与制作稿样，付出了很多汗水。

感谢上海大学法学院老师陈吉栋博士在丛书翻译和出版中的协调与辅助工作。感谢中国民航大学法学院的陈立、靳璐两位研究生同学在校对等方面的付出。

愿我国人工智能法律问题研究欣欣向荣，硕果累累！

刘海安

2018 年 7 月于天津

图书在版编目(CIP)数据

机器人是人吗？/彭诚信主编；(美)约翰·弗兰
克·韦弗(John Frank Weaver)著；刘海安，徐铁英，
向秦译.—上海：上海人民出版社，2018
书名原文：Robots Are People Too：How Siri，
Google Car，and Artificial Intelligence Will Force
Us to Change Our Laws
ISBN 978 - 7 - 208 - 15340 - 0

Ⅰ.①机… Ⅱ.①彭… ②约… ③刘… ④徐… ⑤向
… Ⅲ.①人工智能-普及读物 Ⅳ.①TP18-49

中国版本图书馆 CIP 数据核字(2018)第 158436 号

策　　划　曹培雷　苏贻鸣
责任编辑　秦　堃　冯　静
封面设计　田　松

机器人是人吗？

彭诚信 主编
[美]约翰·弗兰克·韦弗 著
刘海安　徐铁英　向　秦 译

出　　版　上海人民出版社
　　　　　(200001　上海福建中路 193 号)
发　　行　上海人民出版社发行中心
印　　刷　常熟市新骅印刷有限公司
开　　本　635×965　1/16
印　　张　17
插　　页　4
字　　数　224,000
版　　次　2018 年 8 月第 1 版
印　　次　2018 年 8 月第 1 次印刷
ISBN 978 - 7 - 208 - 15340 - 0/D·3254
定　　价　68.00 元

"独角兽法学精品"书目

《美国法律故事:辛普森何以逍遥法外?》
《费城抉择:美国制宪会议始末》
《改变美国——25个最高法院案例》
《人工智能:刑法的时代挑战》

人工智能
《机器人是人吗?》
《谁为机器人的行为负责?》
《人工智能与法律的对话》

海外法学译丛
《美国合同法案例精解(第6版)》
《美国法律体系(第4版)》
《正义的直觉》
《失义的刑法》

德国当代经济法学名著
《德国劳动法(第11版)》
《德国资合公司法(第6版)》